홍원표의 지반공학 강좌 기초공학편 1

얕은기초

KB072307

홍원표의 지반공학 강좌 기초공학편 1

얕은기초

토목구조물이나 건축물과 같은 지상구조물의 하중을 토사지반 혹은 암지반에 적절히 전달시키기 위해 얕은기초(shallow foundation)를 설치하게 된다. 이 형태의 기초는 구조물의 하중을 직접 지지하게 하기 때문에 직접기초(direct foundation)라고도 부른다.

홍원표 저

중앙대학교 명예교수
홍원표지반연구소 소장

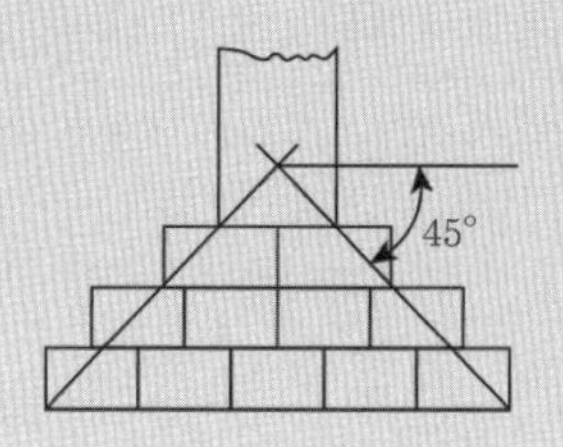

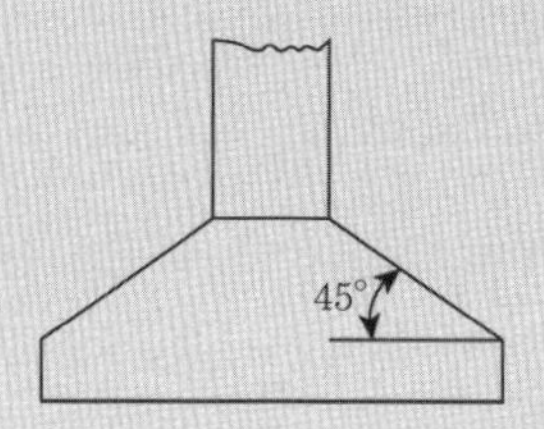

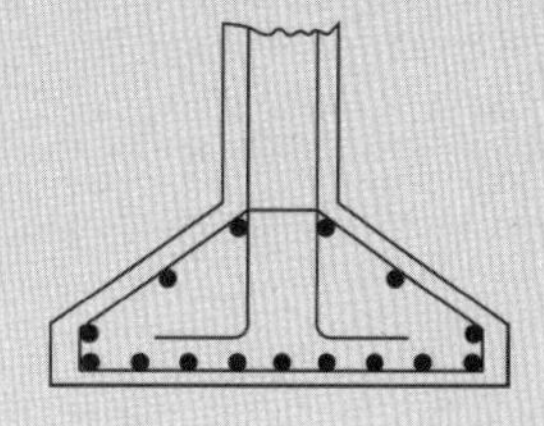

씨아이알

'홍원표의 지반공학 강좌'를 **시작하면서**

2015년 8월 말 필자는 퇴임강연으로 퇴임식을 대신하면서 34년간의 대학교수직을 마감하였다. 이후 대학교수 시절의 연구업적과 강의노트를 서적으로 남겨놓는 작업을 시작하였다. 퇴임 당시 주변에서 이제부터는 편안히 시간을 보내면서 즐기라는 권유도 많이 받았고 새로운 직장을 권유받기도 하였다. 여러 가지로 부족한 필자의 여생을 편안하게 보내도록 진심어린 마음으로 해준 조언도 분에 넘치게 고마웠고 새로운 직장을 권하는 사람들도 더 없이 고마웠다. 그분들의 고마운 권유에도 귀를 기울이지 않고 신림동에 마련한 자그마한 사무실에서 막상 집필 작업에 들어가니 황량한 벌판에 외롭게 홀로 내팽겨진 쓸쓸함과 정작 집필을 수행할 수 있을까 하는 두려운 마음이 들었다.

그때 필자는 자신의 선택과 앞으로의 작업에 대하여 많은 생각을 하였다. '과연 나에게 허락된 남은 귀중한 시간을 무엇을 하는 데 써야 행복할까?' 하는 질문을 수없이 되새겨보았다. 이제 드디어 나에게 진정한 자유가 허락된 것인가? 자유란 무엇인가? 자신에게 반문하였다. 여기서 필자는 "진정한 자유란 자기가 좋아하는 것을 하는 것이며 행복이란 지금의 일을 좋아하는 것"이라고 한 어느 글에서 해답을 찾을 수 있었다. 그 결과 퇴임 후 계획하였던 집필작업을 차질 없이 진행해오고 있다. 지금 돌이켜보면 대학교수직을 퇴임한 것은 새로운 출발을 위한 아름다운 마무리에 해당한 것이라고 스스로에게 말할 수 있게 되었다. 지금도 힘들고 어려우면 초심을 돌아보면서 다짐을 새롭게 하고 마지막에 느낄 기쁨을 생각하면서 혼자 즐거워한다. 지금부터의 세상은 평생직장의 시대가 아니고 평생직업의 시대라고 한다. 필자에게 집필은 평생직업이 된 셈이다.

이러한 평생직업을 가질 수 있는 준비작업은 교수 재직 중 만난 수많은 석·박사 제자들과의 연구에서부터 출발하였다고 생각한다. 그들의 성실하고 꾸준한 노력이 없었다면 오늘 이련 집필작업은 꿈도 꾸지 못하였을 것이다. 그 과정에서 때론 크게 격려하기도 하고 나무라기도 하였던 점이 모두 주마등처럼 지나가고 있다. 그러나 그들과의 동고동락하던 시기가 내 인생 최고의 시기였음을 이 지면에서 자신 있게 분명히 말할 수 있고 늦게나마 스승으로서보다는 연구동반자로 고마움을 표하는 바이다.

신이 허락한다는 전제 조건하에서 100세 시대의 내 인생 생애주기를 세 구간으로 나누면 제1구간은 탄생에서 30년까지로 성장과 활동의 시기였고, 제2구간인 30세에서 60세까지는 노후 집필의 준비 시기였으며, 제3구간인 60세 이상에서는 평생직업을 갖는 인생 마무리 주기로 정하고 싶다. 이 제3구간의 시기에 필자는 즐기면서 지나온 기록을 정리하고 있다. 프랑스 작가 시몬드 보부아르는 "노년에는 글쓰기가 가장 행복한 일"이라고 하였다. 이 또한 필자가 매일 느끼는 행복과 일치하는 말이다. 또한 김형석 연세대 명예교수도 "인생에서 60세부터 75세까지가 가장 황금시대"라고 언급하였다. 필자 또한 원고를 정리하다 보면 과거 연구가 잘못된 점도 발견할 수 있어 늦게나마 바로 잡을 수 있어 즐겁고 연구가 미흡하여 계속 연구를 더 할 필요가 있는 사항을 종종 발견하기도 한다. 지금이라도 가능하다면 더 계속 진행하고 싶으나 사정이 여의치 않아 아쉬운 감이 들 때도 많다. 어찌하였든 지금까지 이렇게 한걸음 한걸음 자신의 생각을 정리할 수 있다는 것은 내 인생 생애주기 중 제3구간을 즐겁고 보람되게 누릴 수 있다는 것이 더없는 영광이다.

우리나라에서 지반공학 분야 연구를 수행하면서 참고할 서적이나 사례가 없어 힘든 경우도 있었지만 그럴 때마다 "길이 없으면 만들며 간다."라는 신용호 교보문고 창립자의 말을 생각하면서 묵묵히 연구를 계속하였다. 필자의 집필작업뿐만 아니라 세상의 모든 일을 성공적으로 달성하기 위해서는 불광불급(不狂不及)의 자세가 필요하다고 한다. 미치지(狂) 않으면 미치지(及) 못한다고 하니 필자도 이 집필작업에 여한이 없도록 미쳐보고 싶다. 비록 필자가 이 작업에 미쳐 완성한 서적이 독자들 눈에 차지 못할 지라도 그것은 필자에겐 더없이 소중한 성과일 것이다.

지반공학 분야의 서적을 기획집필하기에 앞서 이 서적의 성격을 우선 정하고자 한다. 우리 현실에서 이론 중심의 책보다는 강의 중심의 책이 기술자에게 필요할 것 같아 이름을 「지반공학 강좌」로 정하였고 일본에서 발간된 여러 시리즈 서적물과 구분하기 위해 필자의 이름을 넣어 「홍원표의 지반공학 강좌」로 정하였다. 강의의 목적은 단순한 정보전달이어서는 안 된다고 생각한다. 강의는 생각을 고취하고 자극해야 한다. 많은 지반공학도들이 본 강좌서적을 활용하여 새로운 아이디어, 연구테마 및 설계·시공 안을 마련하기를 바란다. 앞으로 이 강좌에서는 말뚝공학편, 기초공학편, 토질역학편, 건설사례편 등 여러 분야의 강좌가 계속될 것이다. 주로 필자의 강의노트, 연구 논문, 연구 프로젝트 보고서, 현장 자문기록, 필자가 지도한 석사·박사 학위 논문 등을 정리하여 서적으로 구성하였고 지반공학도 및 설계·시공기술자에게 도움이 될 수 있는 상태로 구상하였다. 처음 시도하는 작업이다 보니 조심스러운 마음이 많다. 옛 선현의 말에 "눈길을 걸어갈 때 어지러이 걷지 마라. 오늘 남긴 내 발자국이 뒷사람의 길이 된다."라고 하였기에 조심 조심의 마음으로 눈 내린 벌판에 발자국을 남기는 자세로 진행할 예정이다. 부디 필자가 남긴 발자국이 많은 후학들의 길 찾기에 초석이 되길 바란다.

2015년 9월 '홍원표지반연구소'에서

저자 **홍원표**

「기초공학편」 강좌
서 문

인생을 전반전, 후반전, 연장전의 세 번의 시대구간으로 구분할 경우 전반전은 30세에서 50세까지로 구분하고 후반전은 51세에서 70세까지로 구분하며 연장전은 71세 이후로 구분한다. 이렇게 인생을 구분할 경우 필자는 이제 막 후반전을 끝마치고 연장전을 준비하는 선수에 해당한다. 인생 전반전과 같이 젊었을 때는 삶의 시간적 여유가 길어 20년, 30년의 계획을 세워보기도 한다. 그러다가 50 고개를 넘기게 되면 10여 년씩의 설계를 해보게 된다. 그러나 필자와 같이 연장전에 들어가야 할 시기에는 삶의 계획을 지금까지와 같이 여유 있게 정할 수는 없어 2년이나 3년으로 짧게 정한다.

70세 이상의 고령자가 전체 인구의 20%가 되는 일본에서는 요즈음 70세가 되면 '슈카쓰(終活)연하장'을 쓰며 내년부터는 연하장을 못 보낸다는 인생정리단계에 진입하였음을 알리는 것이 유행이란다. 이런 인생정리단계에 저자는 70세가 되는 2019년 초에 「홍원표의 지반공학 강좌」의 첫 번째 강좌로 '수평하중말뚝', '산사태억지말뚝', '흙막이말뚝', '성토지지말뚝', '연직하중말뚝'의 다섯 권으로 구성된 「말뚝공학편」 강좌를 집필·인쇄 완료하였다. 이는 저자가 정년퇴임하면서 결정하였던 첫 번째 작품이었기에 가장 뜻깊은 일이라 스스로 만족하고 있다.

지금까지의 시리즈 서적은 대부분이 수 명 또는 수십 명의 공동 집필로 되어 있다. 이는 개별 사안에 대한 전문성을 높인다는 점에서 장점이 있겠으나 서술의 일관성이 결여되어 있다는 단점도 있다. 비록 부족한 점이 있다 하더라도 한 사람이 일관된 생각에서 꿰뚫어보는 작업도 필요하다. 그런 의미에서 「홍원표의 지반공학 강좌」용 서적 집필은 저자가 평생 연구하고 느낀 바를 일관된 생각으로 집필하는 것이 목표이다. 즉, 저자가 모형실험, 현장실험, 현장자문 등으로 파악한 지식을 독자인 연구자 및 기술자 여러분과 공유하고자 빠짐없이 수록하려 노력하고 있다.

두 번째 강좌로는 「기초공학편」 강좌를 집필할 예정이다. 「기초공학편」 강좌에는 '얕은기초', '사면안정', '흙막이굴착', '지반보강', '깊은기초'의 내용을 다룰 것이다. 첫 번째 강좌인 「말뚝공학편」 강좌에서는 말뚝에 관련된 내용을 위주로 취급하였던 점과 비교하면 「기초공학편」 강좌에서는 말뚝 관련 내용뿐만 아니라 말뚝 이외의 내용도 포괄적으로 다룰 것이다.

「말뚝공학편」 강좌를 집필하는 동안 느낀 바로는 노후에 어떤 결정을 하냐는 물론 중요하지만 결정 후 어떻게 실행하느냐가 더 중요하였던 것 같다. 늙는다는 것은 약해지는 것이고 약해지니 능률이 떨어짐은 당연한 이치이다. 그러나 우리가 사는 데 성실만 한 재능은 없다고 스스로 다짐하면서 지난 세월을 묵묵히 쉬지 않고 보냈다. 사실 동토 아래에서 겨울을 지내지 않고 열매를 맺는 보리가 어디 있으며, 한여름의 따가운 햇볕을 즐기지 않고 영그는 열매들이 어디 있겠는가. 이와 같이 보람은 항상 대가를 필요로 한다.

인생의 나이는 길이보다 의미와 내용에서 평가되는 것이다. 누가 오래 살았는가를 묻기보다는 무엇을 남겨주었는가를 묻는 것이 더 중요하다. 법륜스님도 그동안의 인생이 사회로부터 은혜를 받아왔다면 이제부터는 베푸는 삶을 살아야 한다고 하였다. 이 나이가 들어 손해볼 줄 아는 사람이 진짜 멋진 사람이라는 사실을 느끼게 되어 다행이다. 활기찬 하루가 행복한 잠을 부르듯 잘 산 인생이 행복한 죽음을 가져다준다. 그때가 오기 전까지 시간의 빈 공간을 무엇으로 채울까? 이에 대한 대답으로 '내가 하고 싶은 일을 하고 그것도 내가 할 수 있는 일을 하자'를 정하고 싶다. 큰일을 하자는 것이 아니다 그저 할 수 있는 일을 하자는 것이다.

2019년 1월 '홍원표지반연구소'에서

저자 **홍원표**

『얕은기초』
머리말

20년 전 기초공학의 전문서적을 저술하기 위해 「기초공학특론(I)」을 집필할 때 기초공학 분야가 너무 광범위하여 극히 전문화된 부분으로 얕은기초 부분만을 취급하여 출판한 바 있다. 그때 『얕은기초』 서적에서는 얕은기초의 지지력과 침하 및 기초지반 속에 발달하는 지중응력을 중점적으로 정리하였다. 당시 『얕은기초』에서는 그때까지 제안되어 사용되던 이론 및 경험을 되도록 체계적으로 정리하였다.

이번에 「홍원표의 지반공학 강좌」의 두 번째 강좌로 기초공학편 강좌를 시작하게 되었고 이 강좌의 첫 번째 주제로 『얕은기초』를 선택하였기에 처음 얕은기초 출판할 때 부족하였던 점을 많이 보충하여 새롭게 출판할 수 있었다.

『얕은기초』는 전체가 8장으로 구성되어 있다. 우선 제1장에서는 얕은기초의 종류와 파괴형태를 설명하였고 제2장에서는 기초지반의 특성을 간결하게 검토하였다. 특히 제2장에서는 기초지반의 지질학적 특성과 물리적 특성뿐만 아니라 투수성, 전단 특성 및 압축성에 대한 토질역학적 기본 지식을 정리·설명하였다. 다음으로 제3장에서는 얕은기초 설계에 필요한 지반조사에 대하여 정리·기술하였다. 지반조사는 크게 원위치시험과 물리 탐사로 구분하여 자세히 설명하였다.

계속하여 제4장부터는 얕은기초의 설계에 필요한 사항을 정리·설명하였다. 먼저 제4장에서는 얕은기초의 설계 원리를 설명하는 데 기초하중의 종류와 설정 방법, 안전율, 허용침하량을 설명하였다.

다음으로 제5장과 제6장에서는 후팅기초의 지지력에 대하여 설명하였다. 즉, 제5장에서는 각종 해석법에 의거하여 산정되는 기초지반의 지지력 산정법을 정리하였고, 제6장에서는 후팅이 인접하여 설치된 경우 인접 후팅 사이의 간섭효과를 산정하고 모형실험 결과와 비교하여 그 합리성을 기술하였다. 특히 인접 후팅의 간섭효과산정이론에는 인접 후팅 사이의 지반에 지반아칭이론을 도입하여 해석하였다.

마지막으로 제7장과 제8장에서는 기초지반의 침하에 관련 사항을 함께 설명한다. 우선 제7장에서는 기초하중에 의해 지중에 발생하는 지중응력을 구하고 침하성분별로 침하량을 산정하는 방법을 정리하였다. 기초침하량을 즉시침하, 1차압밀침하 및 2차압밀침하로 구분하여 설명하였다. 마지막으로 제8장에서는 우리나라 지반의 침하 특성을 설명하였다. 두 경우의 현장 사례를 이용하여 연약지반의 침하량 산정법과 점토질 모래지반의 침하량산정방법을 정리하였다. 특히 연약지반의 최종침하량은 현장에서 측정된 실측침하량으로부터 예측하는 방법으로 최종침하량을 산정한다.

본 얕은기초를 집필하는 데 이전에 출판하였던 얕은기초 서적과 대학원생들의 연구지도 결과를 정리 수록하였다. 특히 제5장과 제7장은 이전에 출판한 얕은기초의 내용을 정리 인용하여 설명하였으며 제6장은 대학원생이었던 구운배 군의 석사학위논문을 새로운 시각으로 정리·인용하였다. 제8장은 대학원생이었던 허남태 군과 부상필 군의 석사학위논문을 인용하여 설명하였다.

얕은기초를 집필하기 위해 제자들의 학위논문을 다시 읽고 인용하면서 창의성이란 기존에 존재하는 것들을 연결해서 새로운 것을 만들어내는 것이라고 한 스티브잡스의 말을 떠올렸다.

이 자리에서 졸업한 제자들의 연구를 소개하며 그들 모두의 열정에 감사의 마음을 표한다. 뒤늦게 제자들의 연구를 소개하게 됨으로써 '하지 않은 일'에 대한 후회는 평생 남는다고 한 김정운 씨의 말같이 후회하지 않게 되어 다행이다.

끝으로 본 서적이 세상의 빛을 볼 수 있게 된 데는 도서출판 씨아이알의 김성배 사장의 도움이 가장 컸다. 이에 고마운 마음을 여기에 표하는 바이다. 그 밖에도 도서출판 씨아이알의 박영지 편집장의 친절하고 성실한 도움은 무엇보다 큰 힘이 되었기에 깊이 감사드리는 바이다.

2019년 1월 '홍원표지반연구소'에서

저자 **홍원표**

목 차

CHAPTER 03 **지반조사**

C•H•A•P•T•E•R

01

서론

C·H·A·P·T·E·R

01 서론

1.1 개설

구조물의 하중을 지반에 전달하는 과정에서 발생할 수 있는 기초의 파괴는 크게 두 가지로 구분할 수 있다. 하나는 기초구조체의 파괴이고 다른 하나는 기초지반의 파괴이다.[1] 즉, 전자는 구조체에 작용하는 하중에 의해 내부에 발생하는 인장, 압축 및 전단에 의한 응력이 구조체의 재료 특성보다 클 경우의 파괴이고 후자는 구조체는 재료 특성상 충분한 안전성을 확보하고 있으나 구조체를 지지하는 지반의 지지력이 부족하여 발생되는 파괴이다.

기초 설계라고 할 경우 일반적으로 구조전문가는 전자의 경우의 설계를 취급할 것이고 지반전문가는 후자의 경우의 설계를 취급할 것이다. 여기서는 구조체의 역학적 재료 특성은 충분히 안전하다는 전제하에 기초지반의 파괴만을 취급하기로 한다. 오히려 구조체의 단면을 구조물의 하중을 충분히 감당할 수 있게 설계한다는 전제하에 지지지반의 지지능력을 판단하는 것을 얕은기초의 설계로 정한다.

토목구조물이나 건축물과 같은 지상구조물의 하중을 토사지반 또는 암지반에 적절히 전달시키기 위해 얕은기초(shallow foundation)를 설치하게 된다. 이 형태의 기초는 구조물의 하중을 직접 지지하게 하기 때문에 직접기초(direct foundation)라고도 부른다.

원래 얕은기초는 구조물의 중량이 비교적 가벼운 경우에 적합하여 주택의 기초로 활용되었으나 최근에는 고층건물의 기초로도 많이 사용되고 있는 실정이다. 따라서 현재 건설 분야에서 얕은기초는 가장 보편적인 기초의 형태로 인식되고 있으며 말뚝기초나 피어기초와 같은 깊은기초는 일반적 건축물의 기초보다는 대형 토목구조물의 기초에 주로 사용되고 있다. 이러한 얕은기초는 양질의 토층이 지표 부근에 존재할 경우 채택되며 가장 경제적이고 안전한 이

점을 가진 기초의 형태로 지금까지 많은 실적을 가지고 있다.

한편 기초지반의 파괴는 통상적으로 지반의 전단과 변형의 두 가지 관점에서 접근할 수 있다. 즉, 구조물의 하중을 지반에 전달할 때 발생하는 지중전단응력이 전단강도보다 크면 전단파괴가 발생한다. 그러나 지중전단응력이 전단강도보다 작은 경우라도 기초지반의 침하와 같은 변형이 심하면 온전하게 기초 설계가 달성되었다고 할 수는 없다.

따라서 얕은기초 설계 시에는 안전성, 신뢰성, 효율성을 고려해야 한다. 특히 지반전문 설계자는 통상적으로 다음 사항을 반드시 고려해야 한다.

(1) 기초 위치의 결정

얕은기초의 최소근입깊이는 시방서에 의하여 결정되는 것이 원칙이나 통상적으로는 기초 최소 폭 이내 깊이로 제한한다. 그러나 이 깊이는 적어도 계절적인 건습의 영향을 받는 토층보다 깊어야 한다. 따라서 동결의 영향을 받는 계절적 기후지역에서는 기초의 최소근입깊이가 동결 깊이에 의해 결정된다. French(1989)는 기초근입깊이의 한계를 1.8m로 제한하기도 하였다.[4]

(2) 지반의 전단파괴에 대한 안전

상부하중을 기초가 지반이나 암반에 전달할 때 지지력 부족으로 인한 지반의 전단파괴가 발생하지 않도록 충분한 안전성이 확보될 수 있는 얕은기초의 단면 설계를 실시해야 한다. 그러기 위해서는 기초지반의 지층구성과 지반 및 암반의 지지 특성을 파악하는 것이 매우 중요하다.

기초지반의 전단파괴는 역학적으로 소성론에서는 소성흐름(plastic flow)과 측방변형(유동)에 관련된 안전성 문제이다.

(3) 지반침하에 대한 안전

기초는 과잉변형을 피하면서 구조물의 하중을 지반에 경제적으로 전달할 수 있도록 설계해야 한다. 기초가 신선한 경암에 안치되지 않는 한 약간의 침하는 발생될 것이다. 따라서 예상침하량을 산정하고 구조물이 견딜 수 있는 허용침하량과 비교해야 한다. 특히 부등침하는 반드시 허용 범위 내에 존재하도록 해야 한다. 이 경우에도 지반 특성에 관한 정보가 필요하며 침하량의 시간적 진행 예측도 검토해야 한다. 이와 같은 침하는 지반의 탄성변형 및 소성변형의 결과로 나타나는 지반의 변형 결과이다. 이 침하는 부등침하 및 최대침하가 모두 허용 범위 내에 존재하도록 설계해야 한다.

얕은기초에 관련된 전문용어를 정의하면 다음과 같다.

① 기초(foundation) : 구조물이 지반과 닿는 제일 낮은 부분. 이곳에서 하중이 지반에 전달됨
② 기초지반(foundation soil 또는 bed) : 하중이 구조물 저면으로 전달되는 지반이나 기층
③ 지지력(bearing capacity) : 기초지반이나 암반의 하중전달능력. 구조물 하중을 지지하거나 전달할 수 있는 지반의 지지능력
④ 극한지지력(ultimate bearing capacity) : 기초지반의 전단파괴가 발생됨이 없이 지탱할 수 있는 기초의 최대압력
⑤ 전지지력(gross bearing capacity) : 기초 위에 원래 존재하던 상재압을 포함한 지지력
⑥ 순지지력(net bearing capacity) : 전지지력에서 기초위에 원래 존재하였던 상재압을 뺀 지지력
⑦ 안전지지력(safe bearing capacity) : 극한지지력을 안전율(2~5)로 나눈 지지력
⑧ 허용지지력(allowable bearing capacity) : 전단파괴나 과잉침하(부등침하 포함)가 발생되지 않는 하용최대지지력

1.2 얕은기초의 종류

얕은기초는 기초의 재료, 크기, 형상, 강성 등에 따라 여러 가지로 구분될 수 있다. 그러나 일반적으로 그림 1.1과 같이 후팅기초와 전면기초의 두 가지로 분류하는 것이 합리적이다.

후팅기초는 기초면적이 비교적 작은 강성구조체로 되어 있어 기초구조체의 변형이 발생되지 않고 일체로 움직이는 강성기초(rigid foundation)인 반면 전면기초는 기초면적에 비하여 기초의 두께가 얇으므로 기초 슬래브의 변형이 발생할 수 있는 탄성체기초(elastic foundation)이다.

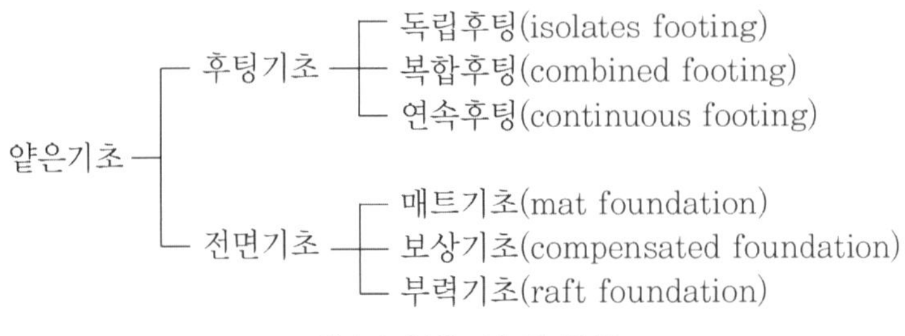

그림 1.1 얕은기초의 종류

1.2.1 후팅기초

후팅기초의 재료는 그림 1.2와 같이 암석, 벽돌, 무근콘크리트, 철근콘크리트 등을 들 수 있다. 돌쌓기 및 무근콘크리트의 후팅기초는 확대각도가 45° 전후로 되게 하는 것이 보통이며 중요한 구조물에 이용되는 철근콘크리트의 후팅기초의 모양이나 배근은 주변 상황에 따라 결정된다.

이들 기초는 지반상에 직접 시공되는 경우는 거의 드물며 기초지반이 단단한 경우는 모래자갈을 깔고 그 위에 버림콘크리트를 타설하며 비교적 연약한 경우에는 쇄석이나 호박돌을 깔고 충분히 다진 후 기초를 설치한다.

후팅기초의 약점은 각 후팅이 서로 독립되어 있으므로 각각의 후팅 사이에 부등침하가 발생될 우려가 있는 점이다.

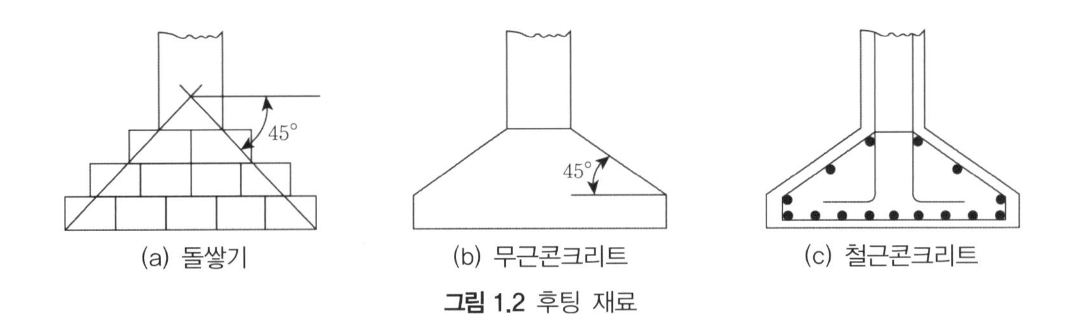

그림 1.2 후팅 재료

(1) 독립후팅

그림 1.3에서 보는 바와 같이 하나의 기둥에 의하여 전달되는 집중하중을 하나의 후팅으로 지지하는 경우를 독립후팅(isolated footing)이라 한다. 후팅기초 형태 중 가장 보편적인 형

태이며 구조가 복잡하지 않고 거푸집작업이 용이하며 경제적인 이점이 있다. 통상적으로 기둥하중을 후팅아래 지반이나 암반의 강도나 변형에 맞는 값까지 접지면적을 확대시킨다. 이와 같이 집중하중을 보다 큰 지지면적으로 분산시키기 위해 기둥 아래 접지면적을 확대시키기 때문에 확대후팅(spread footing) 또는 확대기초라고도 부른다. 그러나 후팅기초는 복합후팅이든 연속후팅이든 모두 저면을 확대하기 때문에 이들 후팅과의 구분이 되지 않으므로 독립후팅으로 부르는 것이 합리적일 것이다. 독립후팅의 기초면적 크기 L/B는 통상적으로 5 이하이다.

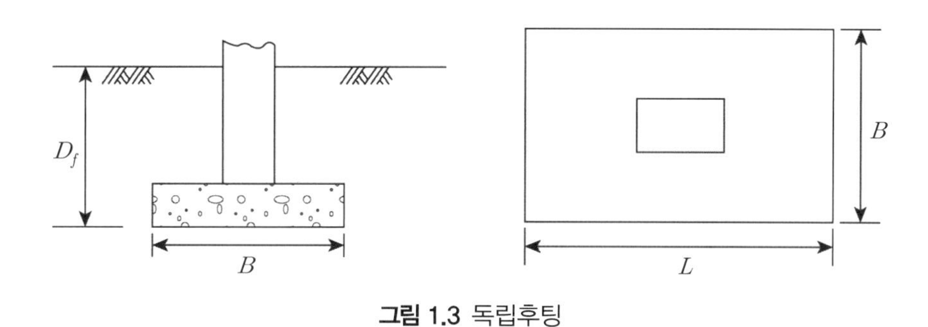

그림 1.3 독립후팅

(2) 복합후팅

복합후팅(combined footing)은 그림 1.4에 도시한 바와 같이 두 개 이상의 기둥하중을 하나의 후팅으로 지지하도록 한 후팅의 형태이다. 복합후팅을 적용함으로써 하부지반이나 암반에 작용하는 하중분포를 균일하게 하여 부등침하의 가능성을 줄여줄 수 있다.

통상적으로 이 후팅은 그림 1.4(a)에서 보는 바와 같이 사각형 복합후팅으로 사용한다. 그러나 기둥하중이 다르거나 대지경계선에 근접한 경우에는 그림 1.4(b)에서 보는 바와 같이 제형 및 삼각형 복합후팅과 같이 비대칭 복합후팅이 사용되기도 한다.

그 밖에도 넓은 폭의 기둥간격 또는 대지경계선에 근접한 경우에는 그림 1.4(c)에 도시된 보형(beam) 복합후팅도 사용할 수 있다. French(1989)는 여러 개의 기둥 선에 의하여 전달되는 집중하중의 열을 하나의 후팅으로 지지하는 복합후팅을 Grade beam이라 불렀다.[4]

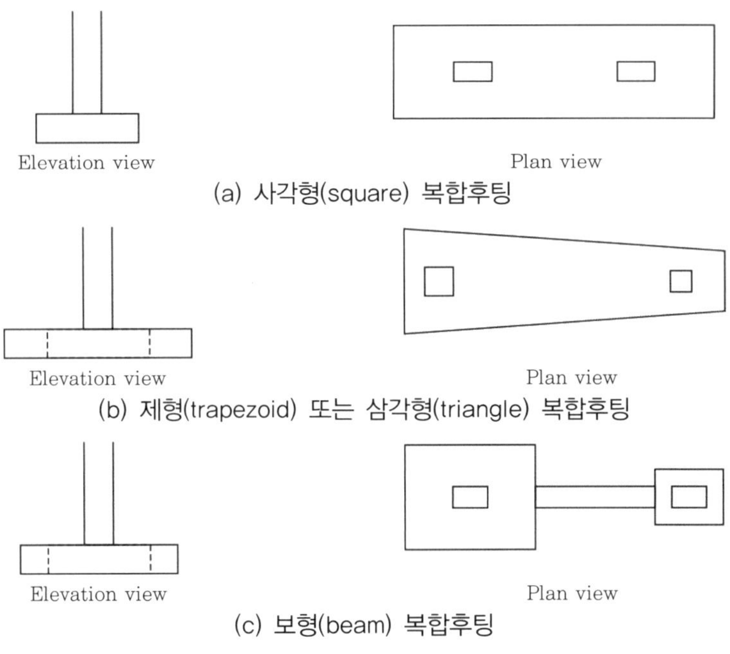

그림 1.4 복합후팅의 측면도와 평면도

(3) 연속후팅

그림 1.5에 도시된 후팅접지면적의 폭과 길이의 비인 L/B가 5 이상인 경우의 후팅기초를 연속후팅(continuous footing)이라 한다. 연속후팅과 같은 선기초는 띠후팅(strip footing) 또는 벽후팅(wall footing)이라고도 한다.

그림 1.5에서 보는 바와 같이 이 형태의 후팅은 여러 개의 기둥하중이 매우 근접하여 있거나 지지벽(bearing wall)의 선하중을 지지할 경우 사용된다. 이 경우 하중강도를 낮출 수 있으며 비교적 균일한 하중을 하부지반이나 암반에 전달할 수 있다. 연속후팅의 후팅하중은 단위후팅길이당의 힘으로 표시한다. 장축 방향으로는 응력이 발생되지 않는다. 따라서 지지벽

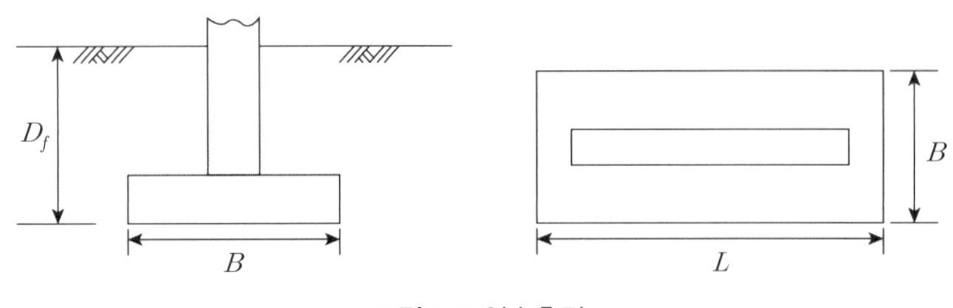

그림 1.5 연속후팅

은 길이 방향으로 발생되는 하중의 어떤 변화도 견딜 수 있도록 설계해야 한다.

1.2.2 전면기초

구조물의 기둥하중이 너무 무겁거나 지반의 지지력이 충분하지 않은 지반에서 기둥하중을 지지하도록 후팅의 접지면적을 크게 확대하면 후팅이 서로 닿게 된다. 이런 경우에는 전면기초가 종종 이용된다. 일반적으로 전체 후팅의 접지면적의 합계면적이 건물평면적의 1/2에서 3/4 이상이 되면 전면기초로 함이 경제적으로 유리하다.

전면기초는 후팅기초에 비하여 단위면적당의 접지압이 최소가 되어 지반파괴에 대하여 안전하다. 그러나 지반심층으로 갈수록 지중응력 증가가 후팅기초와 전면기초에 미치는 영향의 차이가 적어진다. 따라서 지표에서 어느 깊이까지의 부분이 양질의 지반으로 구성되어 있으면 꼭 전면기초를 채택할 필요는 없다. 이 깊이는 대략 기둥간격 정도로 보면 좋으나 정확한 깊이는 기초지반의 응력분포를 계산하여 정할 수 있다. 또한 전면기초는 기초저면지반에 국부적인 불균일성이 있어도 이에 의한 영향을 무시할 수 있는 경우가 많으며 특히 이 기초는 지하수위가 높을 때 유리하다.

(1) 매트기초

매트기초(mat foundation)는 여러 개의 독립후팅 및 복합후팅의 전접지면적의 합이 구조물평면적의 1/2이나 3/4을 넘을 때 또는 지반의 강도가 좋지 않은 지반상에 구조적 안전을 확보할 경우 적용되는 기초 형태이다. 매트기초는 주로 기초의 부등침하를 피하기 위하여 채택된다.

즉, 매트기초(mat foundation)는 후팅기초(footing foundation)의 접지면적이 커져서 각각의 후팅기초가 서로 연결되어 일체가 된 것이라 생각하면 좋다. 따라서 mass footing이라고도 부른다. 이 매트기초에는 기둥이 두 방향으로 기초 슬래브에 연결되어 있다. 구조물기둥 중 4개의 기둥만을 매트기초 슬래브로 지지시키거나 또는 전체의 기둥을 매트기초 슬래브로 모두 지지시킨다.

기초 슬래브를 설계할 때 기둥하중에 비하여 슬래브 단면이 부족하여 보강이 필요한 경우가 있다. 그림 1.6은 기초 슬래브를 보강하는 여러 가지 형태의 기초 슬래브 보강구조를 도시하고 있다. 그림 1.6(a)는 일반적인 매트기초의 단면이다. 즉, 슬래브 보강이 없는 단면이고

그림 1.6(b)~(e) 도면은 각종 형태의 슬래브 보강단면이다. 그림 1.6(b)와 (c)는 건물 내부에 슬래브보강에 필요한 공간이 부족할 경우 기초 슬래브 하부로 단면을 증대시킨 경우이다. 이 중 그림 1.6(b)는 기둥 둘레 단면만을 보강한 경우이고 그림 1.6(c)는 기둥이 위치한 기초 슬래브 하부 단면을 격자형의 보 형태로 보강한 경우이다. 반면에 그림 1.6(d)는 슬래브 단면 보강이 건물 내부로 마련한 경우이다. 즉, 기둥과 슬래브의 접합부에 받침모양으로 보강한 경우의 단면도이다. 끝으로 그림 1.6(e)는 기초 슬래브 하부에 박스형 공간을 마련하여 보강한 경우이다.

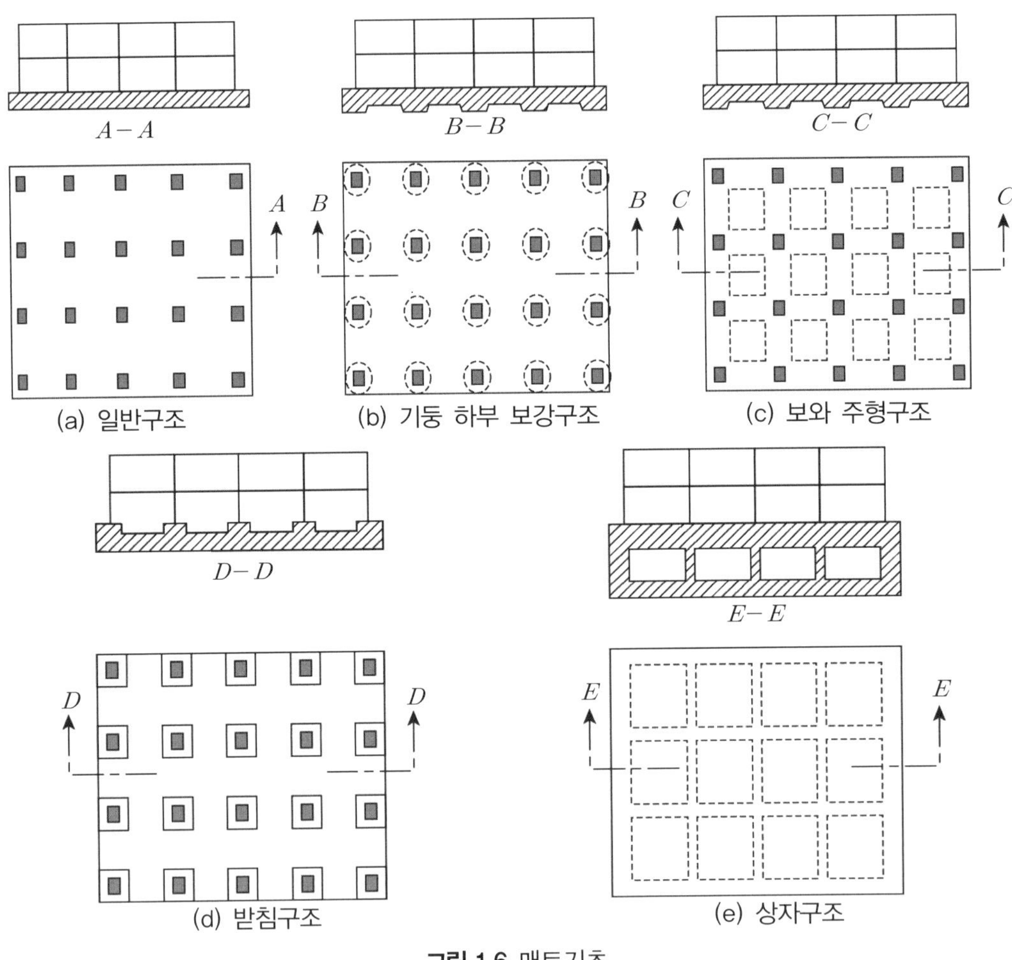

그림 1.6 매트기초

(2) 보상기초

매트기초는 보상기초(compensated foundation) 및 raft 또는 buoyant foundation과 혼

돈하여 사용된다. 먼저 보상기초는 지반을 굴착하여 보다 깊은 위치에 건물을 설치하므로 구조물하중의 일부 또는 전부를 원래 그 위치에 존재하던 흙의 자중과 상쇄시키도록 한 기초 형태이다.

매트기초 슬래브 보강방안 중 상자구조인 그림 1.6(e)도 보상기초와 유사한 부분이 있다. 이 경우 지하공간을 지하실 등으로 활용할 수 있는 장점이 있다. 결국 보상기초 형태를 잘 이용하면 지하공간을 더욱 확보할 수 있을 뿐만 아니라 구조물 설계 단면을 대폭 경제적으로 줄일 수 있다.

(3) raft기초

raft기초 또는 부력기초(buoyant foundation)는 구조체를 방수구조로 영구적으로 존재하는 지하수위 아래 일정 깊이에 설치함으로써 구조물하중의 일부 또는 전부를 부력으로 상쇄시키도록 한 기초이다. 즉, 지하수위가 높은 위치에서 부력을 적절히 활용하면 구조물의 하중을 상당히 감소 또는 상쇄시킬 수 있으므로 경제적으로 유리한 설계를 수행할 수 있다. 그러나 부력기초를 지하수위 변화가 심한 곳에 적용할 경우에는 특별히 신중해야 한다.

1.3 얕은기초 지반의 파괴 형태

1.3.1 전단파괴 형태

기초지반에 전단파괴가 발생되는 전형적인 세 가지 형태를 Vesic(1973)은 그림 1.7과 같이 전면전단파괴(general shear failure), 국부전단파괴(local shear failure), 펀칭전단파괴(punching shear failure)의 세 가지로 구분·정리하고 있다.[7]

전면전단파괴는 그림 1.7(a)에서 보는 바와 같이 후팅의 모서리에서 지표면까지 파괴면이 분명하게 연속적으로 발달하는 파괴 형태이다. 이러한 파괴는 갑작스럽게 발생되며 피해가 크다. 지표면의 융기량이 크고 하중-침하곡선상에서 최대하중이 분명히 나타난다. 이를 극한하중으로 결정한다. 보통 조밀한 사질토지반이나 견고한 과압밀점성토지반에서 발생되기 쉽다.

국부전단파괴는 그림 1.7(b)에서 실선으로 표시된 파괴면과 같이 1차 파괴면이 기초 아래

지역에만 부분적으로 발생됨이 특색이다. 그런 후 파괴면이 지표면까지 연장되기 위하여 기초의 침하가 크게 발생되면서 극한하중에 도달한다. 이 부분은 그림 중 파선으로 표시되어 있다. 이러한 파괴 형태는 하중-침하관계가 전면파괴와 같이 분명하지가 않고 변곡점이 두개의 위치에서 발생된다. 이 중 첫 번째 변곡점을 1차 파괴하중이라고 하고 두 번째 변곡점을 극한하중으로 정한다. 국부전단파괴의 경우 지표면의 융기량은 적게 발생하며 중간 정도 밀도를 가지는 사질토지반과 정규압밀점성토지반에서 많이 발생한다.

편칭전단파괴는 그림 1.7(c)에서 보는 바와 같이 후팅 아래 지반변형량이 크며 후팅 측면 주

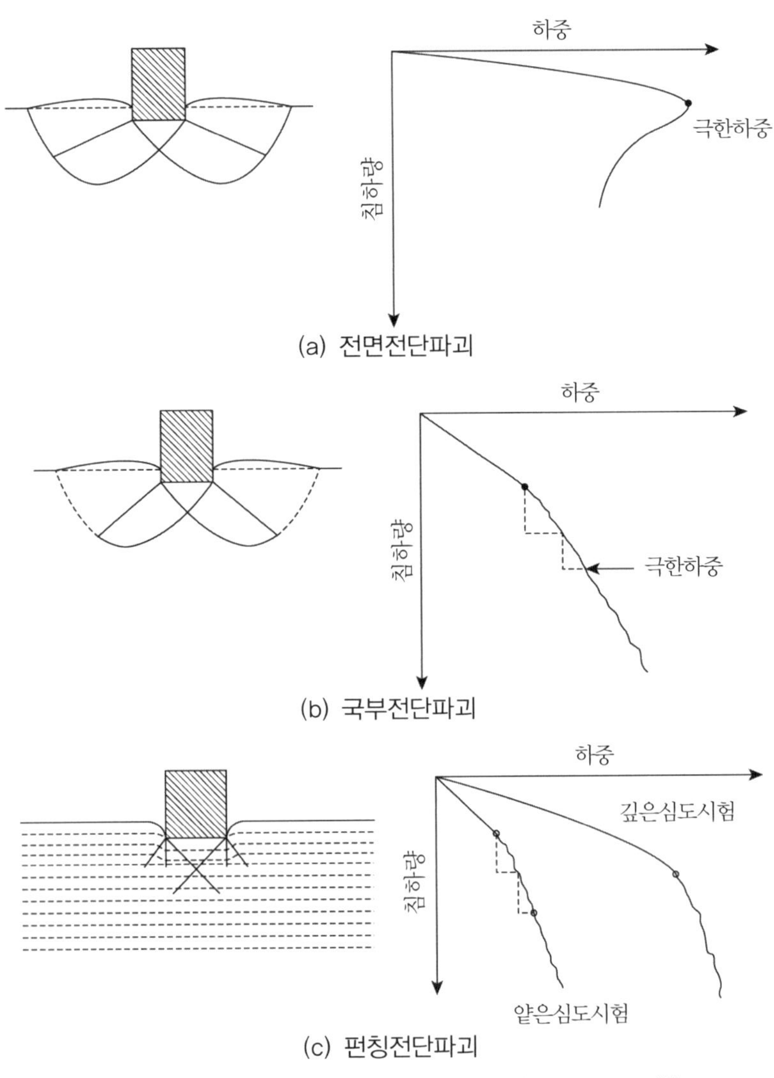

그림 1.7 얕은기초 지반의 전단파괴 형태(Vesic, 1973)[7]

변지반의 이동량은 거의 없어 지표면의 융기량이 없다. 따라서 파괴면이 지표면까지 분명히 나타나지 않고 붕괴나 기울어짐도 보이지 않는다. 하중-침하곡선상에 최대하중을 결정하기가 용이하지 않으나 통상적으로 최대하중 이후 곡선기울기가 급해지고 선형인 점이 특징이다. 밀도가 느슨한 사질토지반 및 예민한 점성토지반에서 많이 발생한다.

1.3.2 파괴 형태의 예측

이상에서와 같이 후팅기초지반의 파괴 형태는 지반의 밀도, 강도 등의 특성과 기초의 크기, 모양, 근입깊이에 영향을 받게 된다. 그림 1.8에서 보는 바와 같이 모형 후팅의 실험 결과 이들 세 가지 파괴 형태는 모래의 밀도와 기초의 크기 및 근입깊이에 영향을 받고 있음을 보여주고 있다(Vesic, 1973).[7]

국부전단파괴나 편칭전단파괴의 경우 극한지지력 발생 시의 침하량은 구조물의 허용침하량을 훨씬 초과하게 된다. 따라서 이들 경우에 대한 해석에는 이미 실용가치가 없게 된다.

그림 1.8의 Vesic(1973)의 실험에서 밝혀진 바에 의하면 전면전단파괴는 극한하중이 기초폭의 4~10% 지반침하 시에 발생하며 국부전단파괴나 편칭전단파괴는 15~23% 정도의 큰 지반침하에서 발생함을 보여주었다.

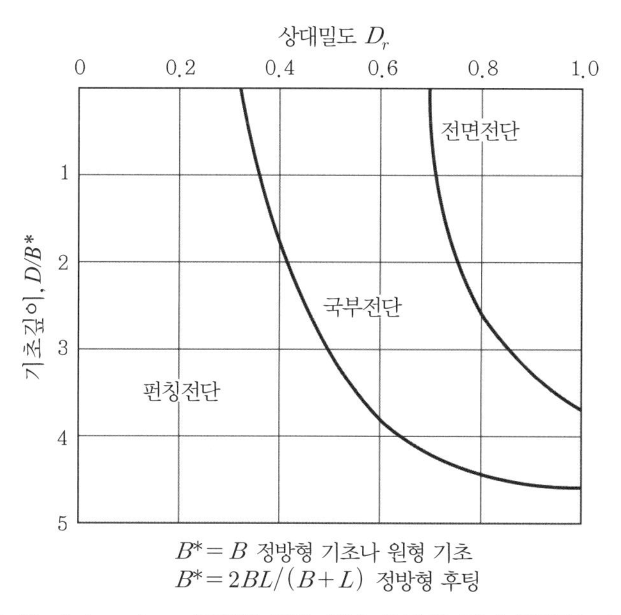

그림 1.8 Chattahoochee 모래에 대한 모형 후팅의 파괴 형태(Vesic, 1973)[7]

또한 전면전단파괴 시의 경우와 국부전단파괴 시의 경우는 지지력의 크기가 그림 1.7에 도시한 바와 같이 동일하지 않다. 대부분의 지반지지력에 대한 이론은 전면전단파괴 형태의 경우를 대상으로 하고 있다. 따라서 얕은기초 설계에서는 국부전단파괴의 지지력을 어떻게 예측할가 또는 국부전단파괴 발생을 어떻게 판단할 수 있는가가 중요하다.

한 가지 예로 Terzaghi(1943)는 국부전단파괴의 경우 지지력을 산정하기 위하여 전단강도를 줄여 $c^* = 0.67c$, $\phi^* = \tan^{-1}(0.67\tan\phi)$로 사용할 것을 제안하였다.[5]

그러나 설계에 앞서 이들 전단파괴 형태 중 어느 형태로 파괴될지 예측할 수 있어야 할 것이다. 이러한 기준으로 Vesic(1975)[8]은 지반의 압축성과 관련지어 비압축성지반의 경우는 전면전단파괴로 규정하고 압축성지반의 경우는 국부전단파괴 및 펀칭전단파괴가 발생될 수 있어 지지력을 감소시킬 수 있는 감소계수식을 제시함과 동시에 압축성 여부를 판단할 수 있는 강성지수(rigidity index) I_r을 식 (1.1)로 산정하여 사용하도록 하였다.

$$I_r = \frac{G}{c + q\tan\phi} \tag{1.1}$$

여기서, $G(= E/2(1+\nu))$: 전단계수(shear modulus)

c와 ϕ : 지반의 강도정수

q : 기초작용하중

강성지수의 한계치 $(I_r)_c$를 후팅의 크기 (B/L)과 내부마찰각 ϕ를 고려하여 식 (1.2)와 같이 제시하고 식 (1.1)로 산정한 강성지수 I_r과 비교하도록 하였다.

$$(I_r)_c = 1/2\exp[(3.30 - 0.45B/L)\cot(45° + \phi/2)] \tag{1.2}$$

즉, $I_r < (I_r)_c$이면 국부전단파괴나 펀칭전단파괴가 발생할 것으로 생각하여 지지력을 감소시키도록 하였다. 만약 소성지역의 평균체적변형률 Δ를 고려할 경우 식 (1.1)의 강성지수는 식 (1.3)과 같이 수정한다.

$$I_{rr} = \xi_v I_r \tag{1.3}$$

여기서, $\xi_v = 1/(1 + I_r \Delta)$이다.

후팅의 파괴는 전면전단파괴의 경우에만 명확하게 정의된다. 이 경우 첨두극한하중(peak ultimate load)은 지표면에 파괴선이 보임과 동시에 발생된다. 이때 기초의 파괴 및 후팅 측면 토괴의 상당한 융기현상이 동시에 나타난다. 이와 반대로 다른 두 경우는 (국부전단 및 펀칭전단) 파괴점이 명확히 나타나지 않으며 정의하기가 어렵다.

모래지반면상 후팅의 펀칭전단파괴나 국부전단파괴의 경우 후팅하부지반의 갑작스런 큰 소성변형으로 정의되는 '최초파괴'는 초기재하단계에서 발생됨이 관찰되었다(De Beer and Vesic, 1958).[3] 그러나 이 최초파괴를 관찰하기 위해서는 하중제어시험(stress control test)을 실시하여야 한다. 대부분의 재하시험에서는 수압재키를 사용하므로 이 최초파괴는 정확하게 관찰되지 않는다. 따라서 이는 실용적인 값으로만 제한된다.

일반적 사용을 위하여 권장할 수 있는 극한하중은 하중-침하곡선의 기울기가 처음으로 0이나 일정한 최솟값에 도달한 점으로 정의된다(Vesic,1963).[6] 한편 Cristiants은 양대수지상의 하중-침하곡선의 변곡점으로 극한하중을 결정하였다.[2] 그러나 이 두 방법은 후팅 크기의 50% 정도의 매우 큰 변위까지 재하시험을 실시한 경우에만 적용할 수 있다.

1.4 안전 설계 개념

기초건설 기술자는 기초를 설계하기 전에 현장답사를 반드시 실시해야 한다. 현장답사를 통하여 현장의 지반공학적 정보를 비롯한 관련된 제반 정보를 수집할 수 있다. 지반의 토질공학적 특성과 지역의 지질학적 정보뿐만 아니라 기초설치 위치에 관련된 제반 상태까지 관찰할 수 있다. 또한 현장답사를 통하여 지형, 세굴흔적, 기존구조물의 기초 상태, 도입 예정 건설장비의 적합성 등도 파악할 수 있다.

그 밖에도 담당기술자는 새로운 건설작업에 관련된 필요한 기준정보를 얻기 위해 지역건물 담당관리를 방문 상의할 수 있다. 즉, 현장을 답사하기 전에 담당관리로부터 건설지역의 지하 도시공급시설위치의 정보뿐만 아니라 지상선의 상태나 위치를 파악해야 한다. 기초 설계가 비교적 간단한 소규모 건설현장을 제외하고는 해당 건설 위치에서의 지반 특성 및 지질공학 정보로부터 적절한 시방서 규정을 결정해야 한다.

지반 특성을 조사하기 위해 수많은 지반조사기술이 개발되었다. 지반조사는 단계적으로 실시함이 바람직하다. 첫 번째 단계에서는 현장 토사의 종류 파악과 토질 분류를 실시한다. 기초의 형식은 이 첫 번째 단계에서 결정된다. 크게는 얕은기초로 정할 것인가 깊은기초로 정할 것인가에 대한 결정이다. 또한 얕은기초에서는 후팅기초로 정할 것인가 매트기초로 정할 것인가를 결정하게 된다.

두 번째 단계에서는 설계에 필요한 지반 특성을 결정한다. 설계 특성과 현장의 토질에 따라 이 두 번째 단계에서의 작업을 최소화시킬 수도 확대시킬 수도 있다.

지반조사비용이 구조물 건설 전체 비용에 어느 정도를 차지하는지의 개념도 정해야 한다. 여기서 최대한으로 정보를 수집하는 것은 구조물의 건설비용을 최소화시키는 데 도움이 된다. 공사 기간이나 공사비 때문에 대부분의 지반조사는 최적 설계 시 제한된다. 그러나 현명한 기초기술자는 발주자나 다른 전문가에게 지반조사가 얼마나 필요한가를 투명하고 납득이 가게 설득함으로써 발주자나 다른 전문가에게 이익이 되게 할 수 있다.

또한 기초기술자는 시간효과가 구조물에 미치는 영향도 설명해야 한다. 예를 들면 점토의 압밀에 의한 침하, 진동에 의한 모래의 다짐, 점토지반의 팽윤 및 수축, 시간의존성 침식을 열거할 수 있다.

기초기술자에게 구조물을 지지하는 지반의 거동을 반영하기 위하여 두 가지 중요한 문제를 미리 고려해야 한다. 첫째는 해석기술의 적절성이고, 둘째는 지반 특성의 적절성이다. 결론적으로 기초기술자는 기초에 전달되는 하중을 되도록 자세히 알기를 원하며 작업 중 이론과 지반 특성에 존재하는 불확실성을 보정하기 위한 전반적인 안전율을 적용하길 원한다.

상부구조물로 전해지는 하중의 크기는 단순한 것이 바람직하다. 그러나 종종 기초를 설계함과 동시에 상부구조 설계도 병행된다. 심지어 이 과정에서 구조기술자와 기초기술자가 적용하는 안전율이 다르기도 하다. 기초기술자는 상부구조물로부터 전달되는 상용하중(working load)이 얼마인지 알기를 원한다. 여기서 상용하중은 사하중과 활하중을 모두 포함한다. 그런 후 상용하중을 기초 설계에 적절한 안전율과 함께 작용시킨다. 이 안전율은 지반 특성과 해석과정에서의 불확실성을 감안하여 정해진다.

구조물하중을 정하는 데 종종 정역학 이외에 동역학도 중요한 역할을 한다. 예를 들면 해양구조물을 설계하는 데 100년 빈도의 큰 파도에 견딜 수 있게 동역학에 의거 구조물하중을 결정하기도 하고 해양구조물이나 내륙구조물은 해당위치에서의 예상최대지진에 견딜 수 있도록 동역학에 의거 구조물하중을 결정한다.

참고문헌

1. 홍원표(1999), 기초공학특론(I) 얕은기초, 중앙대학교 출판부.
2. De Beer, E.E.(1967), "Proefondervindelike bijdrage tot de studie van het grandaagvermogen van onder funderingen op staal : Bepaling von der vormfactor Sb", Annale des Travaux Publics de Belique, 68, No.6, pp.481~506. : 69, No.1, pp.41~88 : No.4, pp.321~360 : No.5, pp.395~442 : No.6, pp.495~522.
3. De Beer, E.E. and Vesic, A.S.(1958), "Etude experimentale de la capacite portante du sable sous des foundations directes etablies en surface", Annales des Trvaux Publics de Belique 59, No.3, pp.5~58.
4. French, S.E.(1989), Introduction to Soil Mechanics and Shallow Foundation Design, Prentice-Hall, Inc.
5. Terzaghi, K.(1943), Theoretical Soil Mechanics, Jphn Wiley & Sons, New York.
6. Vesic, A.S.(1963), "Bearing capacity of deep foundation in sand", Normal Academy of Sciences, National Research Council, Highway Research Record, 39, pp.112~153.
7. Vesic, A.S.(1973), "Analysis of ultimate loads of shallow foundations", Jour., SMFED, ASCE, Vol.99, No.SM1, pp.45~73.
8. Vesic, A.S.(1975), "Bearing Capacity of Shallow Foundation", Ch.3 in Foundation Engineering Handbook eds by Winterkorn , H.F. and Fang, H.Y., Van Nostrand Reinhold, New York, pp.121~147.

C·H·A·P·T·E·R

02

기초지반 특성

C·H·A·P·T·E·R

02 기초지반 특성

2.1 지질학적 특성

2.1.1 지구 형태와 크기

지구의 형태와 크기는 수준측량 및 삼각측량, 중력측량 및 인공위성에 의한 관측 등으로 측정할 수 있다. 지구는 거의 회전타원체의 형태를 하고 있고 적도에서의 반경은 그림 2.1에서 보는 바와 같이 6,378km이고 극에서의 반경은 6,357km이다. 따라서 적도에서의 지구둘레는 거의 4만km이고 표면적은 $5.1 \times 10^8 km^2$이며 체적은 $1.08 \times 10^{12} km^3$이다.

지구는 일반적으로 지각(outer crust) 맨틀(mantle), 외핵(outer core), 내핵(inner core)의 네 부분으로 크게 구성되어 있다. 이 지구의 평균질량밀도는 $5.5279 g/cm^3$이다. 이 평균질량밀도는 물의 $1 g/cm^3$와 흙입자의 $2.7 g/cm^3$인 물과 흙입자의 평균밀도와 비교하면 상당히 무겁다.[6]

특히 지구 중심부는 질량밀도가 $8 g/cm^3$인 철(iron) 성분이 대부분인 무거운 중금속의 1,228km 두께의 내핵과 2,260km 두께의 외핵으로 구성되어 있고, 그 위는 상하부맨틀(mantle)로 구성되어 있으며, 그 위의 표층은 지각으로 덮여 있다. 650km 두께의 상부맨틀은 단단한 암 상태이고 2,240km 두께의 하부맨틀은 용암 상태이다.

상부맨틀 위에는 표층인 대륙지각과 해양지각, 두 종류의 지각 층이 존재한다. 이 중 대륙지각은 대략 50km 두께로, 해양지각은 7km 두께로 분포되어 있다. 해양과 육지의 면적비는 북반구에서는 6:4이고 남반부에서는 8:2이다. 우리는 일반적으로 표토(regolith)로 불리는 지구의 표층부분에 많은 관심을 가져왔다. 표토는 실재로 모든 구조물을 지지하는 층이다.

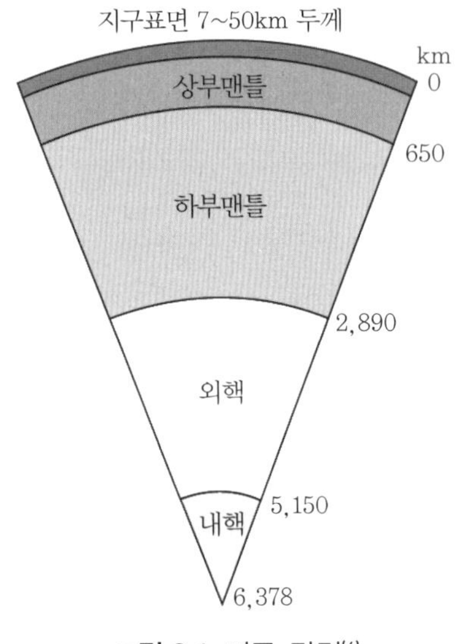

그림 2.1 지구 단면[6]

2.1.2 지질시대와 지질순환

지질시대(geologic time)란 지구상에서 풍화, 침식, 퇴적 등의 작용이 일어나서 변화한 지구의 기록이 남기 시작한 때부터 洪績世 말까지의 시대를 의미한다. 그에 비하여 沖積世 초부터 현재까지의 약 1만 년간의 기간은 현세(Recent)라고 한다. 기간에 따라 구분·설명되는 명칭과 기준은 다음과 같다.[1] 그림 2.2는 지질연대기를 나타낸 그림이다.[6]

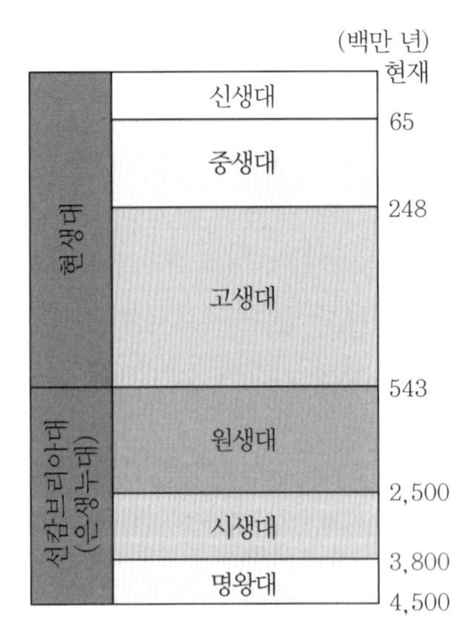

그림 2.2 지질연대기[6]

(1) 영년(Eon)

지질시대는 크게 은생영년(隱生永年, Cryptozoic Eon)과 현생영년(顯生永年, Phanerozoic Econ)의 둘로 나눈다. 은생영년은 생물의 존재가 화석의 발견으로 확실하지 않은 시대로 약 49억 년 전에서부터 6억 년 전까지 계속된 시대로서 이를 선캄브리아(Precambrian)라고도 한다. 반면에 현생영년은 6억 년 전부터 현재까지의 시대로 은생영년에 비하면 상당히 짧은 시대이나 화석이 뚜렷하게 발견되는 지층으로 대표되는 시대로서 이 영년 중의 지구의 역사는 상당히 잘 밝혀져 있다.

(2) 대(Era)

영년은 고생물(화석)의 특징으로 더 짧은 시대로 나뉘는데, 그 시간 단위를 대(Era)라고 한다. 대(代)는 그림 2.2에서 보는 바와 같이 그 길이가 시대에 따라 일정치 않다.

은생영년은 시생대(始生代, Archeozoic Era)과 원생대(原生代, Proterozoic Era)로 나뉘는데 시생대는 원시적인 생물이 생겨나서 바닷속에 살던 시대이지만 생물이 지층 속에 화석으로 발견되지 않는 지층으로 대표되는 시대를 말한다. 원생대의 지층에서는 원시적인 생물의 화석이 발견되나 그 수와 종류가 아주 적은 지층으로 대표되는 시대이다.

현생영년은 그림 2.2에서 보는 바와 같이 오랜 시대로부터 고생대(古生代, Paleozoic Era), 중생대(中生代, Mesozoic Era), 신생대(新生代, Cenozoic Era)로 구분된다.

(3) 기(Period)

대(代)는 다시 짧은 시대로 나뉘며 이 시대를 기(紀, Period)라고 한다. 기(紀)는 시간적 길이가 1억년 이하이며 대개는 수천만 년의 길이를 가진다. 시생대와 원생대는 각국에서 각각 구분되어 있으나 세계적으로 통일된 구분방법은 없다. 그러나 고생대 이후의 시대는 자세히 나누어져 있다. 기는 화석에 의해 나뉘나 지구에 일어난 조륙운동, 습곡작용, 화산활동 등의 지각변동을 고려하여 구분한다.

(4) 세(Epoch)와 기(Age)

기(紀)는 다시 더 짧은 세(世, Epoch)로 나누어진다. 보통은 제3기와 제4기의 세분이 널리 사용된다. 세(世)는 다시 기(期, Age)로 세분된다.

암석과 퇴적물의 형성은 지질학적 순환으로 알려진 바와 같이 연속되는 과정이다. 즉, 퇴적물은 열과 압력의 작용으로 암석으로 변하고 그 암석은 침식되어 퇴적물로 변한다. 이러한 순환은 시작과 끝이 존재하지 않는다. 일반적으로 지질학적 순환을 지배하는 세 가지 중요한 원칙은 다음과 같다.[6]

① 퇴적면 수평의 원리 : 퇴적물의 층리는 지표면과 평행하게 퇴적한다.
② 동일조정(同一造程)의 법칙 : 퇴적은 판상으로 형성되며 과거 지층 경계면에서 종료된다. 지구상에서 변화는 과거와 같이 연속된 힘에 의하여 일어난다.
③ (지층) 누층의 법칙 : 퇴적의 연대는 퇴적순서에 관계된다. 오래된 지층은 반드시 최근 형성된 지층의 아래에 위치한다.

지질학자들은 암이 매우 느린 속도로 흙으로 분해되는 동안에 다른 어떤 흙은 다양한 변화단계를 통해 다시 암으로 변환된다고 말한다. 이러한 현상을 일반적으로 지질순환(geologic cycle)이라고 한다. 예를 들면 화성암은 약 45억 년 전에 용해된 마그마가 냉각하여 형성된 가장 오래된 암석이다. 이러한 암은 다양한 환경적 요인에 의해 잔적토로 변화된다. 이러한 잔적토는 침식 운반되어 퇴적토층을 형성한다. 또한 이러한 퇴적물은 다시 압밀·고결되어 퇴적암이 된다.

압력과 온도 등 환경적인 영향으로 퇴적침전물이 변성암으로 변하기도 한다. 이 퇴적침전물은 다시 풍화와 붕괴, 운반과 퇴적을 통해 2차적으로 암을 생성되거나 쇄설암 또는 흙으로 새롭게 형성되기도 한다. 과도한 압력과 열은 모든 암석을 용해시키고 그 결과로 새로운 화성암이 형성된다. 그래서 새로운 지질순환이 다시 시작된다.

2.1.3 지구표층 구성 물질과 풍화작용

지구표면의 표층을 구성하고 있는 물질은 흙과 암이다. 이 중 흙은 지구 표면의 암과 광물로부터 생성되는 물질이다. 즉, 대기조건, 화산활동, 지각운동 등은 지구표면의 암과 광물을 흙으로 변화시켜 지구표면의 표층을 조성한다. 여기서 지구표면의 흙층을 특별히 표토라고 한다. 표토는 일반적으로 구조물을 지지하는 지지층이므로 특히 지반기술자에게 관심의 대상이 되고 있다.

암석과 광물이 지표에서 흙으로 변화되는 과정을 풍화(weathering)라 하고 풍화를 일으키는 작용을 풍화작용이라고 한다.

즉, 지구표면의 표토는 암과 광물 덩어리의 물리적 풍화(붕괴)에 의하여 형성되거나 모암 속의 다양한 광물의 화학적 풍화(분해)에 의해서 형성된다. 지구가 생성된 이후 지구의 표면에서는 다양한 변화가 연속적으로 전개되어왔다. 이 중 붕괴(distintegration)는 동결 융해 및 물, 빙하 등의 작용현상이고 분해(decomposition)는 산화나 수화 작용현상이다. 이와 같은 기계적 및 화학적 작용의 변화를 풍화(weathering)라고 부른다. 결국 흙은 암의 풍화로부터 얻어지는 무기질 또는 유기질 풍화생성물이라 할 수 있다.

이와 같이 풍화작용은 암석에 물리적 변화를 주는 기계적 풍화작용과 화학적 변화를 주는 화학적 풍화작용의 두 가지가 있으나 대개의 경우 이 두 가지가 동시에 일어난다. 기계적 풍화를 초래하는 몇몇 물리적 현상을 예로 들어보면 평탄화현상(gradation)은 지형(산, 계곡 등)이 물, 공기, 빙하 또는 다른 풍화요소의 작용에 의해 변하는 현상이며 지각변동(diastrophism)은 지각의 일부가 다른 지각에 대하여 상대적으로 움직이는 과정을 말하며 화산활동(volcanism)은 지구의 표면과 내부 양쪽에서 용융된 암의 움직임을 말한다. 그 밖에도 기계적 풍화작용으로는 기온의 변화, 결빙, 압력의 증감, 식물뿌리의 작용 등을 고려할 수 있다.

한편 화학적 풍화는 그 과정이 복잡하다. 왜냐하면 화학적 풍화작용은 암석을 원래의 성질과는 다른 물질로 변화시키기 때문이다. 예를 들면 장석이 화학적 풍화작용을 받으면 장석과는 화학적 성분과 물리적 성질이 전혀 다른 점토광물로 분리된다. 점토광물은 $2\mu m$ 이하의 아주 작은 입자로 된 흙의 한 종류이며 전기 화학적으로 매우 활동적이다. 대부분의 점토광물은 산에 녹지 않지만 물에 상당한 친화력를 가지고 있고 습윤 상태나 수분을 간직하고 있을 때는 탄성을 가지며, 건조 상태에서는 응집력(coherent)을 가진다. 점토퇴적물은 기초를 축조할 경우 주의를 요하는 토질이다. 이 흙은 체적변화(팽창, 수축, 압밀)가 크고 함수비, 하중, 화학성분과 같은 환경요인에 크게 영향을 받는다. 세 가지 주요 점토광물로는 카올리나이트(Kaolinites), 몬모릴로나이트(Montmorillonites), 일라이트(Illites)를 들 수 있다.

기계적 풍화작용과 화학적 풍화작용 중 어느 것이 더욱 우세하게 일어나는가는 한마디로 말하기 어렵다. 왜냐하면 자연조건에 따라 기계적 풍화작용과 화학적 풍화작용 중 어느 하나가 더욱 우세하게 일어 날 수 있기 때문이다. 예를 들면 한랭하거나 건조한 지역에서는 기계적 풍화작용이 우세하고 화학적 풍화작용이 미약하게 일어나는 데 비하여 열대나 온대의 다우 지역에서는 화학적 풍화작용이 현저하게 일어난다.

풍화생성물은 제자리에 있거나 빙하, 물, 바람 그리고 중력에 의하여 다른 장소로 이동하기도 한다. 풍화작용에 의하여 형성된 흙이 원래의 자리에 그대로 남아 있는 흙을 잔류토(residual soils)라 부르고 운반되어 다른 장소에 퇴적된 흙을 운적토(transported soils)라 부른다. 잔류토의 중요한 특징은 흙입자 크기의 분포이다. 지표면에는 세립토가 분포하며 토층의 심도가 깊어짐에 따라 흙입자의 크기는 증가한다. 또한 더 깊은 심도에서는 모난 암석파편이 섞여 있다.

운적토는 운반과 퇴적되는 방법에 따라 다음과 같이 다양한 여러 군으로 분류된다.

① 빙적토(glacial soils) : 빙하에 의해 운반·퇴적된 흙
② 충적토(alluvial soils) : 흐르는 물에 의해 운반되어 하천을 따라 퇴적된 흙
③ 호성토(lacustrine soils) : 잔잔한 호수에 침전 형성된 흙
④ 해성토(marine soils) : 바다에 침전되어 형성된 흙
⑤ 풍적토(aeolian soils) : 바람에 의해 운반·퇴적된 흙
⑥ 붕적토(colluvial soils) : 산사태가 일어나면서 중력에 의한 이동으로 쌓여 형성된 흙

다음으로 암은 화성암(igneous), 퇴적암(sedimentary), 변성암(metarmorphic)의 세 종류로 구분되며 지구의 형성 및 변화과정과 관련이 있다. 이 중 화성암은 화산작용으로 분출된 액체 상태의 마그마가 식으면서 고결되어 형성된 암이며 퇴적암은 퇴적물과 동식물의 잔해 등이 물속이나 지표 부근에 쌓여서 압력과 열을 받아 형성된 암이다. 그러나 이러한 열과 압력은 화성암 생성 때보다는 작은 규모이다.

퇴적암은 지구표면의 75%를 0.8km 두께로 분포하고 있기 때문에 지반공학 기술자들에게 특히 중요한 기초지반 구성 요소이다. 퇴적암을 형성하고 있는 퇴적물들은 전기적 인력, 화학작용, 광물질들의 결합력으로 결속되어 있으며 일반적으로 느슨한 상태이다. 쇄설성 퇴적암은 탄산염(석회석, $CaCO_3$)이나 황산염(석고, $CaSO_4(+2H_2O)$) 같은 광물질에 의해 암석 조각들이 결합된 형태의 암이다. 쇄설성 암의 예로는 사암(sandstone), 혈암(shale), 역암(conglomerates)을 들 수 있다. 사암(sandstone)은 모래가 광물질과 결합·형성된 퇴적암으로 바닷가나 모래언덕 하부에 위치해 있고 혈암(shale)은 점토나 진흙으로 만들어지며 호수나 늪지대에서 발견된다. 그리고 역암(conglomerates)은 하상하부에서 모래와 자갈로 생성된다.

화학적 퇴적물은 물속에 용해되어 있는 석회석, 석고, 암염 등의 광물질로 이루어진다. 유

기질 퇴적암은 식물 및 동물 뼈나 조개 등의 유기질로 형성되며 석탄이 지구 깊은 곳에서 식물의 압축으로 만들어진 이치와 같다.

한편 변성암은 지표면의 상당 심도에서 화성암, 퇴적암 또는 (심지어 이미 존재하고 있는) 변성암이 엄청난 열과 압력에 의해 변성·생성된 암이다. 그들의 외형과 색깔 등은 매우 다양하다. 변성암에는 용융현상은 없기 때문에 원래 암석의 화학적 구성요소에는 변화가 없다. 그러나 공학적인 관점에서 층리(같은 광물들이 평행으로 층을 이룸), 약한 광물 협재층, 쪼개질 수 있는 면들은 변성암내에 연약한 파괴면을 형성하여 취약부가 되기 때문에 매우 주의해야 한다.

2.1.4 불연속면

암반은 대부분 균일하지도 않고 연속성도 없다. 오히려 암반은 암반의 변형과 강도 그리고 암반 위에 설치된 구조물의 안정성에 영향을 주는 불연속면으로 이루어져 있다. 퇴적암에서의 불연속면을 층리면(bedding plane)으로 부른다. 이 층리면은 각기 다른 퇴적물이 분리되는 면이다. 변성암에서는 층리면을 뜻하며 화성암에서는 절리(joint)라고 부른다.

불연속면을 기하학적으로 표현하기 위하여 주향과 경사라는 용어를 사용한다. 주향은 층리면의 하향성분이고 경사는 층리면의 수평성분이다.

암반은 습곡(folding)작용으로 구부러지며 그 양상은 매우 다양하다. 습곡은 암반 내에 응력 상태를 불균등하게 만든다. 이러한 불균등한 응력해방은 토목구조물공사에 많은 문제점들을 발생시킨다. 그림 2.3은 단순한 두 습곡 현상인 배사구조(anticlines)와 향사구조(syclines)를 함께 도시한 그림이다. 배사구조는 암반이 위로 향해 굽혀진(볼록한, convex) 현상이며 향사구조는 암반이 아래로 향해 굽혀진(오목한, concave) 현상을 보여주고 있다.

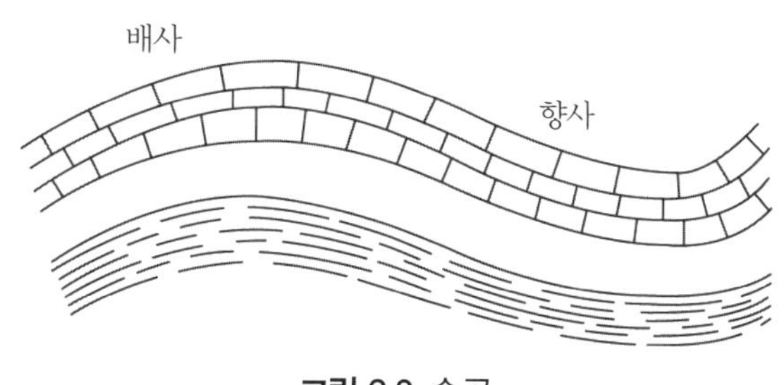

그림 2.3 습곡

지표면에 파쇄대를 만드는 암반의 움직임을 단층(fault)이라 한다. 인장력으로 정단층(그림 2.4(a))이 발생되고 압축력으로 역단층(그림 2.4(b))이 형성된다. 전단력은 수평단층(그림 2.4(c))의 원인이다. 이러한 단층은 단순치 않으며 항상 다양한 양상으로 만들어진다.

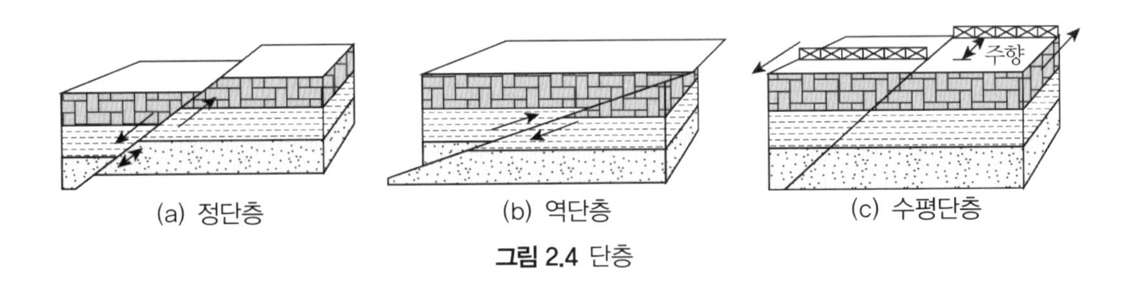

그림 2.4 단층

2.1.5 지각운동과 충격파

지각의 조성은 육지, 해저, 해중화산, 광산 및 시추 조사 등에 의해서 상당히 알려졌다. 그러나 아직까지는 지각보다 더 깊은 부분의 물질을 직접 관찰한 일이 없기 때문에 지각 하부의 물질 조성은 주로 물리학적 이론에 의해서 추리되는 데 불과하다.

오랜 지질시대가 지나가는 동안에 지각이 휘어지거나 굴곡되어 산지가 형성되는 일과 해변이 융기되어 육지로 변한 일도 있었다. 이와 같이 지각에 변형을 일으키는 모든 운동을 지각운동(earth movement) 또는 지각변동(diastrophism)이라고 한다.

지각과 상부맨틀의 일부 약 100km 두께는 암석권(岩石圈, Lithosphere)이라고 하고 이 암석권 아래 150km 두께는 암류권(岩流圈, Asthenosphere)이라 한다.[1] 암석권은 20개의 판(plate) – 커다란 암석 불럭 – 으로 구성되어 있다. 이들은 뜨거운 마그마 상부에서 서로 밀고 당기며 지각의 움직임을 유도한다. 이러한 여러 개의 지각판이 움직이는 힘과 변화과정을 설명한 이론은 동일조정설(同一造程說, uniformitarianism)에 근거하여 지질학적 변화, 즉 지각운동이 현재와 과거가 같은 방식으로 계속해서 일어난다고 보는 것이다.[1,5]

지각운동에는 지진이나 화산과 같이 급격한 변화로 나타나는 것이 있고 조산(造山) 및 조륙(造陸)운동처럼 완만한 운동도 있다. 일반적으로 지각운동은 상대적으로 느리지만 급작스런 움직임이 발생되면 암반 내의 모든 방향으로 에너지를 보낸다. 이 에너지는 충격파로 전달된다.

이러한 충격파가 지표면에 도달하여 지각을 흔들면 이를 지진이라 부른다. 지진 후에 판들이 다시 자리를 잡으며 또 한 번의 충격파를 만드는데 이를 여진이라 한다. 지진이 발생한 지점을 진원이라 하고 그 지점 바로 상부의 지표면을 진앙(epicenter)이라고 한다.

충격파는 진원지에서 지표면으로 이동함에 따라 표면파(surface wave)와 실체파(body wave)로 나뉜다. 이들 파는 각기 다른 속도로 움직인다. 실체파는 압축 P-파와 전단 S-파로 이루어져 있다. P-파는 지표면에 가장 먼저 도착하며 S-파가 뒤 따른다. 표면파는 Love(LQ)파와 Raleigh(LR)파로 구성되어 있으며 이들 표면파는 큰 주파수와 주기를 가지고 있다.

지진에너지의 방출량은 지진의 진도(M)로 표시한다. 리히터(Richiter) 규모 진도는 로그 스케일로서 0에서 9까지의 범위를 가진다. 진도 2인 지진은 거의 느낄 수 없지만 진도 7에서는 광범위한 피해를 일으킬 수 있다.

판의 경계부에는 아래와 같은 세 가지 중요한 현상들이 발생한다.[6]

① 판들이 서로 미끄러지며 단층대(fault zone)가 발생한다.
② 판들이 밀리면서 무거운 판이 다른 판 아래로 관입되는 섭입대(subduction)가 발생한다.
③ 판들이 서로 멀어지면서 발생되는 확장대(spreading zone)가 발생한다.

2.2 물리적 특성

일반적으로 흙은 고체, 액체, 기체의 3상체로 구성되어 있다. 이 구성체를 토괴(soil mass)라고 부르며 그 범위는 높은 압축성의 연약한 실트와 점토 또는 유기질토에서부터 단단한 모래, 자갈 및 암까지 광범위하다.

우선 고체부분은 광범위한 형태를 가지며 치밀한 암석, 호박돌 등 큰 조각에서부터 눈에 보이지 않는 매우 작은 미립자까지 그 크기가 다양하다. 다음으로 액체부분은 다양한 양과 형태로 용해된 전해질을 포함한 물로 구성되어 있다. 마지막으로 기체부분은 고도의 생물퇴적토에서는 유기 가스가 존재할 수 있으나 일반적으로는 공기로 구성되어 있다. 이러한 물질들은 구성성분비, 밀도, 함수비 및 공기함량에 따라 다양한 형태로 존재한다. 실제로 어떤 건물 부지에서는 이와 같은 다양성이 아주 좁은 간격으로 존재하기도 한다. 따라서 흙을 적절히 분류하고 그 특성을 평가할 필요가 있다.

흙의 물리적 특성은 지구에서 진행되는 환경적 물리적 변화에 의해 유발되는 힘 또는 응력과 고체, 액체, 기체 사이의 상호작용에 의한 결과로 나타난다. 흙의 물리적 특성을 적절히 평가하고 이해하기 위해서 기초지반 설계 시 이런 물질의 구성과 그들의 상호작용을 이해해야 한다.

2.2.1 흙의 체적과 무게

그림 2.5는 단위토괴를 체적과 무게로 구분하여 도시한 그림이다. 그림 2.5의 좌측에는 단위토괴의 체적을 표시하였으며 우측에는 단위토괴의 무게를 표시하였다. 즉, 흙은 고체인 흙입자(V_s)와 액체인 간극(V_v)의 두 가지로 크게 구분할 수 있다. 간극의 체적(V_v)은 다시 물의 체적(V_w)과 공기의 체적(V_a)으로 구성되어 있다. 즉, 흙의 체적은 흙입자, 물, 공기의 세 가지 성분의 체적으로 도시할 수 있다.

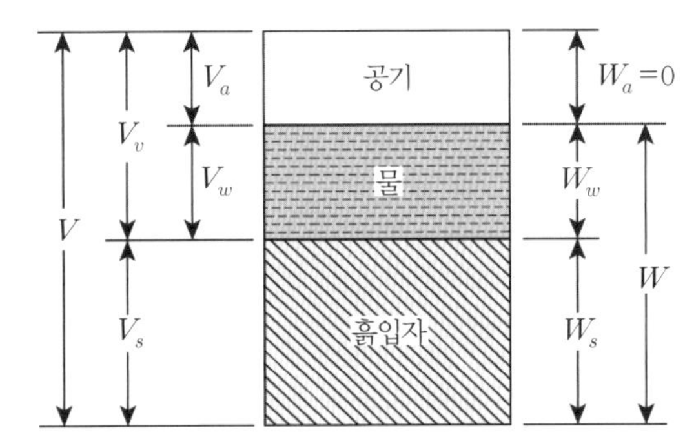

그림 2.5 단위토괴를 구성하는 체적(V)과 무게(W)[3]

한편, 흙의 무게(W)도 흙입자(W_s), 물(W_w), 공기(W_a)의 무게로 구분하여 도시할 수 있다. 이 중 공기의 무게는 물과 흙입자에 비해 무시할 정도이므로 전체의 무게를 고려할 때 무시한다.

2.2.2 간극비와 간극률

흙덩어리의 간극비(e)는 식 (2.1)과 같이 흙입자의 체적(V_s)에 대한 간극의 체적(V_v)의 비로 규정한다. 간극비는 상수로 나타내고 그 범위는 $0 < e < \infty$이다.

$$e = \frac{V_v}{V_s} \tag{2.1}$$

한편 흙덩어리의 간극률(n)은 전체 체적(V)에 대한 간극체적(V_v)의 비로 규정되며 식 (2.2)와 같다. 간극률은 백분율(%)로 표현되고 그 범위는 $0 < n < 100$이다.

$$n = \frac{V_v}{V} \times 100(\%) \tag{2.2}$$

간극률과 간극비의 관계는 식 (2.3)과 같다.

$$n = \frac{V_v}{V} = \frac{V_v}{V_s + V_v} = \frac{V_v / V_s}{(V_s + V_v)/V_s} = \frac{e}{1+e} \tag{2.3}$$

흙덩어리 중 흙입자의 체적(V_s)는 어떤 상황에서도 변하지 않는다고 가정한다. 즉, 흙입자는 비압축성이라고 가정한다. 그러나 간극의 체적(V_v)은 공기나 물 또는 둘 다의 체적변화로 인해 변하게 된다. 그래서 간극비는 V_v의 변화에 비례하여 변한다. 한편 간극률(n)은 식 (2.3)에서 볼 수 있는 바와 같이 분모와 분자 모두 V_v의 함수이다. 따라서 둘 중에서 간극비가 더 간편하므로 간극과 흙입자 사이의 체적 관계의 표현에서는 간극비가 널리 사용된다.

자연모래의 간극률은 침강 및 퇴적과 같은 환경뿐만 아니라 입자의 형태와 입도의 균등성에 크게 의존한다. 대부분 모래의 간극률은 25~50%의 범위에 있다. 위에서 설명한 바와 같이 간극률은 100%를 넘을 수 없다.

이론적으로 간극비가 0에서 무한대(∞)의 범위에 있으나 대략 모래와 자갈의 간극비는 0.5~0.9이고 점토는 0.7~1.5의 범위 내에 있다. 그러나 몇몇 콜로이드형 점토의 간극비는 3~4를 초과하는 매우 높은 값에 이르기도 한다.

2.2.3 함수비와 포화도

함수비(w)는 흙입자의 무게(W_s)에 대한 물의 무게(W_w)의 비로 식 (2.4)와 같이 규정한다. 함수비는 백분율로 표현되고 범위는 $0 < w < \infty$이다.

$$w = \frac{W_w}{W_s} \times 100(\%) \tag{2.4}$$

한편 포화도(S)는 간극의 체적(V_v)에 대한 물의 체적(V_w)의 비로 규정되며 식 (2.5)로 표현되며 백분율(%)로 표현된다.

$$S = \frac{V_w}{V_v} \times 100(\%) \tag{2.5}$$

물로 가득 채워질 수 있는 가능한 모든 간극에 대한 실제 물이 채워진 간극의 비로서 포화도를 표시한다. 포화도는 완전히 건조한 상태 $S=0\%$로부터 완전히 포화된 상태의 $S=100\%$까지 변화한다. 그러나 실제로 양극단의 포화도에는 거의 도달할 수 없다. 예를 들면 비록 물에 잠긴 흙입자라도 흙덩어리 안에는 약간의 공기가 남아있게 되므로 물의 체적은 간극의 체적과 절대 동일해질 수 없다. 그래서 물에 잠긴 상황일지라도 $S<100\%$이다.

식 (2.4)에 의하면 함수비는 100%를 초과할 수 있다. 일반적으로 모래에서 10~30%인 반면에 점토에서는 대략 10~300% 이상의 범위에 있다. 세립이고 매우 느슨하게 퇴적되어 있는 점토의 경우 300% 이상의 함수비를 가질 수도 있다. 흙덩어리의 포화도와 함수비는 흙의 특성과 거동에 중요한 영향을 미친다. 특히 세립토의 경우 중요하다. 예를 들어 점토층에서 함수비가 높으면 전단강도나 지지력 모두 감소되며 압밀의 양과 속도 또는 포화도에 의해서 상당한 영향을 받는다.

2.2.4 비중과 상대밀도

흙의 비중(G_s)은 물의 단위중량(γ_w)에 대한 흙입자의 단위중량(γ_s)비로 식 (2.6)과 같이 규정된다. 여기서 물의 단위중량(γ_w)은 4°C에서의 물의 단위중량(1g/cm^3=9.807kN/m^3)을 기준으로 한다.

$$G_s = \frac{\gamma_s}{\gamma_w} \tag{2.6}$$

흙입자의 비중은 대부분 2.6~2.8의 범위에 있는 것에 비해 다른 광물의 비중은 폭넓게 변한다. 유기질을 많이 포함한 흙은 낮은 비중을 가진다. 표 2.1에 몇몇 광물의 비중에 대한 대표치가 정리되어 있다.

표 2.1 광물의 비중

광물	비중
석고 화산재	2.32
정장석	2.56
카올리나이트	2.61
석영	2.67
방해석	2.72
백운석	2.87
자철석	5.17

물의 단위중량은 온도에 따라 변하지만 이러한 변화는 거의 무시한다. 예를 들면 4°C에서는 1g/cm^3=9.807kN/m^{3}이고 25°C에서는 0.996g/cm^3=9.768kN/m^{3}이다. 그러나 토질역학에서는 일반적으로 1g/cm^3=9.807kN/m^{3}의 단위중량이 적합한 것으로 간주한다.

한편 자연 조립토의 다짐 상태는 일반적으로 상대밀도 D_r로 표시하고 식 (2.7)로 구한다.

$$D_r = \frac{e_{\max} - e}{e_{\max} - e_{\min}} \times 100(\%) \tag{2.7}$$

또는

$$D_r = \frac{\gamma_{dmax}}{\gamma_d} \times \frac{\gamma_d - \gamma_{dmin}}{\gamma_{dmax} - \gamma_{dmin}} \tag{2.7a}$$

여기서, $e_{\max}$: 가장 느슨한 상태에서 흙의 간극비

$e_{\min}$: 가장 조밀한 상태에서 흙의 간극비

e : 자연 상태에서 흙의 간극비

γ_{dmax} : 가장 조밀한 상태에서 흙의 건조단위중량

γ_{dmin} : 가장 느슨한 상태에서 흙의 건조단위중량

γ_d : 자연 상태에서 흙의 건조단위중량

앞의 식 중 간극비를 결정하는 데 흙의 체적을 측정하는 문제에 봉착하게 된다. 그러나 단

위중량은 비교적 쉽게 측정할 수 있기 때문에 식 (2.7a)로 보다 쉽게 구할 수 있다. 표 2.2는 상대밀도에 따라 5등급으로 분류한 조립토의 밀도 상태를 나타내고 있다.

표 2.2 상대밀도에 따른 조립토의 분류

조립토의 밀도 상태	상대밀도(%)
매우 느슨	0~15
느슨	15~35
중간	35~65
조밀	65~85
매우 조밀	85~100

단위중량을 결정하기 위한 절차는 각국의 표준공업규격(예를 들면 KS, ASTM, JIS, DIN 등)에 상세히 설명되어 있다. 이들 규격은 모두 유사하다. $\gamma_{d\min}$은 고정된 높이를 가진 몰드에 건조모래를 가장 느슨한 상태로 낙하시켜 구할 수 있고 $\gamma_{d\max}$는 상재중량을 받고 있는 시료에 진동을 가하여 구한다. 가장 큰 $\gamma_{d\max}$값은 건조한 시료나 포화된 시료(건조 또는 습윤방법)의 밀도를 높여서 그 값을 구할 수 있다.

2.2.5 아터버그(Atterberg)한계

조립토에 대하여는 앞 절에서 설명한 상대밀도의 변화에 따라 물리적 특성이 달라지는 반면에 점성토에 대하여는 함수비의 변화에 따라 물리적 특성이 달라진다. 즉, 함수비의 변화에 따라 점성토는 단단하기도 하고 연약해 지기도 한다. 이러한 상태를 연경도라 하고 아터버그 한계로 정하여 구분·표현한다.

아터버그한계는 경험적으로 개발되었으나 점성토의 연경도를 설명하는 데 폭넓게 쓰인다. 처음 이 개념을 소개한 A. Atterberg(1911)의 이름을 따서 명명되었다. 그 이후 Terzaghi(1925)[13]와 Casagrande(1932, 1947)[7,8]에 의해서 여러 가지 흙의 형태에 따라 이들 한계의 관계가 설명되고 시험절차가 수정되었다.

점성토의 연경도는 흙의 함수비에 따라 크게 영향을 받는다. 예를 들어 그림 2.6에 도시한 바와 같이 함수비의 점진적 증가로 인하여 고체 상태의 건조한 점토는 반고체 상태, 소성 상태로 변화되고 함수비를 더욱 증가시키면 액체 상태가 된다. 이와 같은 상태의 경계 함수비를 각각 수축한계, 소성한계, 액성한계라 한다. 이들 한계를 결정하는 방법은 토질시험을 다루고 있는 대부분의 시험교과서나 ASTM, AASHTO, KSF 등의 규정에 수록되어 있다.

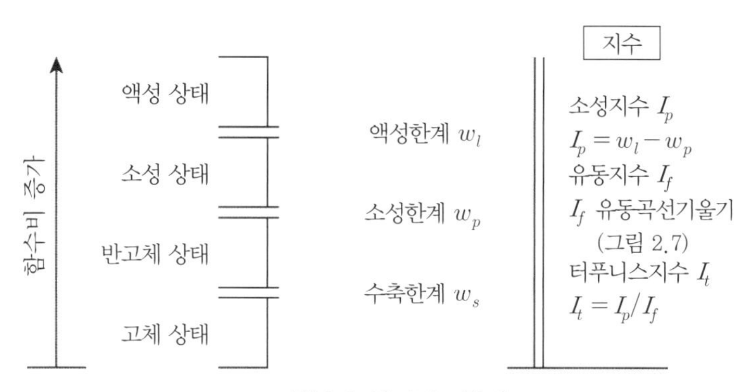

그림 2.6 아터버그한계

액성한계 $w_l(LL)$는 점토의 시료가 소성 상태에서 액체 상태로 변하는 시점에서의 함수비이며 이 시점에서의 시료는 확실한 전단강도를 갖는다. 액성한계를 결정하기 위해서는 표준시험기의 접시에 시료를 넣고 규정된 기구로 시료 중앙에 홈을 낸 후 1cm 높이에서 낙하시켜 홈이 중앙부에서 약 10mm 길이로 합쳐졌을 때의 함수비를 구한다. 시료의 함수비를 다르게 하여 실시한 여러 번의 시험에서 측정된 값을 그림 2.7처럼 반대수지에 도시하여 낙하횟수 25회에 대한 함수비를 구한다(KS F 2304-85(95)).

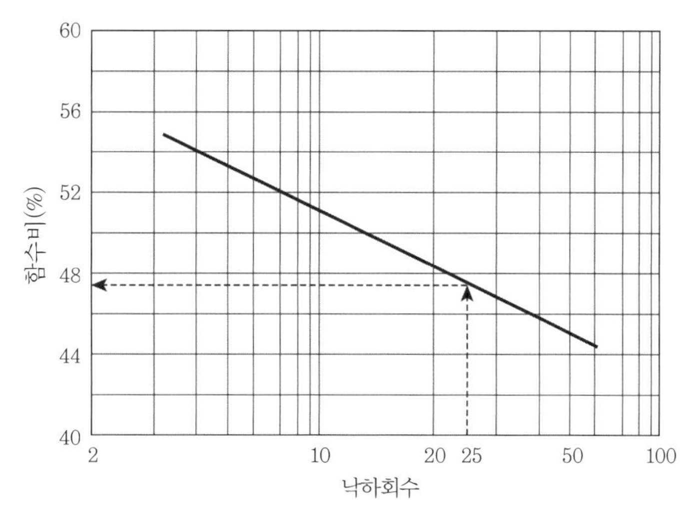

그림 2.7 액성한계

소성한계 $w_p(PL)$는 지름이 약 3mm인 얇은 국수모양의 흙덩어리가 부서지기 시작하는 때의 함수비이다. 간단히 말하자면 함수비를 감소시키면서 흙덩어리 시료를 굴려 국수모양으로 만들어 흙덩어리의 직경이 거의 3mm가 되어 부서지기 시작할 때의 함수비이다(KS F 2304-85(95)). 이 시험은 부드러운 표면을 가진 판이나 유리판 위에서 손바닥으로 흙덩이를 굴려 실시한다.

수축한계 $w_s(SL)$는 더 이상 체적이 감소하지 않는 상태, 즉 더 이상 건조에 의해 수축이 되지 않는 상태에서의 함수비이다. 간단히 말하자면 건조하는 과정에서 여러 함수비 상태의 체적을 측정하여 시행한다(KS F 2305).

Skempton(1952)은 소성지수와 2μm보다 작은 흙입자의 (중량)백분율 사이의 관계를 제안했다. 그는 이를 점토의 활성도 A라고 불렀고 다음과 같이 표현하였다.[12]

$$A = \frac{I_p}{2\mu m\text{보다 가는 입자의 중량백분율}(\%)} \qquad (2.8)$$

점토의 활성도는 대상 점토의 종류가 어떤 경향을 가지는 지에 대한 거동특성에 관한 정보를 제공한다. 예를 들면 활성도의 상대적 수준을 보면 카올리나이트는 낮고, 일라이트는 중간 그리고 몬모릴로나이트는 높다(예 : Skempton은 활성도의 기준이 카올리나이트는 0.5보다 적고 일라이트는 약 1이고 몬모릴로나이트는 7보다 크다).

점성토의 활성도(A)와 체적변화에 따른 점성토의 거동 경향에 대한 개략적인 기준은 표 2.3과 같다.

표 2.3 점성토의 활성도에 따른 분류

활성도	점토의 분류
$A<0.7$	비활성점토
$0.7<A<1.2$	보통 점토
$A>1.2$	활성점토

일반적으로 카올리나이트는 활성도가 낮으므로 상대적으로 가장 안정(stable)되고 일라이트는 중간이기 때문에 보통의 안정 상태(normal stable)에 있고 몬모릴로나이트는 활성도가 높기 때문에 체적변화가 크게 된다.

시료의 채취, 취급, 시험 중에 교란 정도가 심하기 때문에 일반적으로 흙 공시체는 현장 상태에서의 흙의 특성과 다소 다른 특성을 나타낼 수 있다. 이런 결과는 아터버그한계에 특히 적용될 수 있다. 수축한계를 제외하고는 시료의 채취에 의한 교란뿐만 아니라 점토 시편의 재성형과정에서의 구조적 교란이 시험 과정상에서 일어날 수 있다.

교란효과는 일축압축시험의 결과에 분명하게 나타나게 된다(KSF 2314-97). 불교란 점토의 강도는 재성형한 점토 강도의 여러 배가 된다. 재성형 시료의 압축강도에 대한 불교란시료의 압축강도의 비를 예민비라고 한다. 그러므로 교란된 시료를 통해 얻은 아터버그한계시험을 포함한 시험 결과는 그런 제한사항(시료교란)을 고려해서 판단하여야 하며 세부적인 평가 프로그램의 한 부분으로만 취급되어야 한다.

2.2.6 흙의 분류

지금까지는 흙을 조립토 또는 세립토, 점성토 또는 비점성토라는 일반적인 용어로 분류하였다. 모래와 자갈은 조립의 비점성토로 보고 실트와 점토는 세립의 점성토로 분류하였다. 이런 분류는 너무 포괄적이어서 흙의 분류를 합리적으로 기술하지 못하며 다른 입도와의 혼합물을 설명하지도 못한다. 따라서 공학적 목적에 부합하고 사용자 상호 간에 흙의 특성에 대한 의견소통이 가능하도록 통일하며 흙을 보다 합리적으로 그룹화하기 위해 좀 더 체계적이고 통일된 분류 방법을 필요로 하게 되었다.

분류 방법은 사실상 경험에 의거 확립된다. 특별한 종류의 공사와 관련하여 또는 특수한 필요에 따라 대부분의 분류 방법이 개발되어왔다. 예를 들면 AASHTO(American Association of State Hoghway and Transportation Officials)는 제방건설과 고속도로의 노반공사에 사용코자 다양한 흙의 체계적인 분류 방법을 마련했다. 또한 통일분류법(Unified Classification System)은 군비행장 활주로에 관한 Casagrande의 연구와 연관 지어 개발하게 되었다. 그리고 미공병단은 유사한 동상거동을 보이는 흙의 분류법을 개발하였다.

현재 공학적으로 많이 사용하고 있는 흙의 분류법은 다음과 같이 크게 세 가지로 정리할 수 있다.

① 입자 크기를 기본으로 한 분류
② 통일분류법(Unified Soil Classification System)
③ AASHTO 분류 방법(AASHTO Classification System)

초기의 분류 체계는 일반적으로 입자의 크기를 기본으로 하였다. 이런 분류는 폭넓게 사용되었고 많은 사례에서 실용적임이 입증되었으나 일반적으로는 불충분하다. 예를 들어 투수성은 입자 형태에 크게 영향을 받기 때문에 입자 크기가 비슷한 두 흙의 투수성을 입자 크기만으로 비교하거나 광물의 함량, 환경요소 및 자연 상태의 점토 거동 등을 무시하는 것은 적절치 못하다. 그러므로 입자 크기 이외의 다른 특성들을 포함한 분류 체계를 확립하기 위하여 수많은 제안이 제기되었다. 수많은 분류 체계가 과거 수십 년 동안에 걸쳐 제안되었지만 현재 가장 폭 넓게 쓰이고 있는 방법은 통일분류법과 AASHTO 방법이다. 그러나 이들 대부분은 구성요소를 자갈, 모래, 실트 또는 점토로 나누는 것을 기본으로 하여 입자 크기 특성을 채택하고 있다. 또한 아터버그한계는 일반적으로 세립토의 소성 특성과 연경도 특성을 확인하기 위해 부수적인 기준으로써 사용하고 있다.

2.3 흙의 투수성

물의 흐름으로 인하여 많은 지반공학 구조물(도로, 교량, 댐, 굴착 등)이 불안정하거나 파괴된다. 흙 속에서의 물의 흐름은 주로 투수계수(또는 투수성)에 의해 지배받는다. 간단한 적용 예로 건물의 지하공간(하부)을 조성하기 위한 지반굴착을 들 수 있다. 시공 중 굴착저면에 물이 존재하면 안 된다. 그래서 굴착지역으로 물이 스며드는 것을 막기 위해 굴착주변에 흙막이를 설치한다. 그러나 굴착지역 외부의 물은 흙막이벽 하부를 통하여 흐르게 된다. 이로 인하여 굴착지역은 침수뿐만 아니라 불안정하게 된다. 이와 같은 굴착지역으로 물이 흘러 유입되지 못하게 하기 위해 흙막이벽 길이의 산정이 필요하며 이를 위해서는 흙의 투수계수를 알아야만 한다.

2.3.1 수 두

일반적으로 흙 속에서의 물의 흐름은 정상 상태(steady-state condition)에서의 흐름을 대상으로 한다. 여기서 '정상 상태란 무엇인가?' 두 지점 사이에 경사가 있다면 중력에 의하여 물의 흐름이 발생한다. 물의 흐름은 아래 방향으로 발생하며 물의 흐름도 간극수압도 시간에 따라 변하지 않는다면 정상 상태가 된다.

Darcy 법칙은 흙 속에서 물의 흐름을 지배하는 법칙이다. 하지만 Darcy 법칙에 대해 논하기 전에 흙 속에서의 유체흐름을 이해하기 위해 유체역학－Bernoulli 정리－의 중요한 원칙에 대해서 알아본다.

임의의 관의 한쪽 끝을 막고, 그 관에 물을 채운 다음 테이블 바닥에 놓는다면(그림 2.8 참조) 테이블 바닥으로부터의 물의 높이를 압력수두(h_p, pressure head)라고 한다. 수두는 단위중량당 역학적 에너지를 의미한다. 만약에 이 관을 테이블 바닥 위로 들어 올리면 역학적 에너지 또는 전수두(total head)는 증가한다.

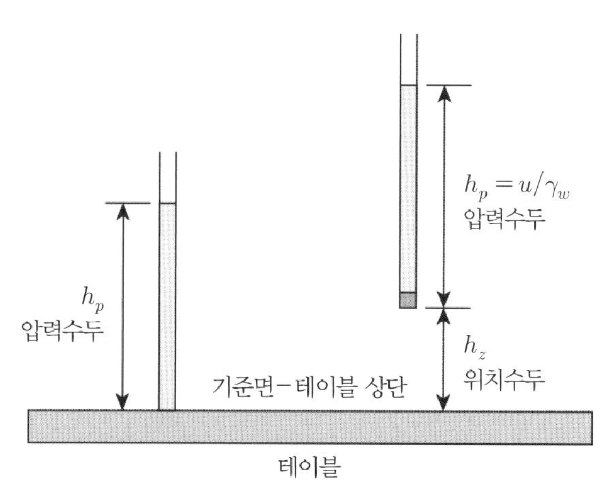

그림 2.8 위치수두와 압력수두[3]

전수두는 압력수두(h_p)와 위치수두(h_z, elevation head)의 합이다. 여기에 만약 물이 정상상태에서 관 속을 통해 v의 속도로 흐른다면 속도에 의해 발생하는 추가적인 속도수두($v^2/2g$)가 발생한다. 이때는 전수두 H를 Bernoulli의 정리에 의해 식 (2.9)와 같이 표현한다.

$$H = h_z + h_p + \frac{v^2}{2g} \tag{2.9}$$

일반적으로 물의 흐름은 일정하게 흐르고, 비점성(점성변화가 없는), 비압축(체적변화가 없는) 그리고 비회전(유체입자가 회전하지 않는)으로 가정된다. 위치수두는 임의의 기준면에 의해 결정되고 전수두는 기준면 위치의 선정에 따라 그 값이 변화한다. 따라서 물의 흐름과 관련된 일련의 문제를 해결하기 위해서는 기준면의 위치를 선정해야 한다. 압력은 대기압과 연계하여 정의된다(대기압은 15°C의 온도에서 101.3kPa이다). 이것은 게이지압력이라고도 하며 지하수위 면에서는 자유수면 0이 된다. 흙 속에서의 유속은 일반적으로 작기 때문에(<1cm/s) 속도수두는 무시된다. 그러므로 흙 속에서의 전수두는 식 (2.9)로부터 다음과 같이 나타낸다.

$$H = h_z + h_p = h_z + \frac{u}{\gamma_w} \tag{2.10}$$

여기서, $u(= h_p \gamma_w)$는 간극수압이다.

다음으로 그림 2.9에 나타낸 바와 같이 원통형 통에 흙을 채우고 물이 이 흙 속을 일정한 속도로 흐르는 상황을 고려해보자. 물이 흙 속을 흐르게 되면 에너지는 흙입자 사이의 마찰에 의해 소산되며 그로 인해서 수두손실이 발생한다. 따라서 그림 2.9에서처럼 피에조미터(piezometer)라고 하는 A관과 B관을 L만큼 떨어진 거리에 연결하면, 각각의 관에는 서로 다른 높이로 물이 상승할 것이다. 일반적으로, 수두손실은 A관에서의 전수두에서 B관에서의 전수두를 뺀 값이다. 즉, 수두의 감소는 양(+)이므로 원통형 통의 윗부분을 임의의 기준면이라고 하면 A관과 B관 사이의 수두손실은 $\Delta H = (h_p)_A - (h_p)_B$가 된다.

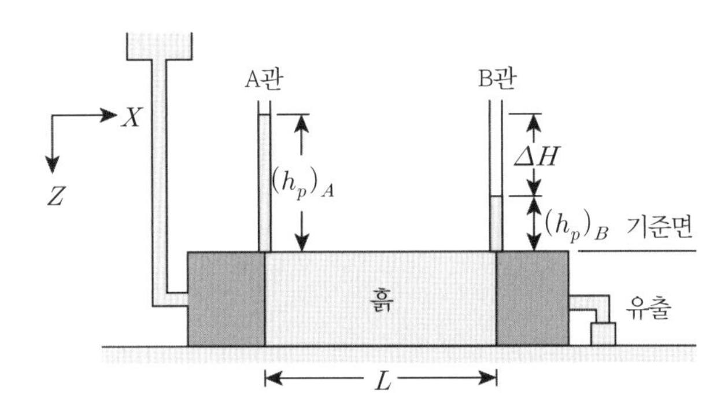

그림 2.9 흙 속을 통과하는 물의 수두손실[3]

정지 상태(가속도가 0)에서 유체의 1차원 압력변화를 표현하는 일반적인 미분방정식은 식 (2.11)과 같다.

$$\frac{dp}{dz} = \gamma_w \tag{2.11}$$

자유수면 하부의 두 점 z_1과 z_2 사이에서 유체의 압력차(그림 2.10)는 식 (2.12)와 같이 나타낸다.

$$\int_{p_1}^{p_2} dp = \gamma_w \int_{z_1}^{z_2} z \tag{2.12}$$

식 (2.12)를 적분하면 식 (2.13)이 구해진다.

$$p_2 - p_1 = \gamma_w (z_2 - z_1) \tag{2.13}$$

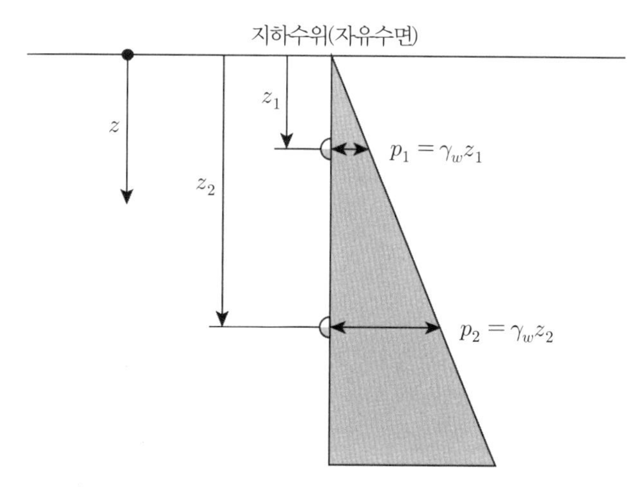

그림 2.10 지하수위 아래 정수압 또는 간극수압의 변화

자유수면($z_1 = 0$)에서 게이지압력은 0($p_1 = 0$)이고 $z_2 = z_w$이므로 식 (2.13)으로부터 유체 압력의 변화(정수압 분포)는 식 (2.14)와 같이 나타난다.

$$p = u = \gamma_w z_w \tag{2.14}$$

여기서, z_w는 자유수면으로부터 수심이다.

2.3.2 Darcy의 법칙

1856년 프랑스의 수리학자 Henri Darcy는 흙 속을 흐르는 유량 Q는 동수경사에 비례한다는 것을 실험적으로 입증하였다. 그림 2.11을 보면, 흐름이 층류라 가정했을 때, Darcy 법칙은 다음과 같다.

$$Q = kiA \tag{2.15}$$

또는

$$Q = k\left(\frac{\Delta h}{L}\right)A \tag{2.15a}$$

여기서, Q : 유량

k : 투수계수

i : 임의의 두 지점 사이 등수경사 또는 수두손실, $= (h_1 - h_2)/L$

A : 튜브의 단면적

Δh : 흙시료 양 끝 지점의 수두 차

L : 시료 길이

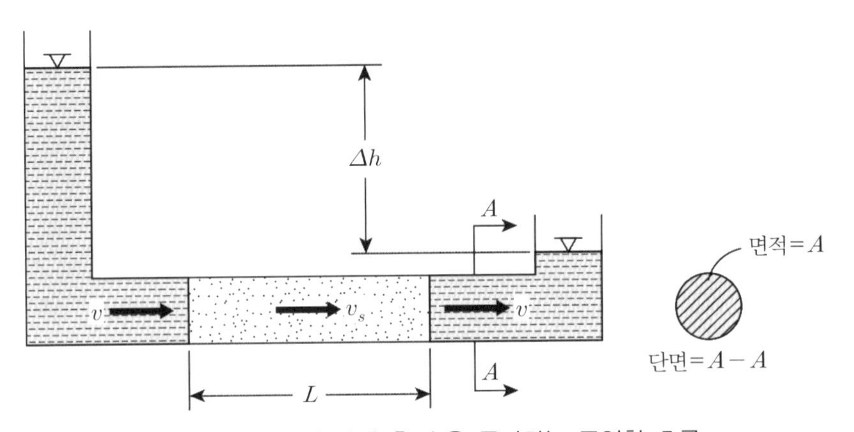

그림 2.11 중력에 의해 흙 속을 통과하는 균일한 흐름

지반공학에서 사용되는 투수계수는 물이 흙 속의 간극을 통하여 흐르도록 하는 경우의 흙의 특성이다.[11] 큰 간극을 가진 흙은 간극이 적은 흙보다 투수성이 좋다. 보통 큰 간극을 가진 흙은 일반적으로 큰 간극비를 갖는다. 다른 요소가 작용하지 않는 한 간극비가 증가함에 따라 투수계수도 증가한다.

그림 2.11에서 튜브 속을 통과하는 물의 속도(v)는 흙의 간극을 통과하는 물의 속도, 즉 침투속도 (v_s)와는 분명히 다르다. 왜냐하면 튜브의 단면적 A는 간극의 단면적 A_v보다 훨씬 크기 때문이다.

흐름이 연속적일 때, 유량 Q는 튜브 내에서 항상 같다.

따라서

$$Q = Av = A_v v_s \tag{a}$$

$$v_s = \left(\frac{A}{A_v}\right)v = \left(\frac{AL}{A_v L}\right)v = \frac{V}{V_v}v \tag{b}$$

또는

$$v_s = \frac{1}{n}v \tag{2.16}$$

따라서

$$v = nv_s \tag{2.16a}$$

여기서, V : 흙의 전체 체적

V_v : 간극의 체적

n : 간극률

v는 겉보기속도이다. 그러나 v_s 대신 v를 사용하는 것이 편리하며 또한 널리 사용되고 있다. 식 (2.15)의 $Q/A = v = ki$를 식 (2.16a)에 대입하면,

$$v_s = \frac{ki}{n} \tag{2.17}$$

투수계수 k의 단위는 속도의 단위이다. 보통 cm/min, 또는 cm/sec를 사용한다. 식 (2.17)에서 흙의 투수계수는 튜브속의 속도 v와 동수경사 i 사이의 비례상수라는 것을 알게 된다. 그러나 이것이 임의의 흙에 대해 항상 같은 값을 갖는다는 것을 의미하진 않는다. 실제로 다음 설명에서 흐름의 방향에 따라 매우 다양한 투수계수 k값이 존재한다는 것을 알게 될 것이다.

2.3.3 투수계수

흙의 투수계수를 결정하기 위한 시험법으로 많이 사용하는 방법은 ① 정수두투수시험, ② 변수두투수시험, ③ 양수시험의 세 가지를 열거할 수 있다. 이 중 정수두투수시험과 변수두투수시험은 실험실에서 실시하는 시험이고 양수시험은 현 위치에서 수행하는 시험법이다. 이들 시험법의 원리를 설명하면 다음과 같다.

(1) 정수두투수시험의 원리

정수두투수시험(Constant-Head Test)은 조립토의 투수계수를 결정하기 위해 사용한다. 그림 2.12는 일반적인 정수두 시험장치를 나타내고 있다. 어느 일정 수두 h의 하부에 원통형의 흙시료가 있고 물은 그 흙을 통해서 흐른다. 유출량 Q는 눈금이 표시되어 있는 실린더로 저장된다.

그림 2.12에서 $\Delta H = h$

$$i = \frac{\Delta H}{L} = \frac{h}{L} \tag{2.18}$$

단위시간(t)당 흙을 통해 흐르는 유량은 $q = Q/t$이므로 연직 방향 투수계수 k_z는 식 (2.19)와 같이 된다.

$$k_z = \frac{q_z}{Ai} = \frac{QL}{iAh} \tag{2.19}$$

여기서, A는 흙시료의 단면적이다.

일반적으로 투수계수 k_z는 20°C의 기준 온도로 보정하여 사용한다. 보정방법은 참고문헌을 참조하기로 한다.[6]

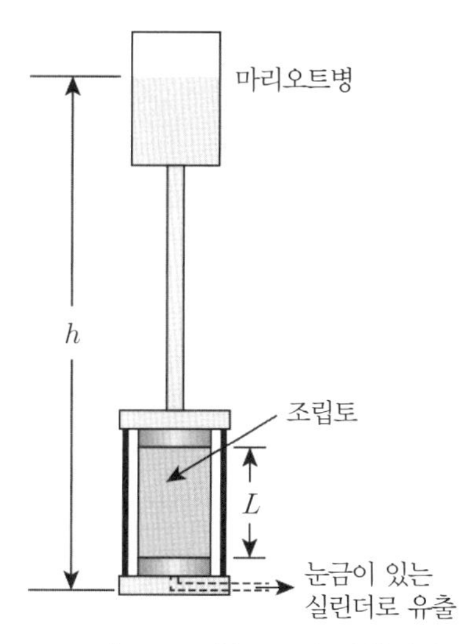

그림 2.12 정수두투수시험장치

(2) 변수두투수시험의 원리

세립토에서의 물의 흐름은 아주 느려 정수두시험에서는 투수량 측정이 너무 어렵기 때문에 그림 2.13에 도시한 변수두투수시험(Falling-Head Test)을 적용한다. 변수두투수시험에서는 다짐시료 또는 현장에서 채취한 시료를 그림 2.13에 도시한 바와 같은 금속 또는 아크릴 실린더 속에 넣어 사용한다.

시료의 손상을 방지하고 물만 통과시키기 위해서 다공판을 시료의 상부와 하부에 놓는다. 물은 실린더의 상부에 부착되어 있는 관(스텐드파이프)으로부터 시료를 통과해서 흐르도록 하고 수두(h)는 물이 흙을 통과할 때 시간에 따라서 변하므로 각각의 시간에 대해서 그 수두를 기록한다. dh를 dt시간 동안 변한 수두라고 하면 수두 손실률 또는 그 속도 v는 식 (2.20)과 같이 나타낼 수 있다.

$$v = -\frac{dh}{dt} \tag{2.20}$$

그리고 흙 속으로 유입되는 물의 유입량$(q_z)_i$은 다음과 같다.

$$(q_z)_i = av = -a\frac{dh}{dt} \tag{2.21}$$

여기서, a는 관(스탠드파이프)의 단면적이다.

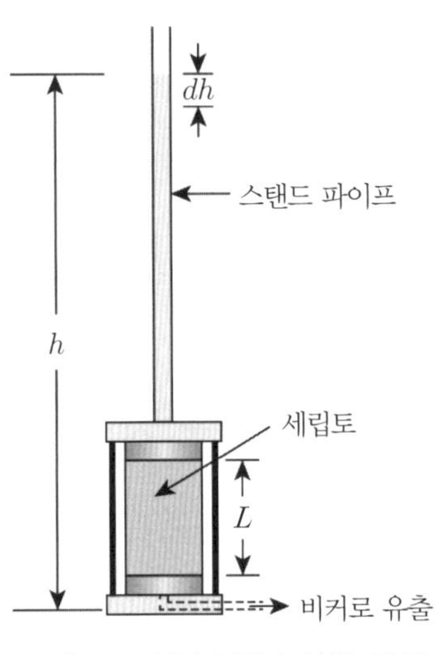

그림 2.13 변수두투수시험 장치

한편 흙으로부터 유출되는 물의 유출량$(q_z)_{out}$을 구하기 위해서 Darcy 법칙을 이용하면 다음과 같이 나타낼 수 있다.

$$(q_z)_{out} = Aki = Ak\frac{h}{L} \tag{2.22}$$

여기서, A : 흙시료의 단면적

L : 흙시료의 길이

h : 어떤 시간 t에서의 수두

물의 유입량 $(q_z)_i$와 유출량 $(q_z)_{out}$ 사이에 연속조건 $(q_z)_i = (q_z)_{out}$을 고려하면 식 (2.21)과 식 (2.22)로부터 식 (2.23)이 구해진다.

$$-a\frac{dh}{dt}=Ak\frac{h}{L} \tag{2.23}$$

변수 h와 t를 분리시키고 적분하여 투수계수 k를 구하면 식 (2.24)가 된다. 단 이 투수계수 k는 수직 방향 투수계수에 해당하므로 k_z로 표현하는 것이 정확할 것이다.

$$k=k_z=\frac{aL}{A(t_2-t_1)}\ln\left(\frac{h_1}{h_2}\right) \tag{2.24}$$

이렇게 구해진 투수계수도 20°C의 기준 온도로 보정하여 사용해야 한다. 보정방법은 참고문헌을 참조하기로 한다.[4]

(3) 양수시험의 원리

정수두투수시험과 변수두투수시험은 모두 흙시료를 현장에서 실험실로 운반하여 실시하는 실내시험이다. 따라서 현장에서의 투수성을 나타낸다고 하기에는 좀 차이가 있다. 여기에 투수계수를 현장의 지반 상태에서 직접 결정하기 위한 방법으로 양수시험(Pumping Test)을 사용하였다. 양수시험은 그림 2.14에 도시된 바와 같이 지중에 양수정(pumping well)과 여러 개의 관측정(observation well)을 마련하고 양수정으로부터 물을 일정률로 양수하면서 관측정에 존재하는 지하수의 수위강하률을 측정하여 투수계수를 측정하는 시험이다.

양수시험으로부터 투수계수를 결정하는 데는 다음과 같은 가정이 필요하다.

① 대수층은 비구속(unconfined) 비누수(nonleaky) 상태에 있다.
② 양수정은 대수층을 관통하여 지하수위면 하부까지 관통시킨다.
③ 지반은 균질, 등방, 반무한체이다.
④ Darcy 법칙이 유효하다.
⑤ 물은 양수정 쪽으로 방사형으로 흐른다.
⑥ Dupuit의 가정 : 대수층 내 한 지점에서의 동수경사는 일정하고 지하수위면의 경사와 일치한다.

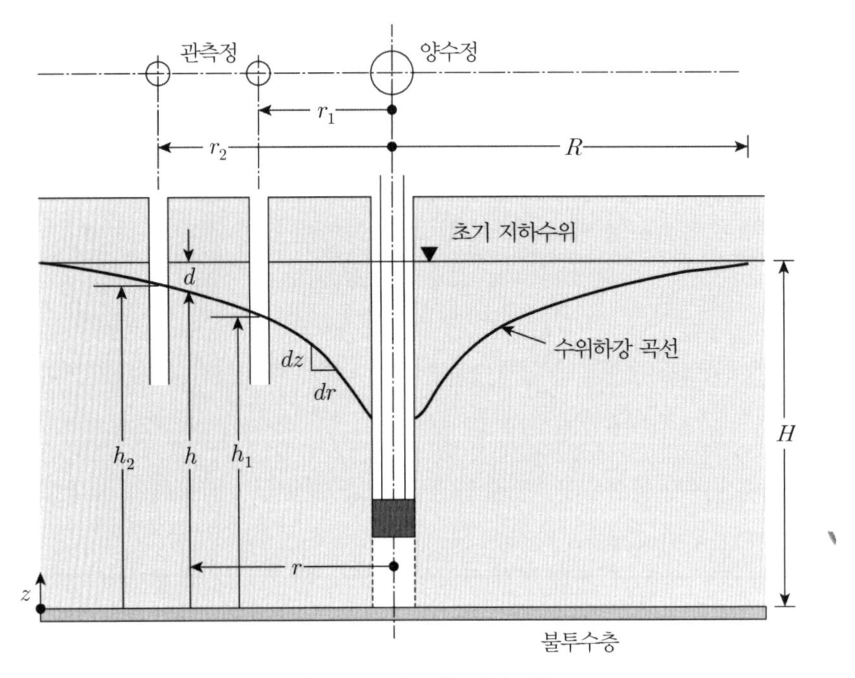

그림 2.14 양수시험 개략도[3]

그림 2.14에서 보는 바와 같이 dz는 dr 거리 사이의 전수두강하량이면 Dupuit의 가정에 의해 동수경사를 다음과 같이 나타낼 수 있다.

$$i = \frac{dz}{dr} \tag{2.25}$$

양수정의 중앙으로부터 반경 r 범위에서의 지하수의 유입면적은 다음과 같다.

$$A = 2\pi rz \tag{2.26}$$

여기서, z는 투수층의 흙 체적에 해당되는 두께이다.

Darcy 법칙에 의한 유량 q_z는 다음과 같다.

$$q_z = 2\pi rzk\frac{dz}{dr} \tag{2.27}$$

식 (2.27)을 다시 정리해서 r_1과 r_2, h_1과 h_2의 사이의 적분 형태로 정리하면 다음과 같다.

$$q_z \int_{r_1}^{r_2} \frac{dr}{r} = 2k\pi \int_{h_1}^{h_2} z\, dr \tag{2.28}$$

식 (2.28)을 적분하고 투수계수 k를 구하면 식 (2.29)가 된다.

$$k = \frac{q_z \ln(r_2/r_1)}{\pi(h_2^2 - h_1^2)} \tag{2.29}$$

그림 2.14에 도시된 r_1과 r_2, h_1과 h_2 및 양수에 의한 유량 q_z를 측정하여 식 (2.29)에 대입하면 투수계수k를 계산할 수 있다. 이 시험은 조립토에 대해서 실용적으로 사용할 수 있다.

2.3.4 유선망

지반, 흙댐, 제방 등을 통한 침투력의 손실, 흐름 패턴, 에너지 손실, 또는 정수두의 손실 등은 유선망을 작도하여 산정할 수 있다.

그림 2.15는 널말뚝을 설치한 경우의 유선망 예를 보여주고 있다. 포화된 흙입자 사이를 통과하여 물입자가 지나가는 경로(흐름)를 유선이라 한다. 이 흐름은 연속된 선으로 도시된다. 이 흐름이 층류라 가정하면 각각의 유선은 결코 교차하지 않는다. 그림 2.15에서 실선으로 도시한 각각의 유선은 정수두가 h인 지점에서 시작되어 정수두가 0이 되는 널말뚝 하류 자유수면에서 끝이 난다.

흙 속에서의 점성저항으로 인하여 각 유선의 정수두 h가 소멸된다. 따라서 모든 유선에서는 전수두나 침투력이 동일한 점이 존재하게 된다. 이렇게 각 유선에서 수두가 같은 점들을 연결한 선을 등수두선이라 한다. 그림 2.15에서 파선으로 도시한 선이 등수두선이다. 따라서 어떤 임의의 조건에서 무한한 수의 유선과 이에 따른 등수두선이 존재할 수 있다.

두 인접한 등수두선 사이의 동수경사는 이 두 등수두선 사이의 거리로 나눈 수두 차이이다. 즉, $i = \Delta h / \Delta L$이다.

등수두선에 직각으로 흐를 때 동수경사는 최댓값을 갖는다. 왜냐하면, 주어진 Δh에 대해 ΔL이 가장 최소거리가 되면 i는 최댓값이 되기 때문이다. 그러므로 유선은 등수두선을 직각으로 교차하도록 한다. 따라서 그림 2.15에서 유선과 등수두선은 서로 직각으로 교차하는 곡선망을 형성하게 된다. 유선과 등수선은 임의의 조건에서 무한히 그릴 수 있지만 그 수를 제한하는 것이 편리하다.

유선과 등수선의 수는 다음 사항에 큰 영향을 받는다. 즉, 유선망을 작도할 경우 등수두선과 유선에 의해 형성되는 기하학적 형상이 가능한 한 정사각형에 근접해야 한다. 그림 2.15의 모든 블록이 정사각형은 아니다. 그러나 이러한 유선망이 대략적인 정사각형이 되도록 작도하는 것이 숙련이다. 위와 같이 유선망이 작도되면 정사각형의 대각선은 대략적으로 동일한 길이를 가질 것이고 등수두선과 유선이 교차하는 각은 90°가 될 것이다. 그림 2.15는 2차원의 경우에 대한 유선망을 보여주고 있다. 이것은 다른 평행한 평면에서도 모든 흐름 조건이 유사하다고 가정한 것을 의미한다.

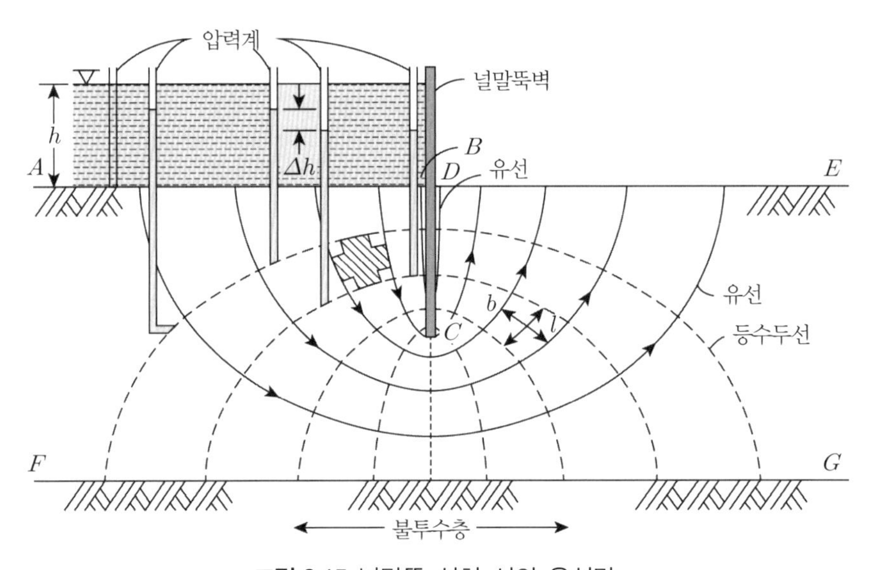

그림 2.15 널말뚝 설치 시의 유선망

원래 흙 속을 통과하는 물의 흐름은 3차원적이지만 3차원에 대한 분석은 복잡하며 유선망을 작도하는 방법과 관련된 원리를 실제적으로 예시할 목적으로는 한계가 있다.

하나의 정사각형을 통과하는 유량을 Δq라 하고 유선수를 n_f라 하면 전체 유량 q는 $n_f \Delta q$가 된다. 여기서 유량 Δq는 Darcy 법칙으로부터 식 (2.30)과 같이 구할 수 있다.

$$\Delta q = kib = k\frac{\Delta h}{l}b \quad (2.30)$$

여기서 b는 그림 2.15에서 보는 바와 같이 유선 사이의 거리이고 l은 등수두선 사이의 거리이다. 이것을 정사각형으로 간주할 경우 $l = b$이므로 식 (2.30)은 $\Delta q = k\Delta h$로 나타낼 수 있다. 또한 $h = n_d \Delta h$이므로 유량 Δq는 식 (2.31)이 된다.

$$\Delta q = kh/n_d \quad (2.31)$$

여기서, n_d는 등수두선수이다.

전체 유량 q는 $n_f \Delta q$에 식 (2.31)을 대입하여 식 (2.32)와 같이 구해진다.

$$q = n_f\left(\frac{kh}{n_d}\right)$$

또는

$$q = \frac{n_f}{n_d}kh \quad (2.32)$$

한 가지 주목할 사항은 n_f와 n_d의 값은 각각 주어진 상황에 따라 변화하지만 n_f/n_d값은 유선망이 정사각형 법칙애 적절하게 작도된다면 항상 일정하다는 것이다.

2.3.5 흙 속 물 흐름현상

건설현장에서는 흙 속의 물 흐름에 의해 발생되는 여러 현상이 존재한다. 이런 현상을 잘 파악하여 대처해야 건설공사를 실패 없이 성공할 수 있다. 그중 몇몇 현상에 대하여 개념적으로 알아본다.

(1) 모관현상

세립토가 물과 접촉하게 될 때 자유수면 위로 물을 끌어올리는 힘을 모관력이라 한다. 이렇게 상승한 물기둥의 높이를 모관수두라고 하며 이러한 상승작용을 모관현상이라고 한다. 흙의 모관현상과 모관력에 대한 기본 원리는 물과 흙입자 간의 상호작용에 기인한다.

자유수면 위로 물이 상승하는 원리는 표면장력(물분자 간의 인력)과 흙입자 사이로 물이 이동하려는 성질의 복합작용에 기인한다. 즉, 점착력(동일한 입자의 분자 간 인력)으로 인해 물분자 표면이 인장 상태가 되고, 부착력(동일하지 않은 입자의 분자 간 인력)으로 인해서도 물분자 표면이 인장 상태가 된다. 또한 부착력(동일하지 않은 입자의 분자 간 인력)은 흙입자를 습윤화시키는 특성이 있다.

지하수위 위의 흙에서 함수비가 존재하는 것은 모관현상이 그 원인이다. 다시 말하면 토층 내부에 고여 있는 물이나 지표면 침투를 제외하고 모관력이 없다면, 지하수위 위의 토층은 완전히 건조한 상태에 있게 될 것이다. 모관력은 건조된 세립토 속에서 수위를 지하수위 이상으로 끌어올리거나, 지하수위 이상의 흙 속에 물이 존재하도록 한다.

상황에 따라 이런 모관수는 이롭기도 하고 해가 되기도 한다. 예를 들어 모관력은 입자 간의 압력을 증가시켜 세립토의 전단강도와 안전성을 향상시킨다.

한편, 지표 부근의 모관수는 추운 지역에서 아이스 렌스(ice lense)의 체적을 증가시켜 동결기간 동안에 도로포장을 융기시킬 수도 있다.

흙입자 사이 간극의 복잡한 성질 때문에 모관상승고를 이론적으로 예측하는 것은 정확성이 떨어질 뿐만 아니라 심지어 엉뚱한 결과를 가져오기도 한다. 가장 신뢰할 수 있는 접근방법은 이러한 거동에 대한 직접적인 관찰일 것이다. 가능하다면 현장에서 직접 관찰하는 것이 가장 바람직하다.

(2) 침투

흙 속을 통과하는 물의 흐름을 일반적으로 침투라고 한다. 그림 2.16은 침투응력 및 침투력을 설명하는 데 기본으로 사용된다. 그림 2.16(b)는 흙시료가 완전히 수침된 상태를 보여주고 있다. 비록 완전포화가 불가능하다는 것을 앞에서 설명하였지만 편의상 완전포화되었다고 가정한다.

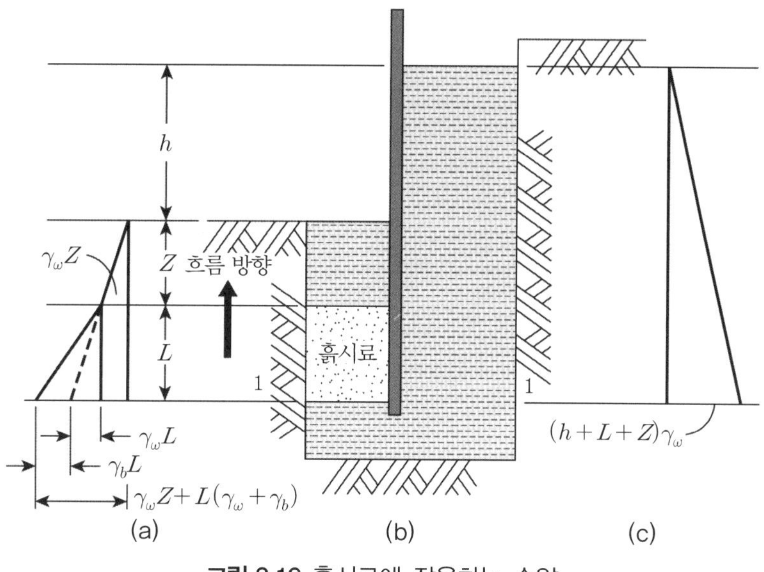

그림 2.16 흙시료에 작용하는 수압

그림 2.16(a)는 이러한 내용과 관련된 압력을 도시하고 있다. 상하 방향으로의 물의 흐름이 없다고 가정한다면 정수압은 임의의 흙입자에 대해서 모든 방향에 동일하게 작용한다.

분명히 이 힘은 흙입자를 압출하려는 경향이 있으나 입자 간의 이동은 억제할 것이다. 그래서 수압은 흙입자 사이에서 어떠한 전단효과도 발생시키지 않는다. 이러한 형태의 압력은 보통 중립압력 또는 간극수압이라 불린다. 한편, 임의의 위치에 있는 흙입자의 중량은 그 하부에 접해 있는 흙에 의해 지지된다. 이러한 과정에서 입자들 사이의 힘은 이 중량에 의해 발생된다.

하부에 있는 입자들이 상부의 입자들에 비해 상재하중을 많이 받기 때문에 이에 따른 응력이나 압력을 더 크게 받는다. 이것을 입자 간 압력이자 유효압력이라고 한다. 그림 2.16(a)에서 $\gamma_w L$은 간극수압이고, $\gamma_b L$은 입자 간 압력이다.

그림 2.16(c)는 물기둥에 의한 정수압을 나타낸 그림이다. 압력은 등방으로 작용하기 때문에 그림 2.16(b)의 임의의 1-1-단면(즉, 흙시료의 바닥면)에서 흙입자들은 상향하중뿐만 아니라 하향하중 모두를 받게 된다. 이 시료의 수직면에 작용하는 수평력을 무시하고 y 방향으로 작용하는 힘을 도시하면 그림 2.17과 같고 식으로 표현하면 식 (2.33)과 같다.

$$F_{1-1} = A(h+L+Z)\gamma_w - A[\gamma_w Z + L(\gamma_w + \gamma_b)] \tag{2.33}$$
$$= (\gamma_w h - \gamma_b L)A$$

여기서, $\gamma_w hA$: 침투력

$\gamma_b LA$: 부력$\left(=\gamma_w L\left(\frac{G+Se}{1+e}-1\right)A\right)$

F_{1-1} : 단면 1–1의 순작용력

G, S, e : 각각 흙의 비중, 포화도, 간극비

식 (2.33)에서 $\gamma_w h$는 침투압을 나타내며 $\gamma_w hA$는 침투력을 의미한다.

침투력은 흙입자에 대한 물의 유체저항과 물에 대한 흙입자들의 관련 반응의 결과로 볼 수 있다. 이러한 힘의 작용 방향은 흐름 방향과 같다.

식 (2.33)은 단면 1–1에서의 흙입자들에 대한 순작용력을 보여준다. 한 가지 주목할 것은 $\gamma_w hA$인 침투력이 없다면 이 단면이 받는 유효하중은 $\gamma_b LA$인 부력이 될 것이다.

따라서 입자 간 압력은 단지 $\gamma_b L$일 것이다. 특정 단면에 작용하는 침투력에 따라 그 단면이 받는 유효하중이 변하며 침투력은 흙의 입자 간 압력을 변화시킨다.

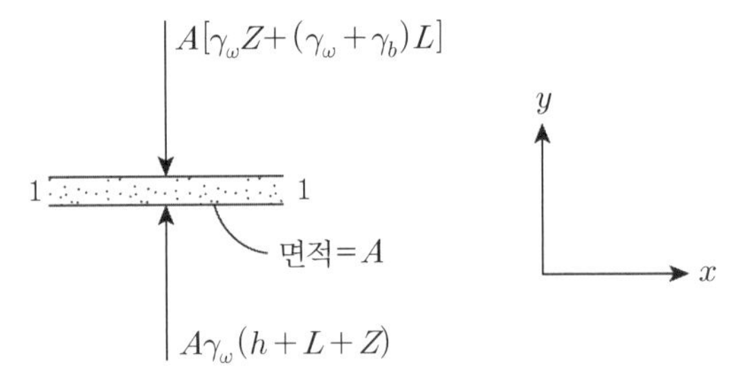

그림 2.17 흙시료 단면 1–1에 적용하는 힘

(3) 분사

앞에서 언급했던 식 (2.33)은 그림 2.16의 단면 1–1에 작용하는 순작용력을 나타낸다. 침투압($\gamma_w h$)을 증가시킴으로써 식 (2.33)의 괄호 안에 있는 두 값이 동일하게 될 수 있다. 즉, 이 지점에서 침투력은 부력과 같아질 것이다.

이러한 상태는 흙입자가 상방향으로 뜰 수 있는 조건이 된다. 물의 침투력이 증가된다면 흙입자의 상방향 움직임이 발달하게 될 것이다. 이러한 부력 상태를 일반적으로 분사(quick) 상태 또는 보일링(boiling) 상태라고 한다. 이런 상태하에서는 흙과 물의 상방향 움직임을 초래한다.

즉, 이런 분사 상태인 한 지점에서의 순작용력은 0이 될 것이다. 따라서 식 (2.33)은 0이 되고 보일링이 발생하는 h에 대한 L의 비를 구하기 위해 아래와 같은 식을 사용할 수 있다.

$$0 = (\gamma_w h - \gamma_b L)A \ : \text{단 } A \neq 0$$

계속하여

$$0 = \gamma_w h - \gamma_b L = \gamma_w h - \gamma_w L\left(\frac{G + Se}{1+e} - 1\right)$$

흙이 완전포화($S=1$)라 가정하면, 아래와 같은 식을 얻을 수 있다.

$$h = L\left(\frac{G-1}{1+e}\right)$$

또는

$$\frac{h}{L} = \left(\frac{G-1}{1+e}\right) \tag{2.34}$$

동수경사 h/L은 $(G-1)/(1+e)$식에 의해 구할 수 있다. 이 값이 1일 때를 한계동수경사(보일링의 초기 상태)라 한다. 예를 들어 대략 $G=2.7$이고 $e=0.7$일 때 h/L은 거의 한계동수경사에 일치한다.

위에서 언급했듯이, 분사조건은 순응력이나 유효응력이 거의 0인 상태에서 발생한다. 이 지점에서 흙의 전단강도는 이론상 거의 소실된 상태가 된다. 그러나 점성토에서는 유효응력이 0이라도 반드시 보일링이 일어난다는 것을 의미하진 않는다. 왜냐하면 유효응력이 0인 상태에서도 점성토는 약간의 전단강도를 보이기 때문이다. 그러나 점착력이 없는 세립토(미세한 모래)에서는 보일링이 일어나기 쉽다.

보일링 발생 가능성은 굵은 모래나 자갈보다 미세한 모래에서 더 크다. 왜냐하면 조립토는 간극과 투수계수가 크기 때문이다. 즉, 조립토에서는 일정한 동수경사(한계동수경사)를 유지하기 위해서 더 많은 양의 물을 필요로 한다. 따라서 조립토에서 분사현상이 일어난다는 것이 이론적으로는 가능하지만 한계동수경사에 도달하는 데 필요로 하는 물의 양이 너무 많기 때문에 거의 일어나지 않는다.

보일링은 미세한 모래지반에서 지하수위 아래 굴착작업을 실시할 때 발생한다. 비록 굴착 측면이 버팀보에 의해 수평으로 적절히 지지된 경우에도 한계동수경사에 이르게 되면 굴착 바닥면에서 상향분출수가 발생된다.

분사현상이 발생하게 되면 L값을 충분히 늘려 동수경사 h/L값을 1보다 적게 하여야 한다. 즉, 널말뚝을 소요 깊이까지 연장 설치하여 분사현상을 해결할 수도 있다. 일반적인 예로 피압(artesian pressure)에 의한 보일링과 흙댐의 하류부에서 발생하는 보일링 등을 들 수 있다.

2.4 흙의 전단강도

흙의 전단강도는 전단응력에 대한 저항을 의미한다. 일반적으로 흙의 전단강도는 다음의 세 가지 기본요소에 의해 발생된다.

① 흙입자들 사이의 미끄러짐에 대한 마찰저항력
② 흙입자들 사이의 점착력과 부착력
③ 변형에 저항하기 위한 흙입자들의 맞물림과 지지

흙의 전단강도에 대한 이러한 요소의 영향을 명확히 설명하기는 쉽지도 않고 실용적이지도 않다. 왜냐하면 대부분 지층은 등방적이지 못하고 상기요소는 직간접적으로 영향을 미치는 많은 변수들에 연관되어 있기 때문이다.

예를 들면 이러한 요소들은 함수비변화, 간극수압, 흙입자의 교란, 지하수위 이동, 응력 이력, 시간, 화학적 작용, 환경 조건에 의해 영향을 받는다.

일반적으로 흙을 분류할 때는 입자 크기에 따라 조립토와 세립토로 나누어 취급한다. 조립토의 대표적 흙으로는 모래를 세립토의 대표적 흙으로는 점토를 거론하여 구분한다. 그러나 흙의 전단거동을 설명할 때는 다른 방법으로 흙을 구분하여 설명할 수 있다. 왜냐하면 조립토나 세립토도 구성밀도나 압밀이력에 따라 전단거동, 즉 응력-변형률 거동이 유사하기 때문이다.

이 경우 모래의 경우는 밀도에 따라 느슨한 모래와 조밀한 모래로 대별하고 점토의 경우는 정규압밀점토와 과압밀점토로 대별할 수 있다.

즉, 느슨한 모래의 전단거동은 정규압밀점토의 전단거동과 유사하며 조밀한 모래의 전단거동은 과압밀점토의 전단거동과 유사하다. 따라서 전단거동을 설명하기 위해서는 흙을 다음과 같이 두 그룹으로 대별할 수 있다.

① A그룹 흙(I형태 흙) : 느슨한 모래 및 정규압밀점토

② B그룹 흙(II형태 흙) : 조밀한 모래 및 과압밀점토

여기서 과압밀점토 여부는 과압밀비 OCR이 2인 경우를 기준으로 구분한다. 즉, $OCR \leq 2$인 약간 과압밀된 점토는 A그룹 흙과 유사한 거동을 보이므로 A그룹 흙으로 분류하고 $OCR > 2$인 점토부터 과압밀점토의 거동을 보이는 B그룹 흙으로 분류한다.

2.4.1 느슨한 모래 및 정규압밀점토의 전단거동

그림 2.18은 일정한 수직유효응력 σ_z 하에서 전단변형률을 증가(즉, 전단응력 τ를 가할 때) 시킬 때 이들 두 그룹의 흙에 대한 단순전단시의 변형 상태를 도시한 그림이다. 그림 2.18(a) 그림에는 단순전단시험 전의 흙시료 크기를 도시하였고 그림 2.18(b)와 (c)그림에는 각각 A그룹 흙과 B그룹 흙의 단순전단변형을 도시하였다.

우선 A그룹 흙(I형태 흙)인 느슨한 모래나 정규압밀점토 시료에 단순전단응력 τ를 가하면 그림 2.18(b)와 같이 흙시료는 z축 방향으로 압축수직변위가 발생하여 시료는 더욱 조밀하게 된다. 즉, 단순전단에서는 $\epsilon_x = \epsilon_y = 0$이므로 체적변형률 ϵ_v는 수평변형률 $\epsilon_z = \Delta z / H_0$와 같게 된다. 여기서 Δz는 수직변위(압축이 '+')이고 H_0는 초기 시료 높이이다. 전단변형은 미소 비틀림각인 $\gamma_{zx} = \Delta z / H_0$로 표현할 수 있다.

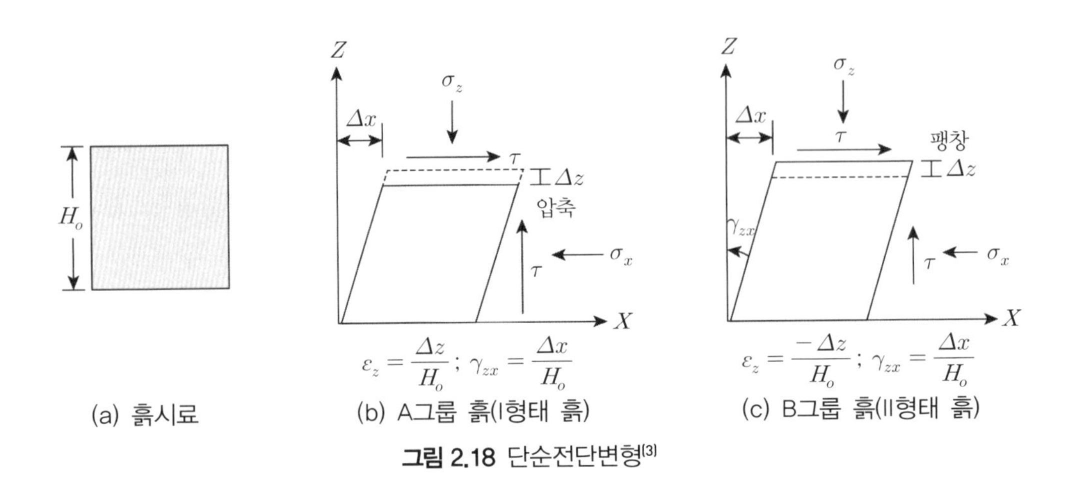

그림 2.18 단순전단변형[3]

느슨한 모래나 정규압밀점토에 전단응력을 가하였을 경우의 전단응력과 전단변형률의 거동은 그림 2.19에 도시한 바와 같다. 그림 2.19에는 A그룹 흙과 B그룹 흙의 전단거동을 비교하기 위해 함께 도시하였다.

그림 2.19(a) I형태 흙의 거동에서 보는 바와 같이 전단응력 τ는 한계상태 전단응력(τ_{cs})에 도달할 때까지 전단변형률이 증가함에 따라 점진적으로 증가하는 변형률경화(strain-hardens) 거동을 보인다. 이때 그림 2.18(b)에서 도시·설명한 압축거동은 그림 2.19(b)에서도 확인할 수 있다. 즉, 전단변형률이 증가함에 따라 시료의 압축거동이 나타나서 시료는 더욱 조밀해진다. 이때 시료의 간극비 e는 그림 2.19(c)에서 보는 바와 같이 한계간극비 e_{cs}에 도달할 때까지 점진적으로 감소하게 된다. 즉, 이 간극비의 감소는 시료가 압축됨을 의미한다. 즉, 더 조밀해짐을 나타낸다.

전단이 계속 진행되는 동안에 더 이상의 체적변화가 발생하지 않을 때 모든 흙의 경우 한계상태 전단응력에 도달하게 된다. 일정한 연직유효응력하의 연속적인 전단 상황에서, 전단응력과 체적변화가 없을 때 흙이 도달하는 응력 상태를 정의하기 위하여 한계상태(critical state)라는 용어를 사용한다.[4]

그림 2.20은 연직유효응력을 증가시켰을 때의 전단응력거동을 도시한 그림이다. 우선 그림 2.20(a)은 연직유효응력을 증가시켰을 때의 전단응력과 전단변형률거동을 나타내고 있으며 그림 2.20(b)와 그림 2.20(d)는 각각 연직유효응력을 증가시켰을 때의 수직변형률과 간극비의 거동을 나타내고 있다. 그리고 그림 2.20(c)는 전단응력과 연직유효응력의 관계를 도시한 그림이다.

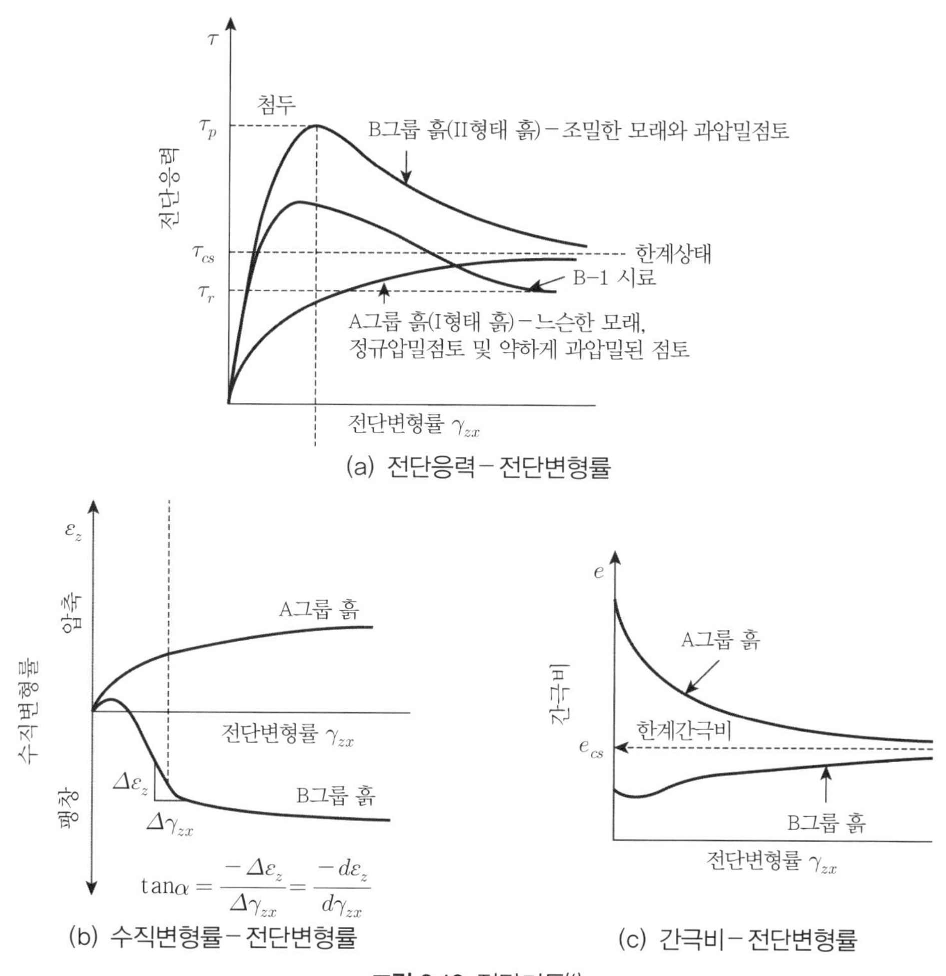

그림 2.19 전단거동[6]

우선 느슨한 모래나 정규압밀점토(A그룹 시료)에서는 연직유효응력을 증가시킬수록 그림 2.20(a) 및 (b)에서 보는 바와 같이 한계상태 전단응력 τ_{cs}와 압축량(수직변형률)의 크기가 증가함을 보여주고 있다.

일정한 연직유효응력에서의 첨두응력과 한계전단응력을 그리면 그림 2.20(c)와 같다. 모든 한계상태 전단응력값들을 연결한 직선 OA와 연직유효응력 σ_n'축 사잇각을 한계상태 마찰각 ϕ_{cs}'라고 한다. 직선 OA상의 전단응력은 모두 한계상태 전단응력이기 때문에 파괴포락선에 해당한다.

한편 그림 2.20(d)에서는 연직유효응력σ_n'이 증가함에 따라 한계간극비e_{cs}는 감소함을 보여주고 있다. 따라서 한계간극비는 연직유효응력의 영향을 받고 있음을 알 수 있다.

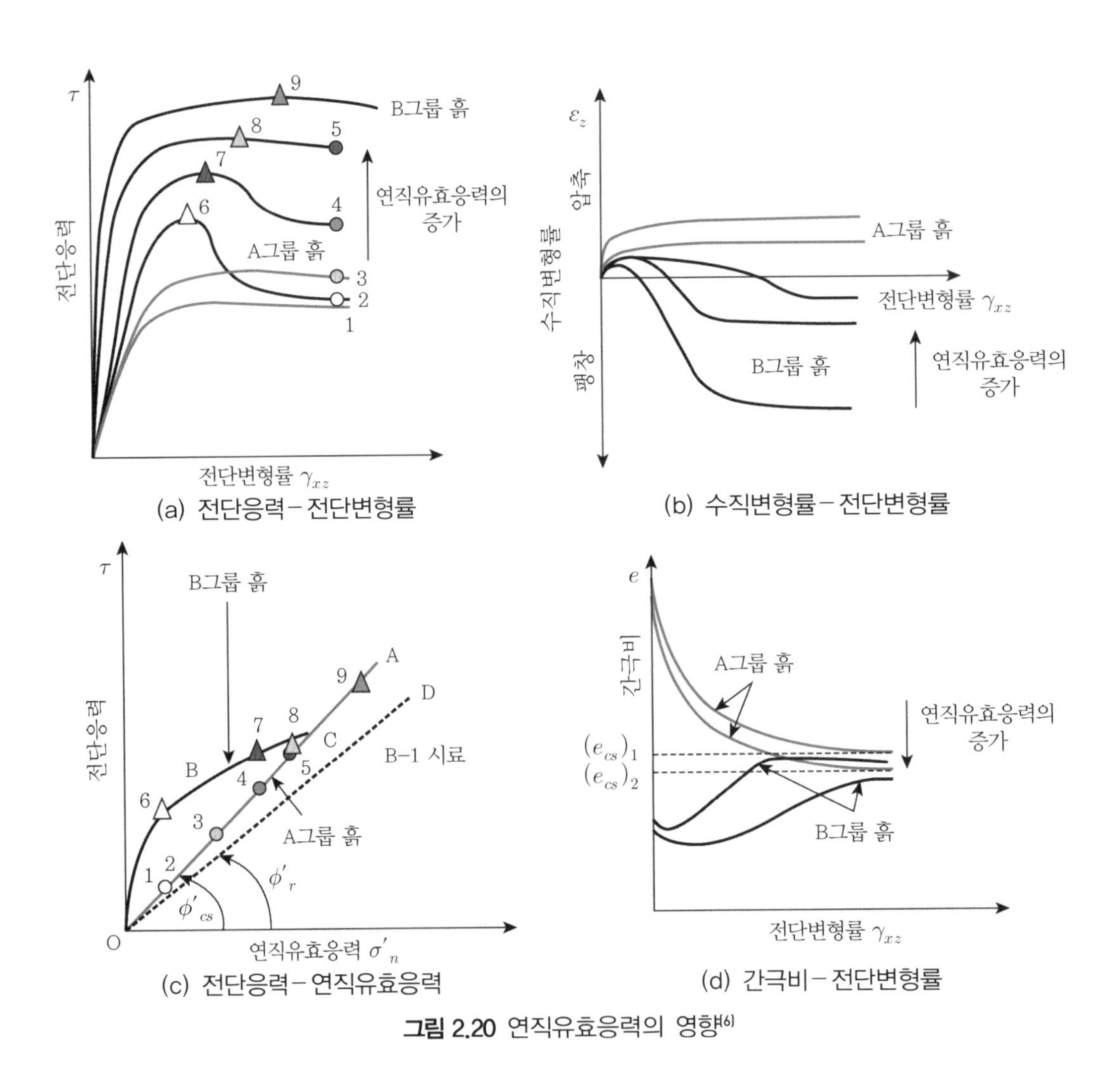

(a) 전단응력 – 전단변형률 (b) 수직변형률 – 전단변형률
(c) 전단응력 – 연직유효응력 (d) 간극비 – 전단변형률

그림 2.20 연직유효응력의 영향[6)]

2.4.2 조밀한 모래 및 과압밀점토의 전단거동

그림 2.19(a)에 고시된 바와 같이 B그룹 시료인 조밀한 모래나 과압밀점토는 A그룹 시료인 느슨한 모래나 정규압밀점토에 비해 전단응력 τ는 작은 전단변형률에서 첨두전단응력 τ_p에 도달할 때까지 빠른 증가 속도를 보인다. 첨두전단응력 도달 후에는 전단변형률의 증가에 따라 전단응력이 감소하는 변형률연화(strain-softens)거동을 보이나 궁극적으로는 한계상태 전단응력 τ_{cs}에 도달한다.

조밀한 모래나 과압밀점토에서는 전단변형률이 증가함에 따라 수직변형률은 그림 2.19(b)에 도시된 바와 같이 증가(팽창)하게 되는데 이는 다이러턴시 현상에 의한 체적팽창 결과를 보여주고 있다. 초기에 약간 압축(토립자 재배열의 결과)하고 이후에 팽창한다. 이런 팽창현상은 그림 2.18(c)에서도 설명하였다. 이때 간극비는 그림 2.19(c)에 도시된 바와 같이 점진적으로 증가하여 한계간극비 e_{cs}에 도달하게 된다. 즉, 이 흙은 한계간극비(A그룹 시료에서의 한계간극비와 같은 간극비)에 도달할 때까지 느슨하게 된다. 즉, 시료의 밀도는 더 느슨해짐을 의미한다.

일부 과압밀점토(B-1 흙시료)에서는 전단층이 발달할 때 흙입자가 전단층 방향에 평행하게 되는데, 이로 인하여 최종 전단응력이 그림 2.19(a)에서 보는 바와 같이 한계상태 전단응력 τ_{cs}보다 아래로 감소시킨다. 이와 같은 형태의 흙에서는 최종전단응력이 잔류전단응력 τ_r에 도달하게 된다.

한계상태는 느슨한 모래나 정규암밀점토에서도 설명한 바와 같이 일정한 연직유효응력 하에서 전단이 계속될 때 전단응력과 체적변화가 없는 응력 상태를 의미한다. 결국 느슨한 모래나 조밀한 모래 또는 정규압밀점토나 과압밀점토 모두 최종적으로는 흙시료가 이 한계상태에 근접하여 감을 알 수 있다.

다음으로 연직유효응력을 증가시킬수록 조밀한 모래나 과압밀점토(B그룹 시료)에서는 그림 2.20(a)에서 보는 바와 같이 첨두전단응력이 사라지는 경향이 있으며 한계전단응력은 연직유효응력을 증가시킬수록 증가한다. 또한 연직유효응력을 증가시킬수록 체적팽창량은 그림 2.20(b)에서 보는 바와 같이 감소한다.

그림 2.20(a)에서 보는 바와 같이 일부 과압밀점토(B-1 흙시료)에서 연직유효응력이 큰 경우(측점 9의 경우)에는 첨두전단응력이 억제되며 한계상태 전단응력만이 나타나고, 그림 2.20(c)에 위치한 점(점 9)으로 나타난다. 이런 흙시료에서는 OA 밑의 직선 OD의 포락선으로 표현된다. 직선 OD와 연직유효응력 σ_n'축 사잇각을 잔류마찰각 ϕ_r'이라고 한다.

한편 그림 2.20(d)에서는 연직유효응력 σ_n'이 증가함에 따라 한계간극비 e_{cs}는 감소함을 보여주고 있다. 따라서 한계간극비는 연직유효응력의 영향을 받고 있음을 알 수 있다.

2.4.3 배수조건

배수거동은 흙시료에 하중재하 시 발생한 과잉간극수압이 소산되면서 발생한다. 즉, $\Delta u = 0$인 상태에서 발생한다. 반면에 비배수거동은 과잉간극수압이 흙시료에서 빠르게 소산될 수 없을 때 발생한다. 즉, $\Delta u \neq 0$인 상태에서 발생한다. 두 가지 조건의 발현은 흙의 종류, 지반의 구성(할렬, 점토 내의 모래층 등)과 재하속도에 좌우된다. 사실 두 가지 조건 모두 실제와는 다르다. 이들 조건은 실제 상태에서 경계조건을 어떻게 설정하는가에 달려 있다.

비배수조건(상태)에서 재하속도는 종종 과잉간극수압의 소산 속도보다 훨씬 빠르므로 흙의 체적변화가 발생되지 못한다. 이런 상태에서는 전단 중 과잉간극수압이 발생하게 된다. 배수재하조건하에서 압축되려는 경향을 갖는 흙은 비배수조건에서는 과잉간극수압이 증가하는 경향('+'의 과잉간극수압, 그림 2.21)을 보이고, 유효응력의 감소를 초래한다. 반면에 배수재하조건하에서 팽창하려는 경향을 갖는 흙은 비배수조건에서 과잉간극수압의 감소('−'의 과잉간극수압, 그림 2.21)를 보이고, 유효응력의 증가를 초래한다. 과잉간극수압의 이러한 변화는 비배수재하 시 간극비가 변화하지 않기 때문에 발생한다. 즉, 전단 중 흙의 체적이 일정하게 유지된다.

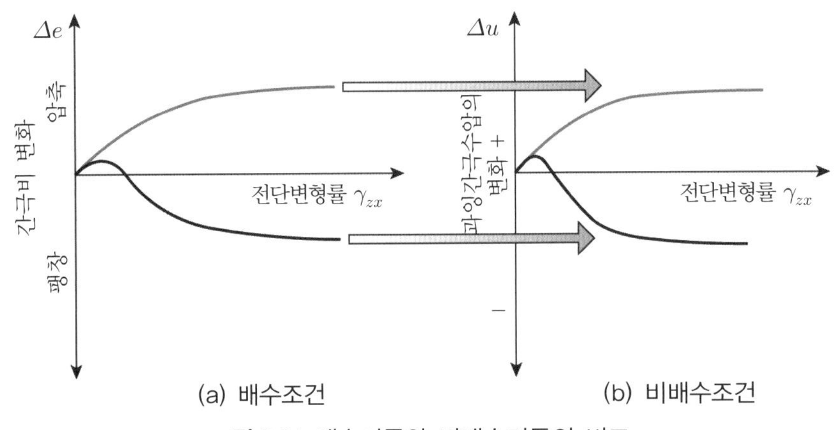

그림 2.21 배수거동와 비배수거동의 비교

장기조건이라고 하는 지반구조물의 수명기간 중 재하로 발생한 과잉간극수압이 소산되면 배수조건이 적용된다. 그러나 일반적으로 점토는 과잉간극수압이 소산하기까지 수년이 걸린다.

반면에 단기조건이라고 하는 공사 기간 동안과 공사 완료 후 단기간에는 낮은 투수계수를 갖고 있는 흙(세립토)은 과잉간극수압을 소산시키기 위한 충분한 시간을 갖지 못하게 되어 비배수조건이 적용된다.

조립토의 투수계수는 충분히 크기 때문에 정적재하조건에서 과잉간극수압이 빠르게 소산될 수 있다. 결과적으로 비배수조건은 정적재하조건에서 깨끗한 조립토에는 적용하지 않고 오직 세립토나 혼합토(조립토와 세립토가 섞인 흙)에만 적용한다. 지진과 같은 동적 재하는 조립토조차도 과잉간극수압이 소신될 수 있는 충분한 시간을 갖지 못하게 너무 빠르게 부과되므로 비배수조건을 적용하게 된다.

2.4.4 파괴 규준

지반의 거동해석 시에는 그 지반의 응력-변형률 특성과 파괴 시의 응력 상태를 정확히 파악할 필요가 있다.[2] 특히 흙구조물의 설계 시나 구조물의 하부구조 설계 시에는 지반의 파괴강도에 대한 지식이 절대적으로 필요하게 된다. 왜냐하면 파괴강도는 구조물의 안정성을 지배하는 가장 큰 요소가 된다. 일반적으로 지반 속의 한 요소는 3차원 응력 상태에 놓이게 되므로 파괴 역시 3차원 응력하에서 취급해야 한다. 이러한 파괴강도를 정확히 산정하기 위해서는 지반 속의 요소에 작용하는 3차원 응력이 어떤 상태에 도달해야 파괴가 발생하는가에 대한 정확한 판정의 기준이 필요하게 된다. 이러한 판정의 기준을 파괴 규준(failure criterion)이라고 한다. 토질역학 분야에 Coulomb의 마찰이론이 도입된 이래 많은 파괴 규준이 사용되어오고 있다.

(1) 파괴의 정의

소성항복(yield), 강도파괴(strength failure), 파단(rupture) 등 재료의 거동이 한 상태로부터 다른 상태로 변화하는 과정을 광의로 파괴(failure)라 총칭할 수 있다. 이 중 항복은 탄성거동으로부터 소성거동이 탁월한 상태로 변화하는 과정을 가리키며 파괴는 외력에 대한 저항이 증가 상태로부터 감소 상태로 변화하는 과정을 가리킨다.

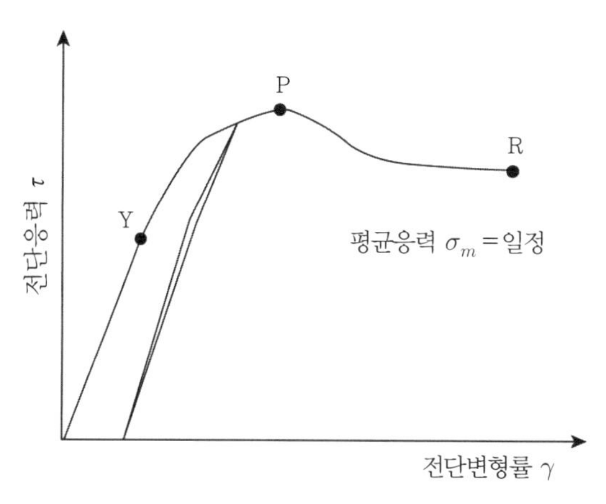

그림 2.22 전단응력-전단변형률 관계[2]

그림 2.22는 흙의 평균수직응력 σ_m이 일정한 상태에서의 전단응력-전단변형률 관계의 일례를 보이고 있다. 응력은 Y점의 초기항복응력에 도달한 후, 전단저항은 더욱 증가하여 P점의 첨두치에 도달한다. 그 이후는 전단저항이 감소하여 일정치 R에 접근한다. 여기서 P점의 응력을 첨두전단강도라 하고 R점의 응력을 잔류강도라 한다. 최대전단강도 상태는 정의대로 파괴에 상당하나 응력이 일정하고 전단변형만이 계속되는 잔류강도 상태를 한계상태(critical state)라 부른다. 한편, 파단(rupture)은 재료가 두 개 이상의 부분으로 분단되는 과정을 말한다. 그러나 토질역학에서는 그다지 쓰이지 않는 용어이다.

이와 같이 항복, 파괴는 재료의 응력-변형률 관계에서의 특성점이므로 이들의 응력 상태를 응력 공간 내에서 구하면 그림 2.23에 표시된 항복곡면이나 파괴곡면이 구해진다. 이들 곡면의 함수 표시를 각각 항복 규준(항복함수), 파괴 규준이라 부른다.

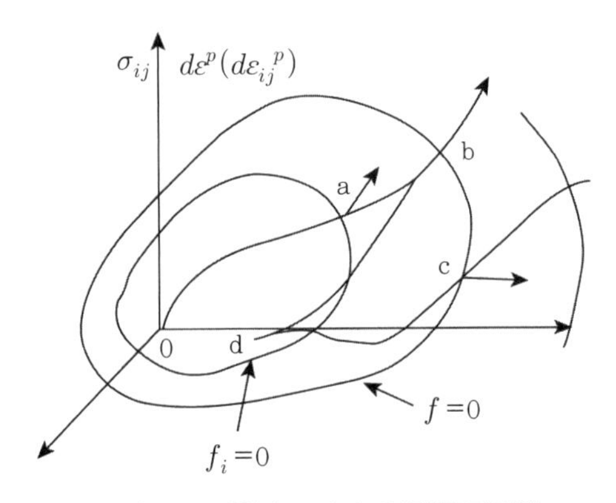

그림 2.23 항복곡면과 변형률경화[2]

(2) 파괴 규준

되질역학에서 Coulomb, Mohr, Mohr-Coulomb, Tresca, von Mises 등의 항복, 파괴 규준이 예로부터 많이 사용되어오고 있으며(Valliappam, 1981)[14] 흙의 구성식의 발전에 따라 새로운 항복, 파괴 규준도 제안되어오고 있다(Lade(1984),[9] Matsuoka & Nakai(1974)[10]). 이들 규준은 꼭 항복 규준만이라든가 또는 파괴 규준만을 한정하여 이용되고 있지는 않고 어떤 경우에는 항복 규준으로, 다른 경우에는 파괴 규준으로 이용되는 경우가 많으므로 항복이나 파괴로 한정함이 없이 단순히 규준으로 취급되기도 한다.

흙의 파괴 규준은 흙의 상태를 나타내는 양을 가지고 표시하면 좋기 때문에 일반적으로는 응력과 변형률로 나타내게 된다. 그러나 재료의 소성론에서는 파괴 규준을 응력으로 표시하는 것이 보통이다. 이 경우 일반적으로 파괴 규준을 등방성의 가정아래 응력불변량의 함수로 식 (2.35)와 같이 표현하는 것이 타당하다고 여긴다.

$$f(I_1, I_2, I_3) = 0 \tag{2.35}$$

여기서, I_1, I_2, I_3는 각각 응력의 제1, 제2, 제3불변량이며 식 (2.36)과 같이 표현된다.

$$\begin{aligned} I_1 &= \sigma_1 + \sigma_2 + \sigma_3 \\ I_2 &= \sigma_1\sigma_2 + \sigma_2\sigma_3 + \sigma_3\sigma_1 \\ I_3 &= \sigma_1\sigma_2\sigma_3 \end{aligned} \tag{2.36}$$

응력불변량은 주응력으로 나타내어지므로 식 (2.35)는 식 (2.37)과 같이 표현될 수도 있다.

$$F(\sigma_1, \sigma_2, \sigma_3) = 0 \tag{2.37}$$

식 (2.37)은 세 개의 주응력을 좌표축으로 하는 주응력공간(principal stress space)에서 하나의 곡면을 나타내는 식으로 생각할 수 있다. 이러한 파괴 규준 식 (2.37)로 정해지는 공간 곡면을 파괴곡면이라 한다.

파괴곡면은 식 (2.38)과 같이 주응력 차의 함수로 나타내기도 한다.

$$F[(\sigma_1 - \sigma_2), (\sigma_2 - \sigma_3), (\sigma_3 - \sigma_1)] = 0 \tag{2.38}$$

(3) Coulomb 규준

흙의 파괴 규준으로서 가장 오래전부터 널리 사용된 것은 식 (2.39)의 Coulomb 규준이다.

$$\tau_f = c + \sigma_n \tan\phi \tag{2.39}$$

그림 2.24에서 보는 바와 같이 τ_f는 전단강도, σ_n은 파괴면의 수직응력, c는 점착력, ϕ는 마찰각이다.

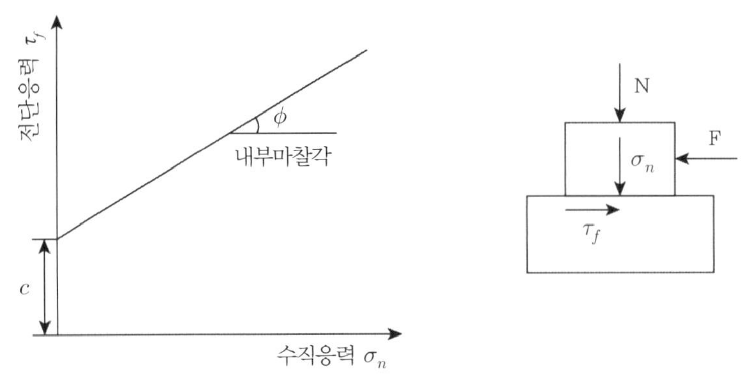

그림 2.24 Coulomb 규준

Coulomb 규준은 "두 물체 간의 마찰력은 마찰면에 작용하는 수직력에 비례하고 겉보기 접촉면적의 대소에 관계하지 않는다."는 Coulomb의 실험법칙과 "마찰력은 수직력에 비례하는 마찰력 성분과 수직력에 무관한 점착력 성분으로 성립된다."는 Vince의 연구 결과에 근거하고 있다. 이 규준을 흙에 적용하는 경우, 강도정수 c, ϕ의 물리적 의미는 명백하지 못하기 때문에 ϕ를 단순히 전단저항각, c를 겉보기점착력이라 부른다.

(4) Mohr 규준

재료의 항복 또는 파괴가 발생할 때, 잠재파괴면상의 전단저항 τ는 그 면의 수직응력 σ만의 함수라고 생각하여 식 (2.40)과 같이 표시한다.

잠재파괴면상의 응력 σ, τ는 파괴 시의 최대, 최소주응력 σ_1, σ_3와 파괴면의 각도 θ를 알면 그림 2.25의 Mohr 응력원상의 점 P의 응력치로 결정된다. 즉, Mohr 규준은 점 P의 궤적이며 $\tau = f(\sigma)$는 파괴 시의 Mohr 응력원의 포락선으로 구해지게 된다.

$$\tau = f(\sigma) \tag{2.40}$$

(5) Mohr-Coulomb 규준

Mohr 규준 $\tau = f(\sigma)$가 그림 2.26과 같이 직선관계로 표시된 경우 이를 Mohr-Coulomb 규준이라 부른다. 겉보기점착력 c와 전단저항각 ϕ를 사용하면 식 (2.40)은 다음과 같이 된다.

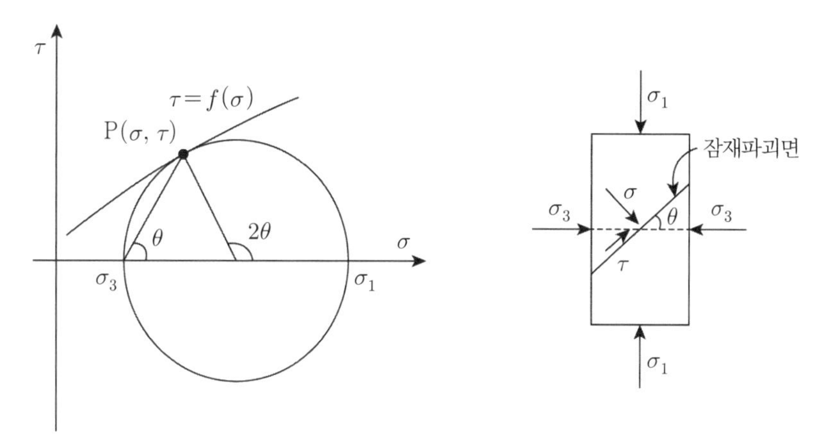

그림 2.25 Mohr 규준

$$\tau = c + \sigma \tan\phi \tag{2.41}$$

이 포락선에 내접하는 Mohr 응력원을 이용하면, 식 (2.41)은 파괴 시의 최대, 최소주응력에 의하여 식 (2.42)와 같이 된다.

$$\sigma_1 - \sigma_3 = 2c\cos\phi + (\sigma_1 + \sigma_3)\sin\phi \tag{2.42}$$

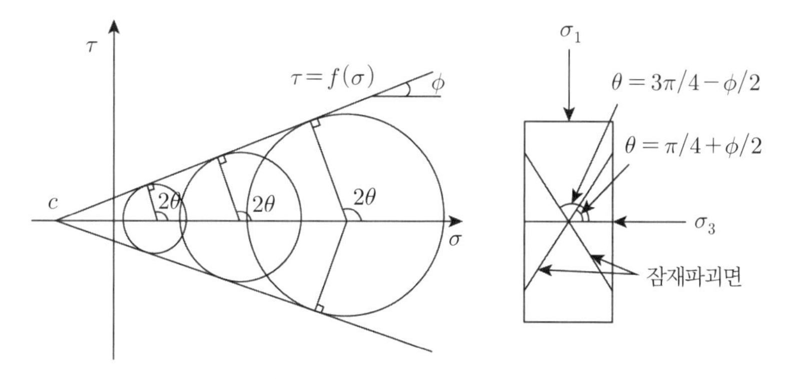

그림 2.26 Mohr-Coulomb 규준

잠재파괴면의 각도 θ와 전단저항각 ϕ의 관계는 기하학적 관계에서 다음과 같이 된다.

$$\theta = \pi/4 + \phi/2, \ \theta = 3\pi/4 - \phi/2 \tag{2.43}$$

(6) Tresca 규준

Tresca 규준은 최대전단응력 $\tau_{\max}$가 재료의 전단강도 k에 도달하면 파괴(또는 항복)가 발생한다고 생각하는 데 근거한다.

$$\tau_{\max} = (\sigma_1 - \sigma_3)/2 = k \tag{2.44}$$

3차원 주응력공간에서의 파괴곡면은 그림 2.27에 도시된 바와 같이 일점쇄선으로 표시된 평균주응력 σ_m 축에 평행한 6각주이며, σ_m =일정면과의 교선은 정육각형이 된다. 따라서 Tresca 규준은 중간주응력 σ_2와 평균주응력 σ_m의 영향을 고려하지 못하고 있다.

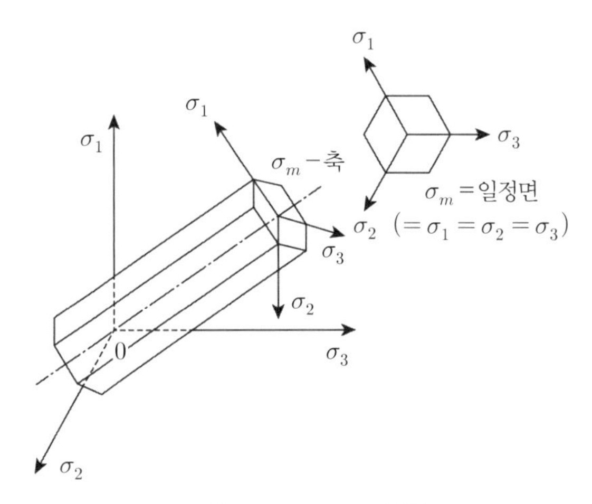

그림 2.27 Tresca 규준

이 규준을 강도가 평균응력 σ_m에 의하여 변화하는 재료의 파괴 규준에 적용할 수 있도록 확장한 것이 식 (2.45)와 같은 확장 Tresca 규준이다.

$$(\sigma_1 - \sigma_3)/\sigma_m = a \tag{2.45}$$

여기서, $\sigma_m = (\sigma_1 + \sigma_2 + \sigma_3)/3$

a : 재료정수

이 파괴곡면의 형상은 그림 2.28에 도시된 바와 같이 6각추이고, σ_m =일정면과의 교선은 Tresca 규준과 같은 모양의 정육각형이다.

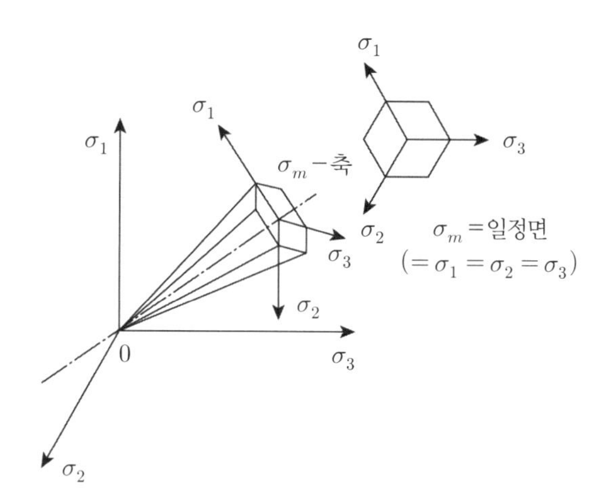

그림 2.28 확장 Tresca 규준

(7) von Mises 규준

von Mises 규준은 전단탄성에너지가 어떤 일정치에 달하면 재료가 파괴(또는 항복)한다고 생각하여 다음과 같이 표시한다.

$$(\sigma_1-\sigma_2)^2+(\sigma_2-\sigma_3)^2+(\sigma_3-\sigma_1)^2=9\tau_{oct}^2\,2k^2 \quad (2.46)$$

여기서, τ_{oct}는 정팔면체 전단응력이다. 이 규준은 중간주응력의 영향을 고려하고 있지만, 그림 2.29에 도시된 바와 같이 파괴곡면은 σ_m축에 평행한 원주이므로 강도는 평균응력 σ_m의 변화에 영향을 고려하지 못하고 있다.

이 규준을 평균응력 σ_m에 따라 강도가 변화하는 재료에 적용할 수 있도록 확장한 것을 확장 von Mises 규준이라 부르며 다음과 같이 표시한다.

$$(\sigma_1-\sigma_2)^2+(\sigma_2-\sigma_3)^2+(\sigma_3-\sigma_1)^2=9\tau_{oct}^2=2a^2\sigma_m^2 \quad (2.47)$$

여기서, a는 재료정수이다.

식 (2.47)에 의한 주응력 공간 내의 파괴면 형상이 그림 2.30에 도시된 바와 같이 원추이고, σ_m =일정면과의 교선은 von Mises 규준과 같은 모양의 원이 된다.

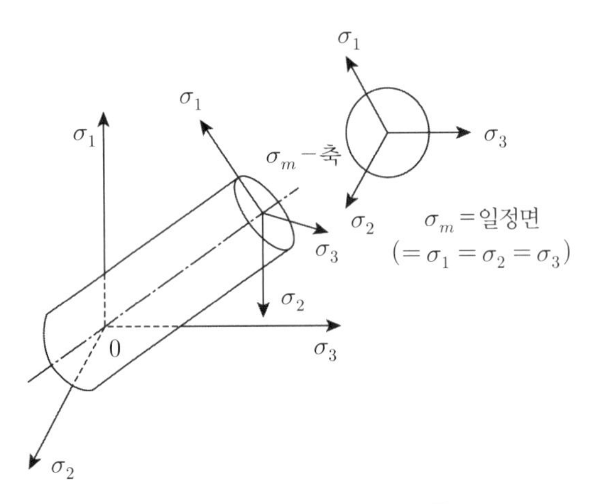

그림 2.29 von Mises 규준

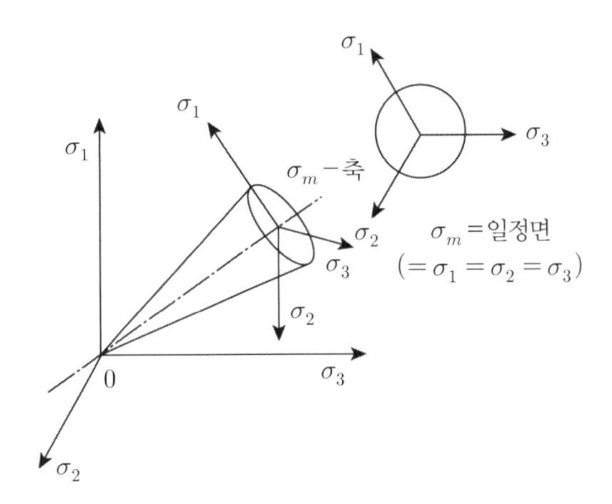

그림 2.30 확장 von Mises 규준

(8) Lade 규준

Lade는 유효점착력이 없는 재료의 3차원 파괴 규준은 곡선의 파괴포락선을 가진다고 하였다. 이 규준은 제1 및 제3응력불변량항으로 다음과 같이 제안되었다.[9]

$$(I_1^3/I_3 - 27)(I_1/P_a)^m = \eta_1 \tag{2.48}$$

여기서, P_a : 응력의 단위로 표시된 대기압

η_1과 m : 재료에 따라 결정되는 재료정수

식 (2.48)로 얻어지는 파괴면은 주응력공간상에서 그림 2.31(a)에서 보는 바와 같이 응력축의 원점에서 정점을 가지는 비대칭 총알모양이다. 정점에서의 각도는 η_1의 값에 따라 증가한다. 또한, 이 파괴면은 정수압축에 대하여 볼록한 형태를 가지며 곡률은 m값에 따라 증가한다. $m=0$인 경우 파괴면은 직선이 된다. 그림 2.31(b)는 $m=0$이고 η_1이 1, 10, 10^2 및 10^3인 정팔면체면(I_1 = 일정)상의 파괴면의 단면도이다.

η_1이 증가할수록 파괴면 단면 형상은 원형에서 부드럽고 매끄러운 모서리를 가지는 삼각형으로 변하고 있다. $m=0$일 때는 이들 단면은 I_1값에 따라 변화하지 않는다. 그러나 $m>0$인 경우는 파괴면의 단면 형상은 I_1값이 증가함에 따라 삼각형에서 보다 원형으로 변한다.

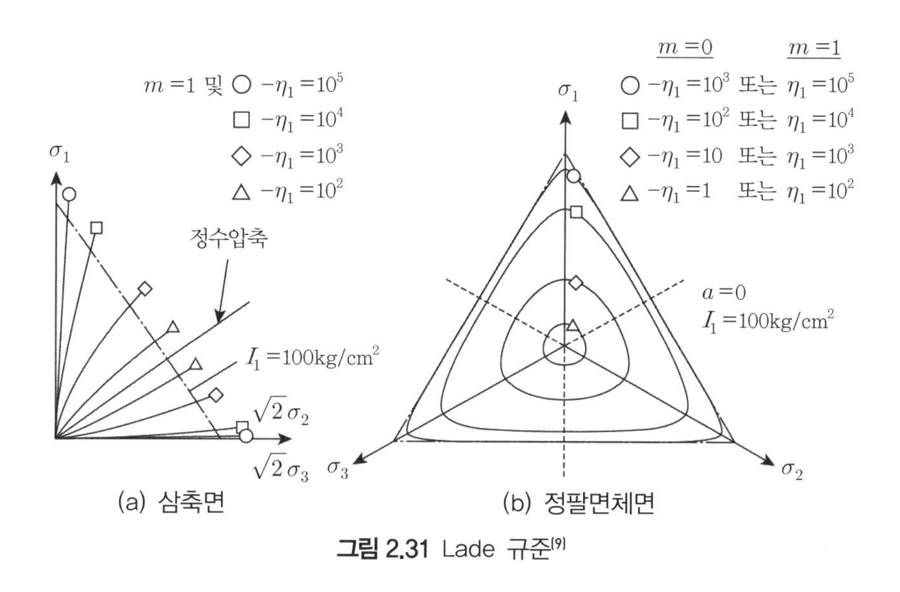

그림 2.31 Lade 규준[9]

(9) Matsuoka & Nakai 규준

3차원 응력장에서 흙의 역학거동을 설명하기 위해 도입된 공간활동면(spatial mobilized plane)의 개념에 의거하여 Matsuoka & Nakai는 파괴 규준을 응력불변량의 항으로 다음과 같이 제안하였다.[10]

$$I_1 I_2 / I_3 = k \tag{2.49}$$

여기서, k는 재료정수이다.

그림 2.32에서 보는 바와 같이 삼축압축 및 삼축신장 상태에서는 Mohr-Coulomb 규준에 일치하나 중간주응력의 영향을 고려하므로 인하여 정팔면체상의 파괴면은 Mohr-Coulomb 파괴면을 외측으로 둘러싸고 있다. 즉, 삼축압축과 삼축신장 사이의 파괴면은 그림 2.32에서 보는 바와 같이 직선이 아니고 곡선으로 표현된다.

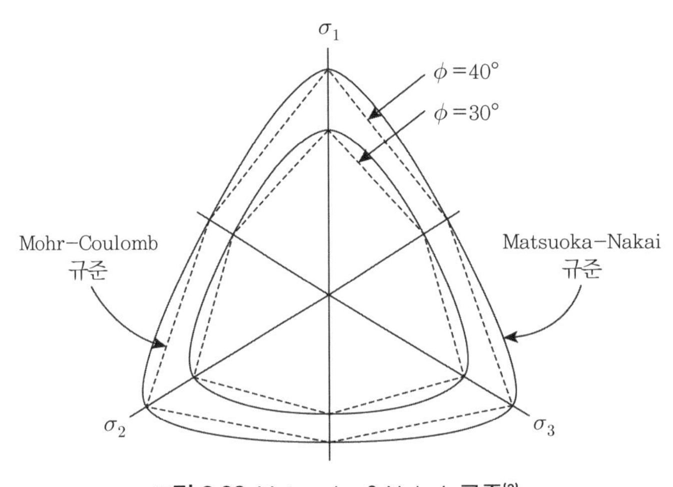

그림 2.32 Matsuoka & Nakai 규준[2]

2.4.5 전단강도 측정법

지반의 전단강도는 여러가지 방법으로 직접 측정하거나 경험적으로 결정하여 오고 있다. 이들 방법을 분류하면 그림 2.33과 같다.[2] 즉, 지반의 전단강도측정시험법은 실내시험과 현장시험의 두 가지로 크게 분류할 수 있을 것이다.

우선 실내시험으로는 직접전단시험, 일축압축시험, 삼축압축시험, 단순전단시험, 평면변형시험, 실내베인시험, 비틀림전단시험 등을 들 수 있다. 이들 시험은 지반 속의 한 흙요소가 지중에서 받는 응력의 상태를 실내시험기 내에서 재현시켜 역학적 거동을 조사하는 시험들이다. 따라서 보다 정확한(보다 현장 상태에 근접한) 전단강도를 측정하기 위하여 예로부터 시험기 개발을 꾸준히 진행하고 있는 실정이다.

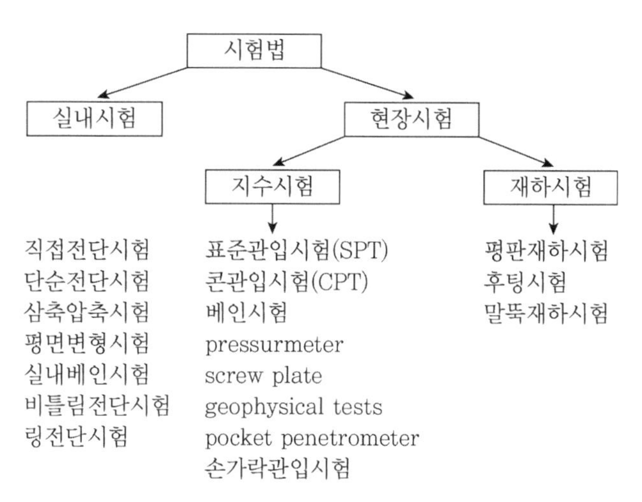

그림 2.33 전단강도 시험법 분류[2]

실용상 충분한 정밀성을 확보할 수 있고 시험의 간편성으로 인하여 직접전단시험, 일축압축시험 및 삼축압축시험이 현재까지 가장 많이 사용되고 있다. 그러나 최근에는 3차원 응력상태(정확히 중간주응력의 영향)와 지중주응력회전효과를 고려한 전단강도 특성을 조사하기 위하여 입방체형 삼축압축시험(이를 진짜 삼축시험이라 함), 단순전단시험(simple shear test), 평면변형시험 및 비틀림전단시험 등이 개발되어 연구단계 수준이지만 활용되고 있다.

한편 현장시험은 지수시험(indication test)과 재하시험으로 크게 구분할 수 있다. 즉, 이 시험은 현장에서 직접 전단강도를 측정하거나 또는 전단강도를 판단할 수 있는 경험적 수치를 측정하는 방법이다.

먼저 지수시험은 시험방법을 표준화시켜 지반의 어떤 전단관련 특정값을 측정하는 방법이다. 예를 들면 표준관입시험(standard penetration test)은 관입샘플러를 지중에 타격에너지를 가하여 일정 길이를 관입시킬 때 지반 특성에 따라 관입타격수가 다름을 이용하여 타격회수 N을 측정하는 시험이다. 이 N값은 그 자체가 전단강도는 아니고 단지 표준화된 한 특정 지표값에 지나지 않는다. 그러나 이 값은 전단강도와 연계하여 비교된 오랜 경험에 의거하여 정성적인 또는 정량적인 전단강도 특성을 결정하는 데 활용되고 있다.

이와 같이 그 값 자체는 전단강도값이라 할 수 없으나 전단강도와 연계 활용할 수 있는 지표값을 구하는 시험을 모두 지수시험이라 할 수 있다. 이러한 시험으로는 표준관입시험(SPT), 콘관입시험(CPT), 베인시험 등을 들 수 있다.

다음으로 재하시험은 현장에서 하중을 지반에 직접 가하여 지반의 하중부담능력을 측정해

보는 시험법이다. 이 시험으로는 평판재하시험과 말뚝재하시험을 대표적으로 열거할 수 있다.

실내시험의 목적은 현장에서의 하중재하 상태를 실내시험기 내에서 재현시키는 것이다. 즉, 지반 속의 한 흙요소가 현재 지중에서 받고 있는 응력 상태를 먼저 시험기 내에서 재현시킨 후 하중재하에 따라 지중 흙요소가 받게 될 응력의 조건을 재현시켜 흙요소의 역학적 거동을 조사 관찰함이 실내시험의 목적이다. 이러한 목적을 달성하기 위해서는 다음과 같은 조건이 실내시험에서 만족되어야 한다.

① 실재 현장하중조건(배수조건 포함)이 알려져야 한다.
② 실재시험장치는 현장 상태를 소요정확도로 재현시켜야 한다.
③ 현장재하조건과 실내시험조건 사이의 차이가 합리적으로 고려되어야 한다.

흙의 전단강도를 측정할 수 있는 실내시험으로 현재까지 개발 사용되어오고 있는 시험방법은 응력과 변형률의 주면(principal planes)이 고정되어 있는가 여부에 따라 크게 두 가지로 분류할 수 있다.[2]

첫 번째 시험법은 응력과 변형의 주면을 항상 일정하게 하고 시험하는 시험방법으로 표 2.4에 정리된 바와 같은 시험이다. 예를 들어 원통형 공시체를 사용하든 입방체형 공시체를 사용하는 삼축시험에서는 x, y, z의 세 축의 방향이 고정되어 있고 이들 축의 방향이 주응력축이 된다. 따라서 이들 시험에서는 처음 재하한 수직응력이 작용하는 주면이 시험 종료 시까지 동일하게 주면으로 고정되어 있으므로 주응력회전이 불가능한 시험이다. 결국 이 주면에 작용하는 수직응력이 주응력으로 시험 종료 시까지 작용하게 된다. 그러나 실제 현장에서는 응력이 변함에 따라 주응력은 물론이고 주면도 변한다. 따라서 이러한 현장에서의 실제 거동을 나타낼 수 없는 결점을 갖게 된다. 일축압축시험은 삼축압축시험의 특별한 경우로, 즉 측압이 없는 상태에서의 압축시험이다.

한편 두 번째 시험법은 주응력의 방향이 수직응력과 전단응력의 크기에 따라 변할 수 있게 개발된 시범방법이다. 이들 시험은 표 2.5에 정리된 바와 같다.

즉, 시험 중 주응력회전효과를 반영할 수 있는 시험법으로는 직접전단시험, 단순전단시험 및 비틀림 전단시험을 들 수 있다. 이 중 직접전단시험은 정해진 파괴면상에 작용하는 수직응력과 전단응력은 측정이 가능하나 파괴면 이외의 면에 이들 응력이 작용할 때의 주응력 및 주면은 알 수 없는 것이 단점이다.

표 2.4 각종 전단시험에서의 하중재하 상태

시험 종류	응력도	응력 상태
입방체형 삼축시험	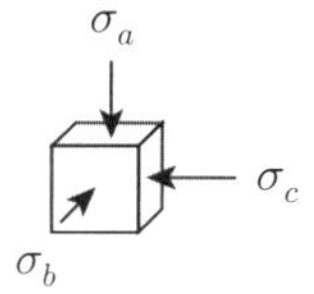 σ_a, σ_b, σ_c	$\sigma_a \neq \sigma_b \neq \sigma_c$
일반삼축시험 (원통형 공시체)	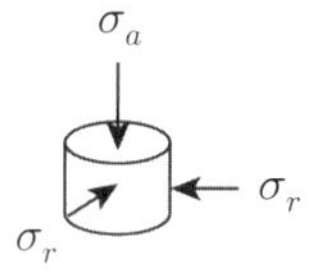 σ_a, σ_r, σ_r	$\sigma_b = \sigma_c = \sigma_r$
일축압축시험	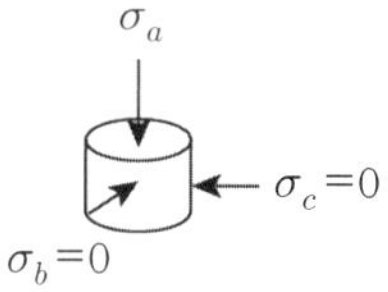 σ_a, $\sigma_b=0$, $\sigma_c=0$	$\sigma_b = \sigma_c = \sigma_r = 0$

표 2.5 주응력 회전 가능 시험[2]

시험 종류	시험개략도	재하관
직접전단시험	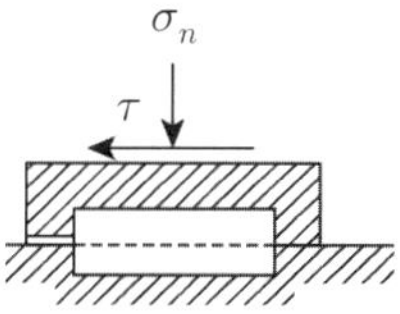 σ_n, τ	거칠고 회전 불가능
단순전단시험	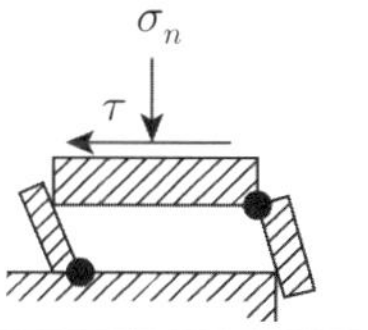 σ_n, τ	거칠고 회전 가능
비틀림전단시험 링전단시험	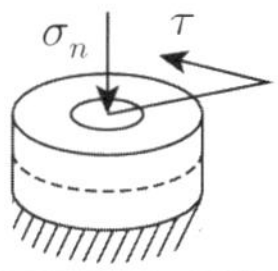 σ_n, τ	거칠고 회전 불가능

실내시험은 현장조건의 실내재현이라는 어려운 문제를 해결하기 위하여 끊임없이 개발 발전되고 있다. 대략적인 변천 과정을 설명하면 다음과 같다.

우선, 초기의 전단강도 측정 실험기로는 직접전단시험(direct shear test)을 들 수 있을 것이다. 이 시험법은 Coulomb의 파괴이론으로 흙의 전단강도를 결정하기에 편리하도록 개발된 시험법이라 할 수 있다. 즉, 시료 내의 파괴가 상하 전단상자 사이에서 발생되도록 유도 실시하는 시험법으로 시험이 간편하여 가장 일반적으로 사용되고 있다. 이 시험은 현재 삼축시험기와 더불어 실무에 상당히 많이 활용되고 있다. 그러나 전단파괴면이 미리 결정된다는 사항은 지중의 흙요소 내의 파괴면이 어느 방향으로 발생할지 모르는 점과 비교하면 현장조건의 올바른 실내재현이라 할 수 없다. 또한 지반 속 한 요소가 받는 응력은 3차원 응력 상태인 점도 반드시 재현되어야 한다. 그러나 전단상자 내의 파괴면에서는 3차원의 응력 상태를 명백히 규명할 수가 없는 단점이 있다.

이러한 점을 개선하기 위하여 개발된 전단시험법으로 삼축압축시험(triaxial compression test)을 들 수 있다. 일반적인 삼축시험이란 원통형 공시체를 사용하는 삼축시험을 의미한다. 이는 반무한체 지반 내의 한 요소는 축대칭 상태에서 수평 방향 응력이 연직축을 중심으로 어느 방향으로나 동일한 점을 감안하여 실내에서 재현시킨 시험이다. 즉, 삼축 상태의 응력을 고려하되 중간주응력(σ_2)과 최소주응력(σ_3)을 동일하게 한 특수한 경우를 대상으로 한 시험이라 할 수 있다.

일축압축시험(uniaxial compression test)은 삼축압축시험의 특수한 경우로 수평 방향 응력이 대기압, 즉 0인 시험이라 할 수 있다. 따라서 불구속압축시험(unconfined compression test)이라고도 한다. 그러나 실제 지반 속의 3차원 응력 상태는 중간주응력(σ_2)과 최소주응력(σ_3)이 같지 않은 경우가 많다. 따라서 일반적인 삼축시험은 지중의 진짜 삼차원 응력 상태, 즉 $\sigma_1 \neq \sigma_2 \neq \sigma_3$인 응력 상태를 나타낼 수는 없다.

이 점을 보완하기 위하여 개발된 삼축시험이 입방체형 공시체를 사용한 삼축시험(cubical triaxial test 또는 true triaxial test)이다. 이 시험은 세 개의 주응력을 원하는 크기로 각각 독립적으로 제어할 수 있도록 제작한 시험장치이다. 이 시험으로 중간주응력(σ_2)이 전단강도에 미치는 영향을 측정할 수 있다. 중간주응력의 영향을 고려할 수 있는 시험기로는 평면변형시험(plane strain test)도 들 수 있다. 이는 3차원 축 중에서 한 개의 축의 변형이 발생되지 않도록 시험기를 제작하므로 중간주응력의 영향이 고려될 수 있게 한 시험이다. 이 시험법은 입방체형삼축시험 중 한 특수한 경우로 간주할 수 있다.

이와 같은 삼축시험기로 3차원 응력 상태의 전단강도를 구할 수 있게 되었다. 그러나 이들 시험에도 현장의 응력 변화 상태를 실내에서 재현할 수 없는 부분이 있다. 즉, 이들 시험에서는 주응력작용면이 항상 일정하다. 예를 들면 연직면 및 수평면이 주응력작용면으로 초기 응력 상태에서 파괴 시까지 일정하며 변화되지 못하게 되어 있다. 그러나 실제 지반에서는 지중요소의 초기응력은 연직응력과 수평응력이 주응력에 해당한다. 그러나 지중 또는 지상에 하중(제하도 포함)이 가하여지면 지중의 흙요소에는 초기의 응력 상태에서 수직응력이 변화됨과 동시에 전단응력도 작용하게 된다. 따라서 초기의 주응력 작용면은 더 이상 주응력작용면이 아니며 수직응력과 전단응력으로부터 새로운 주응력 및 그 작용면이 결정되게 된다. 즉, 이는 지중에서는 하중이 가하여짐에 따라 주응력의 방향이 변하게 됨을 의미한다(이를 주응력회전현상이라 한다).

이러한 주응력회전효과를 고려한 전단강도를 삼축시험이나 평면변형시험으로는 구할 수가 없다. 이러한 점을 고려한 전단강도를 구할 수 있는 시험기로 비틀림전단시험과 단순전단시험이 개발되었다. 이들 시험은 초기에 연직 방향 및 수평 방향으로 수직응력만 작용하는 상태에서 전단응력을 서서히 작용시킴으로써 주응력의 크기와 방향이 변화되도록 하여 전단강도를 측정한다. 이들 시험을 통하여 중간주응력의 효과는 물론이고 주응력회전효과도 고려할 수 있게 하였다. 이들 시험은 아직은 연구단계에서 활용되고 있으나 머지않은 장래에 실무에도 적용될 것으로 예상된다.

2.5 흙의 압축성

침하는 흙의 체적감소로 인한 결과이다. 특히 압밀은 시간에 따른 체적감소율이다. 즉, 시간에 따른 응력전이와 간극수압의 소산 과정이 압밀이다. 점착력이 없는 모래나 자갈은 비교적 단기간에 압축이 종료된다. 실제 조립토지반에서 예상되는 기초침하는 대부분이 구조물의 시공단계에서 발생한다. 더욱이 진동효과에 의한 압축은 점착력이 있는 세립토보다 조립토에서 더 쉽게 발생할 수 있다.

점착력이 없는 흙과는 달리 낮은 투수성을 가진 포화 세립실트나 점토는 조립토보다 상당히 느린 속도로 간극수가 소산되기 때문에 매우 천천히 압축된다.

즉, 점착력이 있는 흙 속의 간극수를 소산하기 위해서는 오랜 시간이 소요되며 포화된 세립토의 전체 압축은 그림 2.34에서 보는 바와 같이 조립토에 비해 장기간에 걸쳐 발생한다.

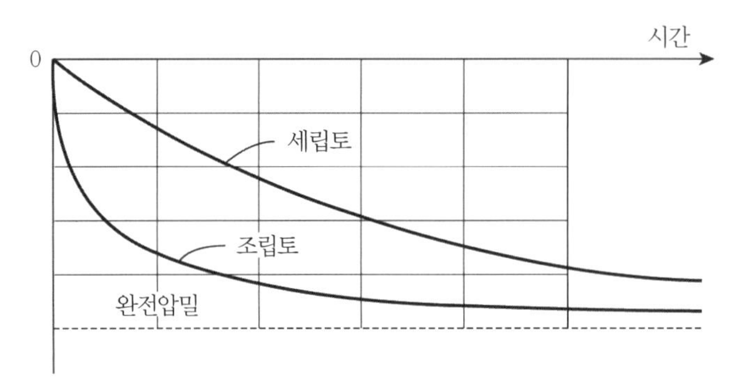

그림 2.34 세립토와 조립토의 압밀곡선

2.5.1 $e-\log P$ 곡선

점토의 하중과 변형의 관계는 일반적으로 1차원 압밀시험에서 나타난 결과를 도시한 그림 2.35와 같이 압력과 간극비의 관계로 나타낸다. 대개 연직축에는 정규눈금의 간극비를 정하고 수평축에는 대수눈금의 압력으로 나타낸다. 통상적으로 이 곡선을 $e-\log P$ 곡선이라 부르며 식 (2.50)으로 표현한다.

$$e = e_0 - C_c \log_{10} \frac{P}{P_0} \tag{2.50}$$

여기서, C_c는 압축지수이며 음으로 감속하는 기울기는 반대수지상의 곡선의 직선부의 기울기이다. e_0는 현재의 유효하중 P_0에 대응하는 간극비이다.

그림 2.35는 Casagrande에 의해 제안된 방법으로 선행압밀응력 P_c를 도시한 그림이다. 선행압밀응력 P_c란 정규압밀점토지반의 원위치에서 과거에 받았던 최대응력을 나타낸다. 그림 2.35에서 점 B는 그림 2.36에서 보인 $e-\log P$곡선의 최대곡률(최소곡률반경) 지점을 나타낸다. 이 점 B에서 곡선에 접선과 수평선을 그리고 점선과 수평선에 의해 형성된 각 α를 이등분한다. 선행압밀응력 P_c는 각 α의 이등분선과 압밀곡선의 접선(그림 2.35의 CDE선)의 연장선과의 만나는 점으로부터 구한다.

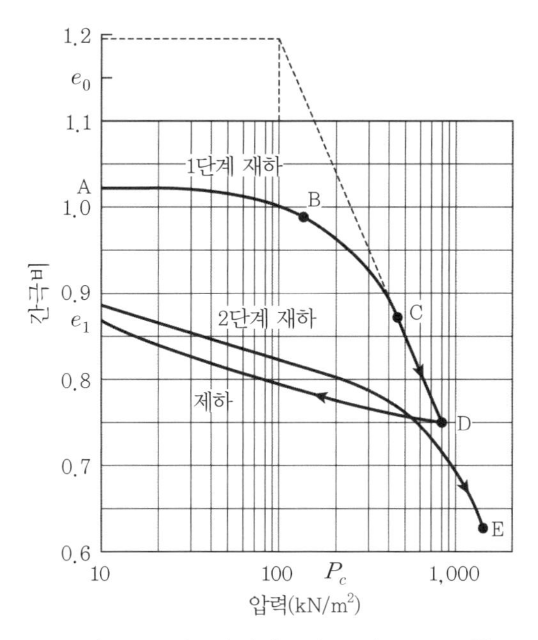

그림 2.35 정규압밀점토의 $e - \log P$ 곡선[3]

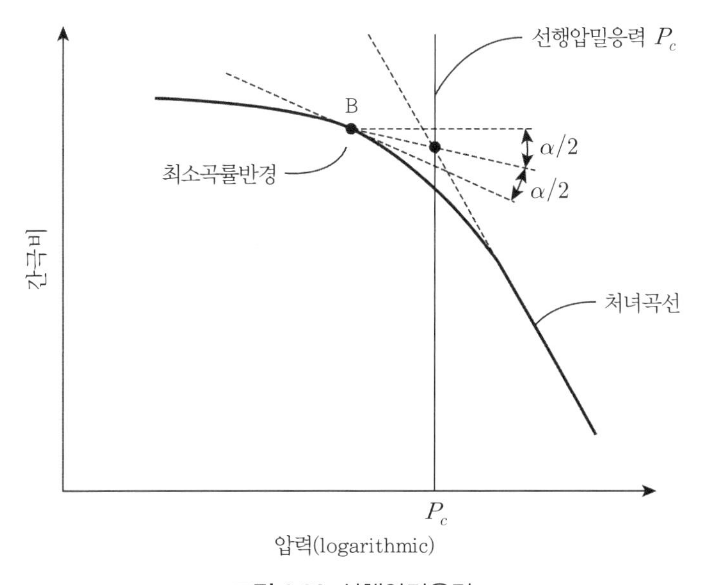

그림 2.36 선행압밀응력

상재압에 의한 현재의 유효연직응력 $P_0(=\gamma z)$는 대상이 되는 지점에서 상부토피의 중량으로 계산한다. 이것을 상재토피압이라 한다. P_0와 P_c가 같을 때 점토는 정규압밀 상태이며 P_c

가 P_0보다 큰 경우는 과압밀 상태라고 한다. 또한 P_c와 P_0의 비를 과압밀비(OCR)라 한다. 즉, $OCR = P_c/P_0$로 표시한다.

2.5.2 압밀도와 시간계수

식 (2.51)은 Terzaghi의 압밀방정식이다. 즉, Terzaghi는 압밀과정을 동수경사의 변화 $\frac{\partial^2 u}{\partial z^2}$와 과잉간극수압의 변화율 $\frac{\partial u}{\partial t}$ 사이의 관계로 표현하면 식 (2.51)과 같이 된다.

$$C_v \frac{\partial^2 u}{\partial z^2} = \frac{\partial u}{\partial t} \tag{2.51}$$

여기서, C_v는 압밀계수(coefficient of consolidation)이며 식 (2.52)와 같다.

$$C_v = \frac{k}{\gamma_w}\left(\frac{1+e}{a_v}\right) \tag{2.52}$$

여기서, a_v는 압축계수$(= \frac{\partial e}{\partial u})$이다.

압밀층은 식 (2.53)과 같은 양면배수조건에서 식 (2.54)의 초기간극수압 u_0에 대한 식 (2.51)의 해를 구하면 식 (2.55)와 같이 구해진다. 여기서 $2H_d$은 양면배수조건의 경우 배수층 두께이다.

$$z = 0 \text{에서 } u = 0$$

$$z = 2H_d \text{에서 } u = 0 \tag{2.53}$$

$$t = 0 \text{에서 } u = u_0 \tag{2.54}$$

$$u = \sum_{m=0}^{\infty} \frac{2u_0}{M}\left(\sin \frac{Mz}{H_d}\right) e^{-M^2 T} \tag{2.55}$$

여기서, $M = (\pi/2)(2m+1)$ (단 m은 임의의 정수 1, 2, 3, …)

H_d : 양면배수이므로 압밀층 두께의 1/2

식 (2.55) 중의 T는 시간계수로 식 (2.56)과 같이 표현한다.

$$T = \frac{C_v t}{H_d^2} \tag{2.56}$$

한편 임의의 압밀층 깊이와 시간에서의 압밀도 U는 식 (2.57)과 같이 구한다.

$$U = \left(\frac{u_0 - u}{u_0}\right) \times 100 = \left(1 - \frac{u}{u_0}\right) \times 100 \tag{2.57}$$

여기서, u : 시간 t와 압밀층 내 임의 깊이 z에서의 과잉간극수압

u_0 : 시간 $t=0$이고 압밀층 내 임의 깊이 z에서의 초기과잉간극수압

식 (2.55)와 식 (2.57)을 조합하면 임의의 깊이 z에서의 압밀도를 식 (2.58)과 같이 얻을 수 있다.

$$U = 1 - \sum_{m=0}^{\infty} \frac{2}{M} \left(\sin \frac{Mz}{H_d}\right) e^{-M^2 T} \tag{2.58}$$

식 (2.58)로부터 m이 0에서 ∞까지 연속되도록 하여 M과 T의 관계를 구하여 도시하면 그림 2.37과 같다. 즉, 식 (2.58)을 양면배수층에서 균등한 분포의 초기과잉간극수압에 대하여 해석한 결과는 그림 2.37과 같다. 압밀은 배수표면($z/H_d=0$과 $z/H_d=2$)에서 가장 빠르게 진행되고 중간지점($z/H_d=1$)에서 가장 느리게 진행된다.

예를 들어 $T=0.2$에서 압밀은 중간지점($z/H_d=1$)에서 전체 압밀의 25%보다 작은 압밀도를 보인다. 하지만 25%의 깊이($z/H_d=0.5$)에서는 전체 압밀의 거의 45%를 나타낸다.

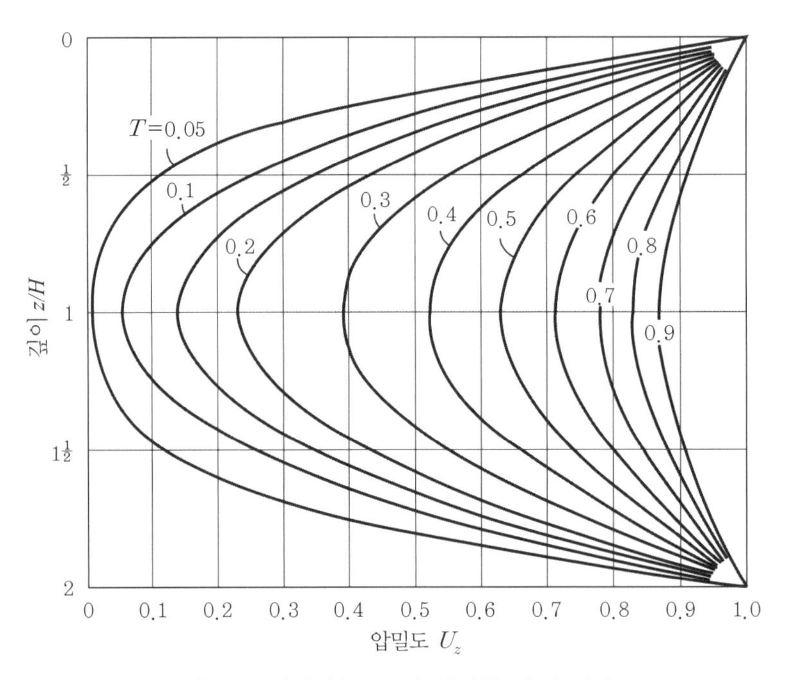

그림 2.37 양면배수조건의 압밀층 내의 압밀도

그러나 그림 2.37에 도시된 바와 같이 점토층의 임의의 깊이에서의 압밀의 양보다는 전체 점토층의 두께에서의 평균압밀도 U가 중요하다. 전체 토층의 압밀은 주어진 시간에 대한 전 침하를 예상하는 것이다.

일정한 초기과잉간극수압 u_0에 대한 평균압밀은 식 (2.59)로 표현된다.

$$U = 1 - \sum_{m=0}^{\infty} \frac{2}{M} e^{-M^2 T} \tag{2.59}$$

식 (2.59)를 도시하면 그림 2.38(b)로 나타낼 수 있다. 즉, 초기과잉간극수압 u_0가 압밀층 전깊이에 대하여 일정한 경우의 시간계수 T와 평균압밀도 U의 관계는 그림 2.38(b)와 같다. 여기서 그림 2.38(a)는 양면배수와 일면배수의 배수조건을 도시한 그림이다.

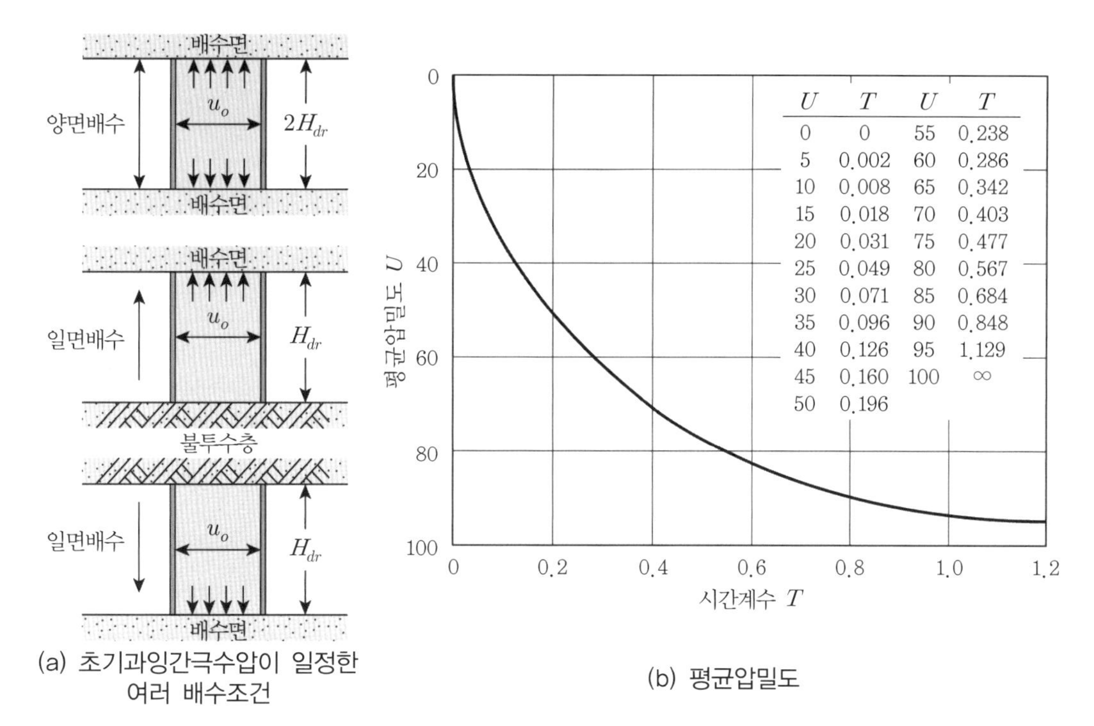

U	T	U	T
0	0	55	0.238
5	0.002	60	0.286
10	0.008	65	0.342
15	0.018	70	0.403
20	0.031	75	0.477
25	0.049	80	0.567
30	0.071	85	0.684
35	0.096	90	0.848
40	0.126	95	1.129
45	0.160	100	∞
50	0.196		

(a) 초기과잉간극수압이 일정한 여러 배수조건

(b) 평균압밀도

그림 2.38 시간계수와 평균압밀도

참고문헌

1. 대학지구과학연구회(1982), 지구과학개론, 교학사.
2. 홍원표(1999), 기초공학특론(I), 얕은기초, 중앙대학교 출판부.
3. 홍원표(2004), 기초공학, 구미서관.
4. Atkinson, J.H. and Bransby, P.L.(1978), “The mechanics of soils (An introduction to critical state soil mechanics)”, McRraw-Hill, pp.45~66.
5. Bowles, J.B.(1982), Foundation Analysis and Design, 3rg Ed., McGraw-Hill International Book Company.
6. Budhu, M.(2012), Soil Mechanics and Foundations, 3rd ed, John Wiley & Sons, Inc., USA.
7. Casagrande, A.(1932), “Research on the Atterberg limits of soils”, Public Roads, Oct 1932.
8. Casagrande, A.(1947), “Classification and identification of soils”, J., ASCE, GED.
9. Lade, P.V.(1984), “Failure criterion for frictional materials”, Mechanics of Engineering Materials, ch.20, edited by C.C. Desai and R.H. Gallager, John Wiley & Sons, Inc., New York, pp.385~402.
10. Matsuoka, JH. and Nakai, T.(1974), “Stress-deformation and strenth characteristics of soil under three different principal stress”, 土木學會論文報告集, No.232, pp.50~70.
11. Scheidegger, A.E.(1974), The Physics of Flow through Porous Media, 3rd ed., University of Toronto Press, Toronto, Canada.
12. Skempton, A.W.(1953), “The colloidal activity of clays”, Proc., 3rd ICSMFE, Vol.1.
13. Terzaghi, K.(1925), “Principles of soil mechanics II-compressive strength of clay”, Eng. News Rec., Vol.94.
14. Valliappam, S.(1981), Continum Mechanics Foundations, A.A. Bolkena, Rotterdam, pp.116~120.

C·H·A·P·T·E·R

03

지반조사

C·H·A·P·T·E·R

03 지반조사

구조물을 안전하고 경제적으로 건설할 목적으로 정확한 지반정보를 얻을 수 있는 지반조사를 실시한다. 더욱이 최근에는 이 지반정보를 구조물 축조 후에도 구조물의 유지관리 목적에 활용하기도 한다.

구조물은 언제나 지상에 설치되기 때문에 지반과 구조물은 일체가 되어 거동한다. 따라서 여러 가지 점에서 지반과 구조물은 서로 밀접한 관계에 있게 된다. 특히 최근에는 도시의 과밀화, 광역화, 구조물의 대형화, 구조재료와 기초시공법의 발달에 더하여 환경문제 등도 얽혀 구조물과 지반의 관련성과 복잡성이 더욱 증대하고 있다. 이에 따라 지반조사의 중요성이 점차 높아지고 있다.

현재 지반조사는 기초 설계뿐만 아니라 다음에 열거하는 여러 가지 지반공학문제를 해결하기 위한 지반정보를 얻기 위하여 실시한다.

① 성토 및 사면의 안정과 침하
② 지지력(연직 및 수평)과 침하
③ 굴착과 배수
④ 지하수 문제
⑤ 지반의 동적거동
⑥ 성토의 다짐도

이들 지반공학문제를 해결하기 위해 현재 지반조사로 얻을 수 있는 지반정보의 대부분은 다음 세 가지로 요약할 수 있다.

① 지반 특성 : 흙의 물리적 특성이나 역학적 특성. 실내시험이나 현장시험으로 얻을 수 있는 토질 특성
② 지질구조 : 깊이 방향의 지층 구성, 수평 방향 지층 폭, 분포
③ 지하수 : 지중수, 지하수위, 함수 상태

지반조사는 시추(boring), 시료 채취(sampling), 시험(testing)의 세 단계로 구분할 수 있다. 시추는 탐사용 홀을 지중에 천공하는 작업이고 시료 채취는 천공홀에서 흙을 채취하는 것이다. 마지막으로 시험은 흙의 특성을 파악하는 것이다. 이들 세 단계는 개념상 간단한 것 같지만 실제는 매우 어렵다.

3.1 지반조사순서

3.1.1 지반조사기획

지반조사순서는 기획, 설계, 시공, 시공관리, 유지관리와 같은 건설계획의 진행에 따라 또는 구조물의 규모, 종류, 지반조건, 발주자의 생각, 건설공사의 속도 등 여러 조건에 의해 그림 3.1에 도시된 바와 같이 개략적으로 정리할 수 있다.[19] 그러나 실제는 각 프로젝트의 제반 여러 조건에 맞게 수정·보완되는 경우가 많다.

이들 단계에 부응하여 지반조사도 그림 3.1에 도시된 바와 같이 예비조사, 개략조사, 본조사, 보충조사, 시공관리조사의 단계로 구분할 수 있다.

먼저 예비조사는 기획이나 계획단계에서 실시하는 조사로서 관련 자료 수집을 위주로 한 현장조사의 경우가 많다. 그러나 연약지반을 대상으로 할 때나 중요구조물건설을 대상으로 할 때는 특히 공사비나 계획에 영향을 크게 미칠 가능성이 있는 경우는 현장조사 시 소량의 보링과 시료 채취를 수행하는 것이 바람직하다.

최근 도시나 근교에서 여러 목적으로 이미 지반조사를 실시한 경우도 많으므로 자료수집을 잘하면 예비조사 목적은 충분히 달성할 수 있다. 이 경우 수집자료로는 지질도, 공사기록, 지반조사보고서, 지반도 등을 대상으로 함이 좋다.

다음으로 개략조사는 예비조사에서 수집한 자료를 근거로 현지답사 및 시료 채취를 포함한

보링이나 사운딩시험을 실시한다. 이 단계에서는 개략적인 지층 분포, 토질 특성을 파악하며 구조물의 규모, 공사비의 적산을 실시하는 정도의 조사를 실시한다. 이 단계에서도 조사자료 수집을 적극적으로 수행함으로써 현지조사를 상당히 축소할 수 있다.

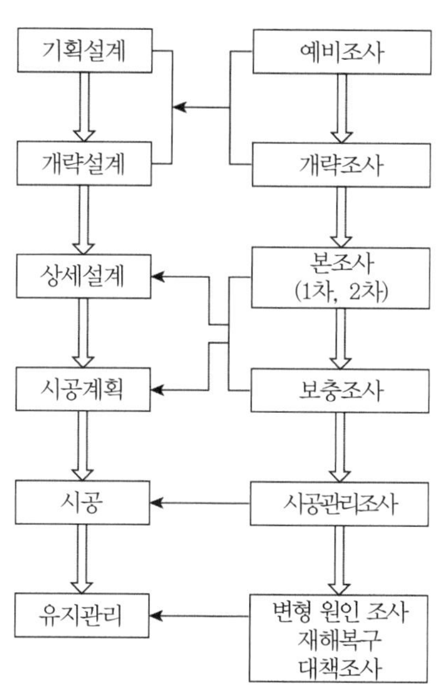

그림 3.1 건설단계별 지반조사순서[19]

본조사는 상세 설계를 수행하기 위한 목적으로 실시한다. 이 단계에서의 지반조사는 1차, 2차로 나눠 실시하는 경우가 있다. 이 단계에서는 구조물의 규모나 기초형식, 지반개량의 필요성, 시공법, 공사비, 공기 등 건설공사를 상세히 검토하기 위한 조사 목적을 충분히 이해하고 조사 실시 중 검토, 보고를 면밀히 실시한다. 조사계획의 변경 등도 포함한 조사, 설계, 시공 부문을 연대하여 충분히 목적을 달성할 수 있는 관리체제가 필요하다.

보충조사는 구조물의 설계 변경이나 지반의 국부적 변화가 심한 경우, 시공에 어려움이 있는 경우, 부속구조물의 설계에 필요한 경우에 실시한다.

시공관리조사는 시공 중 안전성, 시공성의 확인, 설계와 상관성 검증 등의 목적으로 실시한다. 거동확인이나 지지력 확인, 구조물의 변위, 침하, 지하수 변화, 성토의 다짐 등에 대한 검토도 이 경우에 해당한다. 이 단계에서의 조사는 시공속도, 공법변경, 대책공 계획, 공사비 변경 등 공사 실시 중에 직접 영향을 미치는 경우가 많다. 조사를 실시하는 데 계측기의 선정,

수량, 배치, 측정 시기 등의 관리체제를 충분히 검토하여 판단 결과가 적합하고 신속하게 되도록 해야 한다.

끝으로 구조물 완공 후 특별한 변형이 인정되지 않는 통상적 상태에서는 유지관리 목적으로 지반조사를 실시할 필요는 없다. 그보다는 정기적인 점검(관찰, 관측)이 더 중요하다. 지반조사가 필요한 경우는 무언가 변형이 발견되었거나 재해가 발생된 시기부터이다. 이런 경우 다음과 같은 순서로 대책을 수행한다.

① 긴급현지답사에 의한 응급대책을 검토한다.
② 개략조사에 의한 변형이나 붕괴의 원인을 찾아 가능한 그 원인을 제거하도록 노력한다.
③ 상세조사로 항구복구대책을 검토한다.

상세조사의 계획 시에는 적용 가능한 복구대책 공법 후보를 머릿속에 그리며 각 공법 설계에 필요한 지반정수를 얻을 수 있는 조사법을 검토하는 것이 바람직하다.

3.1.2 현장답사

대부분의 기초 설계에서 적절한 지반조사는 필수 사항이다. 이들 지반조사에 앞서 그림 3.1에서 설명한 예비조사와 개략조사단계에서 설명한 바와 같이 다음과 같은 세 가지 사전작업이 필요하다.

① 해당 현장에서의 지질정보 수집
② 해당기초의 설계 및 시공에 관련된 특별한 정보를 수집하기 위한 현장답사(이 현장답사 시에는 지질정보를 수집하기 위한 현장답사와 함께 수행될 수 있다)
③ 기초에 필요한 정보를 얻기 위해 건축사 및 구조기술자와의 회의

그 밖에도 발주자 및 관련 전문가들과의 회의로 해당현장에서의 기초의 형식, 즉 얕은기초로 하는가, 깊은기초로 하는가를 조기에 정할 수 있다. 얕은기초에서 만약 지반이 연약하고 설계에서 침하와 안전해석에 대한 소요 기준이 요구되는 경우에는 지반조사 및 실내시험의 수순을 자세히 제시해야 한다. 만약 포화점토가 존재한다면 모든 기초의 시간-의존성 거동이

고려되어야 한다. 해당현장에서의 지질정보는 지반조사를 계획하고 실시하는 데 큰 도움이 된다.

현장답사로 해당 현장 부근에 있는 기존 건물들의 기초 상태를 관찰할 수 있다. 가능하다면 인근 건물에 적용된 기초의 종류, 시공 시의 애로사항, 설치 후의 상태, 바람직하지 않은 변형 등에 관한 정보를 얻는 것이 좋다. 이따금 인근 건물 축조 시의 지반조사 결과도 수집할 수 있다. 시당국으로부터 지하매설물 및 전력선의 위치 정보를 얻을 수 있다. 이 정보는 지반-보링장비 사용 시의 장애물을 피할 수 있게 한다.

지반조사용 기계장비 작동에 관련된 현장 상태는 중요하다. 건설장비의 이동에 관하여 유럽 국가에서는 작업대(working platform)에 대한 기준이 마련되어 있다(European Foundation, 2004).[11] 이 기준의 목적은 현장에서의 개인적 및 장비의 안전에 대하여 명확하게 제시하고 있다. 만약 해당현장이 시료 채취용 보링기계 작동 및 건설장비 작동에 부적합하면 지반개량이 필요하다. 예를 들면 적절한 지반안정화 목적의 현장 지표면 처리로 배수작업이 필요하다.

또한 해당 프로젝트에 관련된 여러 전문가와의 미팅도 필요하다. 해당 구조물의 연직 및 수평 허용변위도 마련해야 한다. 이때 해당 건물 시방서를 참조한다. 그리고 예상 하중(단기하중, 지속하중, 동적하중, 지진하중 등)의 크기와 특성도 알아야 한다.

자세한 현장답사는 프로젝트의 주요 미팅에서 논의되어야 하며 기초건설을 성공하기 위해 현장시험 및 실내시험도 실시된다. 한편 지반조사는 구조물의 초기 및 최종 비용에 영향을 미친다. 그림 3.2는 지반조사에 투자하는 조사비용이 구조물 전체 축조에 미치는 영향을 도시한 개략도이다. 만약 지반조사에 전혀 투자하지 않으면 구조물은 붕괴될 수도 있다.

다음으로 적은 비용을 투자하면 나중에 기초의 부등침하로 인한 피해를 복구하기 위해 비용이 추가적으로 들어갈 것이다. 그러나 지반조사에 최적의 비용을 들이면 구조물 건설비가 최소로 된다. 만약 최적의 비용보다 더 많은 비용을 지반조사에 들이면 추가적 지반조사비용으로 인하여 전체 건설비가 증가하게 된다. 그러나 통상적으로 지반조사비용은 전체 건설비에 비해 크지 않으므로 구조물의 최종 건설비는 그다지 많이 증가하지는 않는다.

이에 대한 대안으로 지반조사의 이상적인 방법으로 지반조사를 두 단계로 실시한다. 이 방법은 먼저 주요 구조물에 대한 지반조사를 현장에서 지반층상을 조사하고 각 지층이 경사져 있는가 여부만을 파악하기 위한 개략탐사시추를 1단계로 먼저 실시하는 것이다(그림 3.1의 예비조사). 그런 후 최종 설계를 실시하고 기초형식을 결정한다. 다음으로 실내실험용 공시체를 채취하기 위해 2단계로 상세한 시추를 실시한다(그림 3.1의 본조사). 이때 필요하면 현장시험

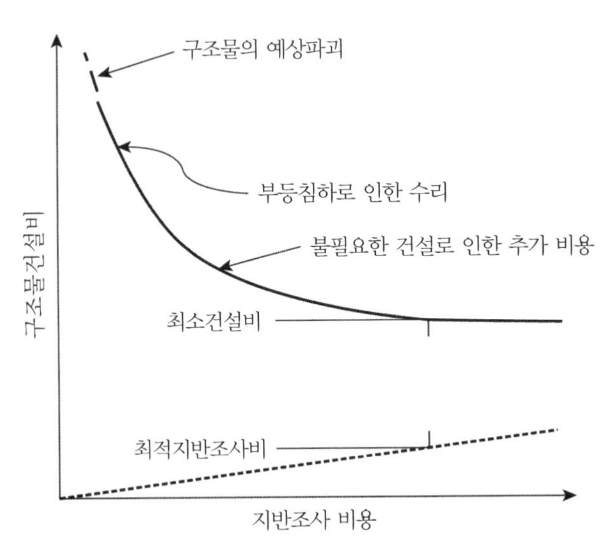

그림 3.2 건설비에 미치는 지반조사 비용의 영향(Reese et al.,2006)[17]

도 함께 실시한다.

3.1.3 시 추

시추(boring)는 지반조사 목적으로 기계나 기구를 사용하여 지반에 구멍을 뚫는 천공작업을 이른다. 일본에서는 시추방법을 오거시추(auger boring), 회전식 시추(Rotary drilling), 충격식 시추(Percussion drilling)의 세 가지로 크게 구분하고 있다.[19,21] 한편 Liu & Evett (1992)는 일반적인 시추 형태를 오거시추(auger boring), 세척식 시추(wash boring), 시험굴(test pits) 및 코어시추(core boring)의 네 가지로 구분하였다.[14] 그 밖에도 Bowles(1982)은 현재 사용되고 있는 천공장비를 오거시추(auger boring), 회전식 시추(Rotary drilling), 세척식 시추(wash boring), 충격식 시추(Percussion drilling), 시험굴(test pits)로 구분·정리하였다.[8]

이들 기존의 시추기술 구분방법을 참고하여 지중에 탐사용 구멍을 뚫는 시추방법을 간단하게 정리하면 수동식과 전동식의 두 가지로 표 3.1과 같이 구분할 수 있을 것이다.

수동식 시추방법은 간단한 오거를 사용하여 지중에 연직 홀을 조성하는 방법이다. Bowles (1982)은 수동식 오거로 35m 깊이까지 천공이 가능하다고 하였으나[8] 8~10m 깊이 이상은 실용적이지 못하다. 일반적으로는 2~5m 깊이까지의 천공에 적용하며 케이싱 없이 공벽이 유지되는 모든 토사지반에 적용 가능하다.

표 3.1 시추방법

공법		깊이	비고(적용 지반)
수동식 (Hand tools)	오거시추(Auger boring)	2~5m	케이싱 없이 공벽이 유지되는 모든 토사지반
전동식 (Mounted Power Drills)	연속날개오거시추 (Continuous-flight augers) 회전식 시추 (Rotary drilling) 세척식 시추 (Wash boring) 충격식 시추 (Percussion drilling)	사용 장비에 의존, 70m 이상까지 (대부분의 장비)	• 모든 토사지반 • 자갈지반에서는 적용이 어려움 • 암반에는 특수 비트가 필요하고, 세척 시추 적용 불가, 관입시험도 함께 실시 가능, 교란시료 채취 가능, 관입시험은 보통 1~2m 깊이마다 실시

이와 같은 수동식 시추방법에 동력을 도입하여 깊은 심도까지 천공이 가능하게 된 시추장비가 연속날개오거시추(Continuous-flight augers)이다. 연속날개오거시추는 현재 토사지반 탐사에 가장 많이 적용하는 기술이다. 날개(flight)가 달린 중심축을 회전하여 천공을 실시한다. 이 장비에서 날개는 굴착 토사를 지표면까지 운반하는 나선형 컨베이어 역할도 한다. 이 기술은 모든 토사지반에 적용할 수 있다. 이 장비의 오거 중심축은 중공형(hollow)과 속찬형(solid)의 두 가지가 있다. 중공형은 관입시험이나 시료 채취를 할 필요가 있을 때 사용한다. 연속날개는 필요한 길이까지 계속하여 연결 사용한다.

최근에는 여러 종류의 전동식 시추장비가 개발되어 천공심도도 더욱 깊어지고 적용 지반도 다양해졌다. 예를 들면 회전식 시추(Rotary drilling), 세척식 시추(Wash boring), 충격식 시추(Percussion drilling)가 많이 사용되고 있다. 이들 시추장비들은 천공 시에 회전력, 고압수분사, 충격력 등의 기술을 도입한 특징이 있다.

이들 대부분의 시추장비들은 전기 동력으로 작동시킴으로써 천공효율을 상당히 증대시킬 수가 있었다. 그러나 최근에는 한 방법에 다른 방법의 특징을 접목·개발함으로써 이들 방법들이 서로 유사하여져서 구분하기가 어려운 점이 있다.

(1) 회전식 시추

회전식 시추(Rotary drilling)는 압력을 가한 상태에서 드릴비트를 천공 바닥에서 회전시키는 특징이 있다. 이 시추방법은 할렬이 심하지 않은 암반에서 가장 빠르게 천공하는 방법이다. 물론 토사층에도 적용할 수 있다. 그러나 천공홀이 함몰되는 토사층에서 이 방법을 적용할 경우는 드릴 현탁액을 사용한다. 이 현탁액으로는 통상 식소트로피 점토(예를 들면 벤트나이트)용액이 사용된다. 또한 회전식 시추법에서는 시추기 선단에 다양한 형태의 드릴장비를 부착 사용할 수 있다. 예를 들면 얕은 심도에서는 오거를 장착할 수 있으며 토사나 암반, 콘크리트 및 아스팔트 포장에서는 코아 채취용 비트를 장착할 수 있다.

(2) 세척식 시추

먼저 세척식 시추(Wash boring)의 원리는 천공 시 드릴기술과 압력수 분출을 병행하여 도입하는 기술이다. 현재 가장 많이 사용하는 시추장비로 지표 2~3.5m 깊이에서부터 케이싱을 관입하면서 시작된다. 케이싱은 천공 시 공벽붕괴를 방지하기 위해 지중에 관입하는 연직관이다. 드릴 중심봉의 하부선단에 부착한 절삭비트로 케이싱 내부를 깨끗하게 세척할 수 있다. 물은 드릴 중심봉 하부선단 비트를 통하여 고속으로 분출된다. 배출수는 다시 수집되어 케이싱과 드릴 중심봉 사이를 통하여 상승시켜 케이싱 두부로 흐르게 한다. 회수된 배출수 속에는 세굴된 흙입자가 함께 섞여 배출된다. 이 배출수를 수조에 모아 재사용한다. 천공 내 바닥에서 비트를 지중으로 들어 올려 회전, 낙하시키면서 천공을 진행한다. 드릴 중심축봉과 케이싱은 필요시 계속 연결하여 길게 사용한다. 통상 홀당 6m 이하의 케이싱이 소요된다. 단단한 지층 이외의 지층에서 이 시추방법으로 천공작업을 빨리 진행할 수 있는 장점이 있다.

(3) 충격식 시추

충격식 시추(Percussion drilling)는 드릴을 들어 올리고 약간 회전시키고, 천공바닥에 낙하시키는 특징이 있다. 굴착한 토사를 지표면까지 운반하는 데 순환수를 사용한다. 이때 펌프로 물을 순환시키기 위해 케이싱이 사용된다.

3.1.4 시료 채취

기초 설계에 필요한 지반의 가장 중요한 공학적 특성은 흙의 전단강도, 압축성, 투수성이다. 점성토에 대한 이들 특성은 불교란시료에 대한 실내시험으로 구할 수 있다. 그러나 진정한 흙의 불교란시료를 채취하기란 정말로 불가능하다. 그래서 '불교란'이란 단어를 사용하는 것은 교란 또는 재성형 효과를 최소화시킨 장소에서 채취한 시료라는 의미에 불과하다. 불교란시료의 품질은 토질시험을 실시하는 사이에도 크게 변한다.

사질토의 경우는 불교란시료를 채취하기는 더욱 어렵다. 중간에서 가는 입자 크기의 모래의 경우 신월피스톤샘플러(thin-walled piston sampler)로 양질의 시료를 채취할 수 있다. 그러나 자갈질의 지반이나 조밀한 지반에서는 교란을 최소화시킨 시료를 채취하기가 어렵다. 이런 지반에서는 다이러턴시 영향과 자갈조각의 날카로움으로 시료는 더 큰 영향을 받는다.

시료 채취에는 교란시료를 채취하는 방법과 불교란시료를 채취하는 방법이 있다. 각각 이용 목적이 다르지만 주목적은 육안관찰하거나 토질시험을 실시하기 위해 시료를 채취한다. 교란시료와 불교란시료의 시료 채취 목적을 정리하면 표 3.2와 같다.

표 3.2 시료 채취 목적

시료 상태	시료 채취 목적	조사항목 및 토질시험
교란시료	육안관찰, 시료표본, 토질 분류	
	물리적 특성 조사	입도분석, 비중, Atterberg 한계시험 (액성한계·소성한계)
불교란시료	물리적 특성 조사	단위체적중량, 함수비, 포화도, 간극비
	역학적 특성 조사	일축압축시험, 삼축압축시험, 직접전단시험, 압밀시험

먼저 교란시료는 토사를 직접 육안관찰하거나 물리적 특성을 조사하는 데 사용할 수 있다. 육안관찰에서는 토사의 색깔, 함수 정도, 입도, 토질 등을 관찰하여 메모해둔다. 또한 채취시료의 표본도 만들어둔다.

이 교란시료는 실험실로 옮겨 채분석이나 비중계시험으로 입자 크기나 입도 조사용으로 사용할 수 있다. 또한 교란시료는 비중과 Atterberg 한계시험용으로 활용할 수 있다. Atterberg 한계시험으로 소성점토의 액성한계와 소성한계도 파악할 수 있다.

한편 불교란시료는 실험실에서 각종 물리적 역학적 특성을 조사하는 시험에 사용된다. 즉, 흙의 단위체적중량, 함수비, 포화도, 간극비와 같은 물리적 특성을 조사하는 시험과 역학적 시험에 사용된다. 역학적 특성은 일축압축시험, 삼축압축시험, 직접전단시험, 압밀시험으로 조사할 수 있다.

(1) 교란시료 채취

① 표준관입시험용 샘플러로 채취한다.

표준관입시험 시 중심축 속에 샘플러를 넣어 채취한다. 이 샘플러는 반으로 분리되는 원통형 샘플러로 표준관입 시 지중에 관입될 때 중앙 샘플러로 들어가는 토사를 채취하는 것이므로 교란된 상태로 존재한다.

② 오거 시추 시 채취한다.

오거를 지중에 회전·삽입할 때 오거 속으로 들어간 토사를 채취한다. 따라서 굴착을 진행하면서 동시에 일정 깊이 간격 또는 토층이 변하는 깊이에서 시료를 채취할 수 있다. 연약에서 중간 정도의 단단한 점성토지반에 적용할 수 있고 사질토에서는 지하수위 상부지층에서 적용할 수 있다. 오거 시추 시 채취되는 시료는 완전히 부스러진 교란 상태에 있게 된다.

③ 코어 시추 시 채취한다.

일반 시추와 동일한 직경으로 회전압입으로 코어 시료를 채취한다. 이 방법은 미고결 상태의 점토의 경우에서는 1m 길이 이내의 거의 교란된 상태의 시료가 채취된다.

④ 기타 방법

- 오픈관입샘플러, 피스톤이 없는 압입샘플러로 채취한다.
- 피-트샘플러로 이토(peat)시료를 채취한다. 이 샘플러에는 뚜껑이 달려 있거나 피스톤이 달려 있다.
- 블록 시료 채취 : 지표면 부근이나 시험굴 내 등에서 시료를 채취한다(교란시료나 불교란시료 모두 채취 가능하다).

(2) 불교란시료 채취

① 고정 피스톤식 신월샘플러(thin walled sampler)

피스톤을 지상에 고정한 상태에서 시추공 바닥에 밀착시킨 튜브를 정적 힘으로 연속 압입하여 채취한다. 샘플러는 내장한 얇은 두께의 샘플링튜브로 구성되어 있다. 시추공경 직경은 85mm 이상이며 직경이 75mm, 길이 80m 이내의 시료를 채취한다. N값이 0~4 정도인 점성토지반에 적합하다.

② 데니슨식 샘플러

이중관으로 구성된 샘플러로 외관으로 굴삭하면서 내관을 회전시키지 않고 정적으로 연속·압입하여 채취한다. 이때 마찰저항을 경감시키기 위해 외관을 회전시키면서 슬러리 현탁액 시추를 실시한다. 통상 중간에서 경한 정도로 단단한 점성토의 샘플링에 이용된다. 시추공의 직경은 115mm 이하를 원칙으로 하며 채취시료의 크기는 직경이 75mm, 길이 80m 이하로 한다. N값이 4 이상인 중간에서 경한 정도로 단단한 점성토지반에 적합하다.

③ 호일 샘플러

고정 피스톤식 압입형(호일테이프로 마찰 제거)이다. 즉, 샘플러튜브와 채취시료 사이의 마찰을 없애기 위해 샘플러튜브와 채취시료 사이에 얇은 호일테이프를 넣었다. 더욱이 시료의 자중에 의한 압축을 없애기 위해 호일테이프를 매달아 장력을 활용하였다. 연속된 긴 시료의 채취가 가능하도록 하였다. 즉, 채취시료는 직경이 68mm인 연속시료이다. 이에 비해 샘플러 외경은 114mm이므로 샘플러의 압입력이 크기 때문에 일반적으로 N값이 0~3 정도인 연약 점성토지반에 적합하다.

④ 기타 신월샘플러

- 연약점성토용 샘플러로 시추공경 115mm 이상인 샘플러
- 수압식피스톤샘플러(오스터버그샘플러) : 연약점성토용 고정 피스톤식 샘플러의 압입을 수압피스톤으로 수행한다.
- 자유피스톤식 신월샘플러 : 연약점성토용. 교란시료의 경우도 있다.

⑤ 샌드샘플러

각종 샘플러가 고안되어 있으나 기술적 평가는 아직 충분하지 못한 상태이다(모래지반의 교란에 대한 판정이 어려움에 기인하기도 한다).

⑥ 블록 샘플링

지표면 부근이나 시험굴 내 등에서 블록 형태로 시료를 채취한다. 주의깊이 채취하면 가장

확실한 채취방법이다.

3.1.5 실내시험

현장에서 채취한 토질시료는 흙의 물리적 및 역학적 특성을 조사하기 위해 토질역학 실험실로 운반한다. 여기서 이들 토질시험의 목적은 현장토사의 적절한 공학 특성을 결정하는 것이다. 현재 기초 설계에 주로 사용되는 토질 특성을 결정하기 위한 토질실험을 물리적 특성 시험과 역학적 시험으로 구분·설명하면 다음과 같다.[1,4-5]

(1) 물리적 특성 시험

기초지반의 일반적 특성을 규명하기 위해 토질역학실험실로 운반되어온 여러 시료에 통상적인 토질시험이 실시된다. 이들 시험으로부터 다음과 같은 지반정보를 얻을 수 있다. 이들 시험은 저렴하며 양질의 귀중한 지반정보를 제공한다.[1,4]

① 함수비
② 단위체적중량(밀도)
③ Atterberg 한계(소성지수, 액성지수)
④ 입자 크기 및 입도분포
⑤ 비중

이들 물리적 특성시험에 대해서는 제2장 제2.2절에 자세히 설명되어 있다.

(2) 역학적 특성 시험

기초를 설계하기 위해서는 기초지반의 물리적 특성 이외에도 지반의 강도와 변형 특성을 알아야 한다. 이들 시험에 대하여는 수많은 참고문헌이 시중에 존재한다.[1-5] 따라서 그들 참고문헌을 참조할 수 있다, 이들 시험을 개략적으로 설명하면 다음과 같다. 흙의 전단강도에 대해서는 제2장 제2.4절에 자세히 설명되어 있다.

① 전단시험

기초 해석 및 설계는 기초지반의 전단강도 정보에 크게 의존한다. 따라서 현장조사와 토질시험의 주목적 중에 하나는 설계 지반강도 정수를 결정하는 것이다.

여러 가지 실내시험이 기초지반의 전단강도를 측정하는 데 이용된다. 각 시험에는 장단점이 존재한다. 따라서 시험법을 선택할 때는 다음 사항을 포함한 여러 요소들을 고려해야 한다.

- 흙의 종류
- 초기함수비와 포화시의 함수비
- 배수조건(배수 또는 비배수)

• **직접전단시험** : 프랑스 기술자 Alexandre Colin은 처음으로 흙의 전단강도를 측정하였다. 1845년 실시된 이 시험은 현대의 직접전단시험과 유사하다. 이 시험은 20세기 초 반 년 동안은 여러 사람에 의해 시행되었다.

그림 3.3에 도시된 바와 같이 직접전단시험은 먼저 60~75mm 직경의 원통형 공시체에 유효연직응력을 가한다. 그런 후 공시체가 수평전단면에 발달하는 전단응력을 파괴가 발생할 때까지 서서히 증가시킨다.

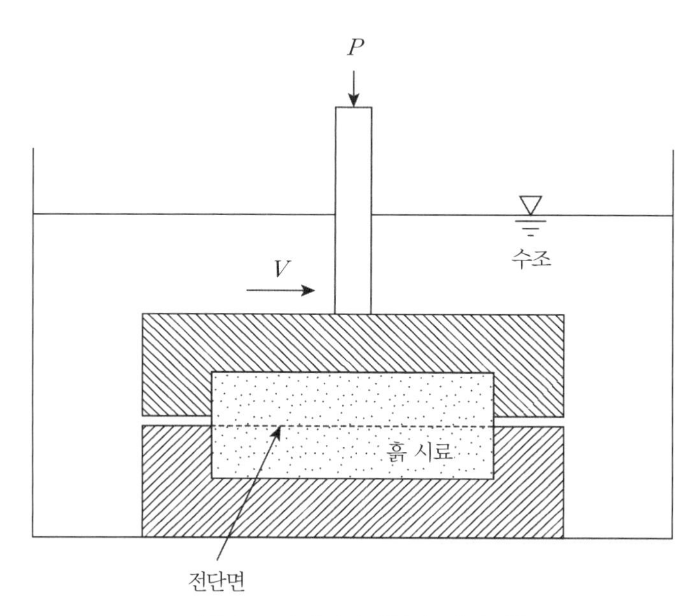

그림 3.3 직접전단시험기 개략도[6]

이 전단시험은 세 세트의 공시체에 각각 다른 연직유효응력을 바꿔 가면서 세 세트의 연직응력과 전단응력을 측정한다. 이들 데이터를 도면에 정리하여 구한 직선의 절편과 기울기로부터 점착력 c와 마찰각 ϕ를 구한다.

직접전단시험은 사질토의 배수강도를 알고자 할 때는 매우 간단하고 저렴하다는 장점을 가지고 있다. 그러나 비배수강도를 측정하려거나 점성토지반의 강도를 측정할 때는 다른 시험을 사용해야 한다.

- **일축압축시험 :** 일축압축시험(KSF 2314)에서는 구속압을 받지 않는 점성토의 긴 원통형 공시체가 사용된다. 비배수 상태를 유지하기 위해 하중은 급속으로 재하한다(예를 들면 파괴시까지 수 분 정도 걸린다). 시험 시작 전에 공시체에 작용하중과 응력은 영인 상태이다. 하중이 증가할 때 공시체 내의 응력이 증가하여 파괴에 이르게 된다. 그림 3.4는 일축압축 상태에 대한 Mohr 응력원 궤적과 파괴 시 공시체 내 발생하는 이상적인 파괴면 형태이다.

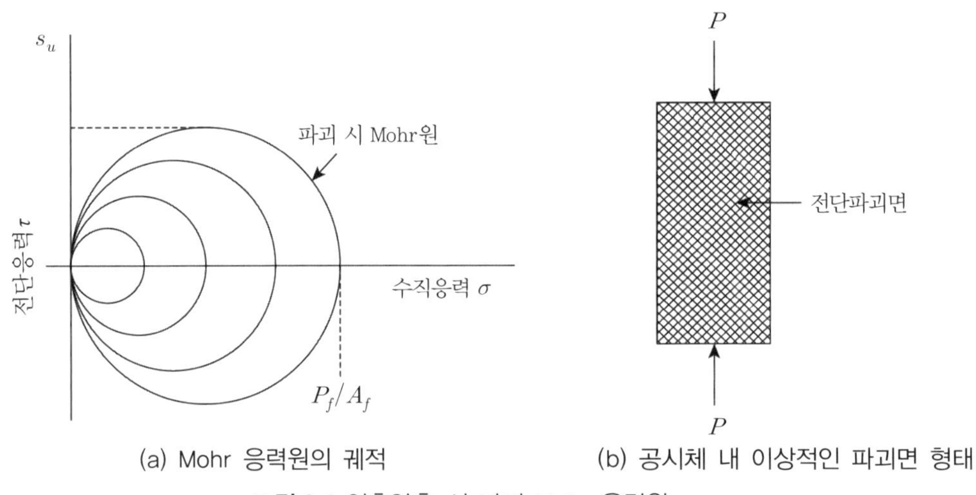

(a) Mohr 응력원의 궤적 (b) 공시체 내 이상적인 파괴면 형태

그림 3.4 일축압축 시 파괴 Mohr 응력원

공시체는 측압이 없는 연직압축 상태에 있게 되고 시험 결과는 일축압축강도로 표현된다. 그림 3.4(b)에 도시된 바와 같이 공시체의 이상적인 파괴는 Rankine이 제시한 지역파괴(zone failure)와 같이 대각선 방향으로 발달한다. 그러나 실제는 공시체의 상하단부에 마찰저항의 발달에 의한 단부 구속 영향으로 선파괴(line failure) 형태로 발생한다. 공시체 내의 파괴 형태에 대하여는 그림 3.6의 삼축압축시험에서 자세히 설명되이 있으므로 보다 더

구체적인 설명은 그곳을 참조하기로 한다.

비배수전단강도 c_u는 파괴 시의 축하중 P_f로부터 식 (3.1)과 같이 결정된다.

$$c_u = \frac{P_f}{2A_f} \tag{3.1}$$

여기서, P_f : 파괴 시 축하중

A_f : 파괴 시 공시체 단면적

일축압축시험은 저렴하고 간단하여 자주 사용된다. 이 시험에서는 파괴면이 직접전단시험에서와 같이 미리 지정되지 않고 연약한 지역이나 면을 따라 발생한다. 수평응력이 영인 관계로(실제 지중에서는 영이 아님) 통상적으로 일축압축강도는 보수적(낮다)인 경향이 있다. 할렬(fissur)이 많은 점토에서는 대형 공시체를 사용하지 않는 한 일축압축강도가 잘못 측정될 수 있다. 왜냐하면 작은 공시체 내에서의 할렬은 실제 현장에서의 상태를 대표할 수는 없기 때문이다.

- **삼축압축시험** : 삼축압축시험은 일축압축시험의 연장이라 할 수 있다. 원통형 공시체를 압력이 가해진 챔버 속에 안치한다. 챔버 속의 압력은 그림 3.5에서 보는 바와 같이 측압(lateral stress)이 된다. 삼축압축시험에서는 배수강도와 비배수강도를 모두 측정할 수 있다. 이 시험은 통상적으로 공시체를 조성하는 압밀단계와 압밀 완료 후의 전단단계의 두 단계로 수행한다. 따라서 이 두 단계에서의 배수 상태에 따라 시험을 다음과 같이 세 가지로 구분할 수 있다.

  - **비압밀-비배수시험(UU 시험) : 급속시험 또는 Q 시험이라고도 한다.**
    수평응력과 연직응력을 공시체에 가한다. 여기서 연직응력은 현 위치 지중에 존재하는 연직응력과 동일하게 작용시킨다. 압밀을 허용하지 않는 상태에서 계속하여 비배수 상태로 전단시험을 계속한다. 따라서 시험 결과는 비배수전단강도 c_u로 표현한다.
  - **압밀-배수시험(CD 시험) : 완속시험 또는 S 시험이라고도 한다.**
    우선 수평응력과 연직응력(보통 현 위치에 존재하던 연직응력과 같거나 크게)을 가한다.

그런 후 압밀이 완료될 때까지 기다린다. 압밀단계에서의 압밀방법으로는 두 가지 방법이 있다. 하나는 등방압밀이고 다른 하나는 이방압밀이다.

등방압밀은 수평응력을 연직응력과 동일하게 가하는 방법으로 비교적 간단하여 대부분의 시험에서는 이런 등방압밀 방법이 적용되고 있다. 그러나 실제 현 위치에서의 흙요소는 등방압을 받고 있지 않으며 이방압(정확히는 K_0압) 상태에 있다. 따라서 등방압밀은 현 위치에서의 압밀 특성과는 일치하지 않는 모순이 있다.

이에 비하여 K_0압을 받는 이방압밀은 그 시험과정이 다소 복잡하다. K_0압밀에서는 공시체의 수평변형이 발생하지 않고 연직변형만 발생하도록 압밀이 수행되어야 한다. 그러기 위해서는 연직하중에 K_0를 곱한 값의 수평하중에 해당하는 셀압(측압)을 조절하여 작용시키면서 압밀을 수행해야 한다.

압밀이 완료된 이후에 배수 상태로 전단시험을 실시한다. 전단단계에서도 간극수압이 발생하지 않도록 천천히 전단을 진행하므로 완속시험 또는 S 시험이라 부른다. 새로운 공시체에 구속압을 바꿔가면서 세 번의 시험을 실시하여 파괴 시의 수평응력과 연직응력으

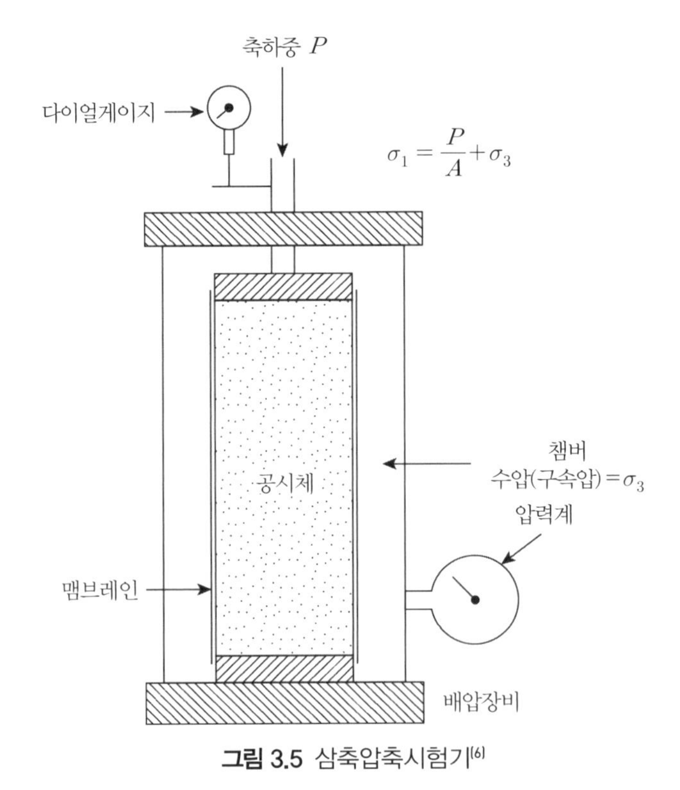

그림 3.5 삼축압축시험기[6]

로 배수 시의 강도정수 c와 ϕ를 구한다.

- **압밀 – 비배수시험(CU 시험) : 빠른시험 또는 R시험이라고도 한다.**

  압밀과정은 CD 시험과 전적으로 동일하다. 따라서 압밀과정에서는 CD 시험과 동일하게 압밀이 종료될 때까지 기다린다. 그러나 압밀이 종료된 후 전단과정에서는 배수벨브를 잠그고 비배수 상태하에서 신속히 전단시험을 진행한다. CD 시험에서와 동일하게 새로운 공시체에 구속압을 바꿔가면서 세 번의 시험을 실시한다. 결국 압밀과정에서의 압밀응력이 세 번 모두 다르므로 각기 다른 압밀응력으로 압밀된 시료의 비배수전단강도를 측정하는 셈이다.

  시험 결과는 비배수전단강도 c_u로 표현할 수 있다. 그러나 시험기간 중에 간극수압을 측정하므로 유효응력을 계산하여 배수 상태의 강도정수 c'와 ϕ'도 구할 수 있다.

축대칭 원통형 공시체용 삼축시험기에는 배수 및 간극수압 측정을 목적으로 공시체 상하면에 다공석(porous stone)을 사용한다. 이런 조건에서 공시체가 변형할 때 공시체 상하면에서는 공시체와 다공석 사이에 마찰저항이 발달한다. 이 마찰저항으로 인하여 단부에 전단응력이 발생하여 변형이 억제된다. 이로 인하여 공시체는 가운데가 불룩한 형태로 변형된다(Lee, 1978).[13] 이는 결국 응력, 변형 및 간극수압이 공시체 내부에 불균일하게 되는 원인이 되며 흙의 전단강도 및 응력–변형률 거동에 큰 영향을 미치게 된다.[7,10,13,18] 전단시험 결과에 이 단부구속마찰의 영향을 최소화시키기 위하여 현재 공시체 높이와 직경의 비를 2~2.5로 하여 사용하고 있다. 그러나 Lade(1982)는 공시체의 높이를 공시체 직경 d의 $\tan(45° + \phi/2)$배 이상 높게 하면 공시체는 그림 3.6(a)에서 보는 바와 같이 항상 단일 선파괴(line failure) 형태로 파괴된다고 하였다.[12] 이는 파괴선 부근의 흙에는 응력이 강도에 도달하였으나 파괴선 부근 이외의 흙에는 응력이 아직 강도에까지 도달하지 않았음을 의미한다. 결국 이는 응력과 변형률이 공시체의 각 부분에 균일하게 발생되어 않지 않음을 의미한다.

삼축시험을 요소(element)시험으로 하기 위해서는 다시 말하여 삼축시험용 공시체를 하나의 흙요소로 생각하여 그 특성을 살피려면 Rankine 파괴선군과 같은 파괴 형태가 요소 전체에 걸쳐 균일하게 발생하는 그림 3.6(b)의 지역파괴(zone failure) 형태로 파괴됨이 이상적일 것이다. 이러한 파괴 형태를 발생시키기 위해서는 공시체 속의 응력, 변형률 및 간극수압이 전 부분에 걸쳐 균일하게 발생되도록 주의를 기울여야 할 것이다. 이를 위해서는 공시체의 높이를 $d\tan(45° + \phi/2)$보다 작게 함과 동시에 공시체 상하면에 윤활유(lubricated

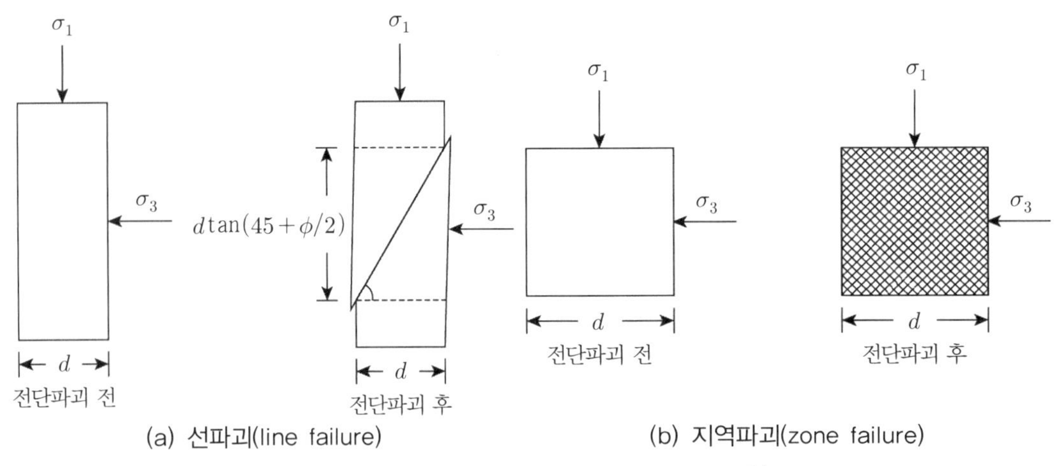

그림 3.6 삼축압축시험용 공시체의 파괴 형태[2]

end)를 발라 단부의 마찰저항(단부구속력)을 제거시켜주어야만 할 것이다.

② 압밀시험

점성토를 교란되지 않은 상태로 채취하면 그 점성토의 압축성을 구할 수 있다. 압밀시험(consolidation tests, KSF 2316)은 oedometer tests로도 알려져 있다. Karl Terzaghi는 1920년대에 압밀시험의 아이디어를 고안하였다. 이것이 1930년대에 압밀시험기로 알려진 최초의 시험기이고 압밀의 역사가 되었다. 흙의 압축성에 대해서는 제2장 제2.5절에 자세히 설명하였다.

그림 3.7에 도시된 압밀시험기에는 측 방향(수평 방향)이 구속된 상태에서 상하부의 다공석(porous stone) 사이에 원통형 공시체가 설치되어 있다. 이 공시체에는 연직 방향으로 하중이 가해지고 연직변형량을 측정한다. 따라서 이 압밀시험을 1차원 압밀시험이라 부른다.

이 시험에서는 여러 연직하중을 가하면서 시험을 수행한다. 각 하중단계에서 연직변형량을 측정한다. 시험 결과는 간극비와 유효응력(대수눈금)의 관계 또는 연직변형률과 유효응력(대수눈금)의 관계로 정리한다.

압밀시험은 시료의 교란 정도에 매우 예민하므로 양질의 시료에 대해서만 수행해야 한다. 이 시험은 포화 점토나 실트 시료에만 가능하다. 깨끗한 모래의 압축성은 원위치시험으로 측정하는 것이 좋다.

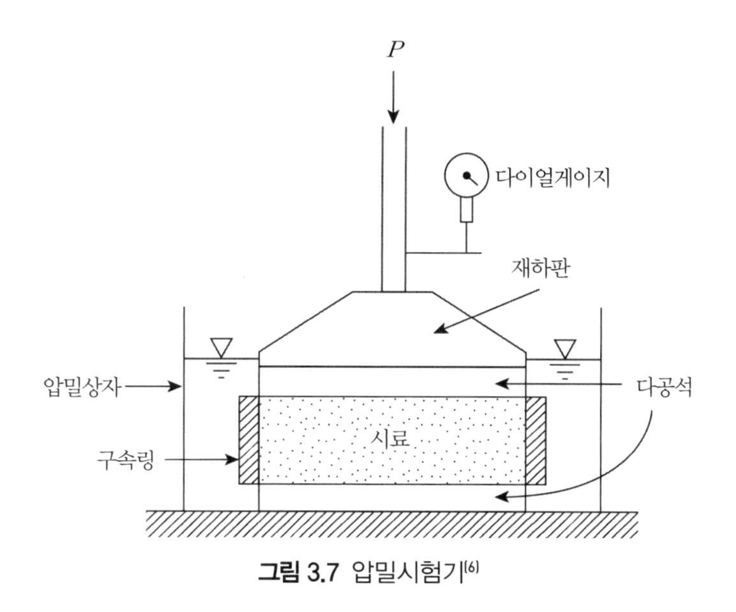

그림 3.7 압밀시험기[6]

3.2 원위치시험

현위치시험이란 현장에서의 제반 특성을 직접 조사한 여러 종류의 현장시험을 의미한다. 이 현위치시험은 현장에서 채취한 시료를 대상으로 실시한 각종 실내시험과는 대비되는 시험이다.

이 원위치시험으로는 물리 탐사나 사운딩시험, 재하시험, CBR 또는 지하수조사(현장투수시험, 양수시험, 지하수검층 등), 현장모형실험 등을 열거할 수 있다. 그중에서 사운딩시험(로드나 콘 등을 지중에 직접 관입, 회전, 인발하여 각각의 저항으로 지층의 성층상이나 깊이를 조사하는 시험)과 각종 재하시험(공 내나 지상에서 하중을 직접 재하하는 시험)이 가장 많이 사용되고 있다.

특히 표준관입시험법은 적용 토질의 범위가 넓고 시험방법도 간편하기 때문에 현재 가장 많이 보급 사용되는 현위치시험법이다. 그러나 표준관입시험은 정적 콘관입시험 등과 달리 타격회수로 지반의 특성을 구하기 때문에 측정파라미터의 정도가 떨어진다. 특히 연약지반에서는 타격회수에 의한 판단이 부정확하다.

그 밖에 원위치시험 중 연약점성토지반에 적용되는 베인전단시험은 실내토질시험에서 구하는 비배수전단강도와 유사한 측정 파라미터인 점착력 c(현재의 응력 상태에서)를 구하는 시험이다. 그리고 평판재하시험은 얕은기초의 모형실험처럼 주어진 시험조건에서의 지지력

표 3.3 원위치시험법

측정 목적			현위치시험법
관입저항	동적관입	튜브의 동적관입	표준관입시험(SPT)
		콘의 동적관입	동적 원추관입시험
	정적관입	콘의 정적관입	더치콘 포터블콘 스웨덴식 사운딩
지지력	재하시험	지표면 부근에서 재하	평판재하시험(30cm 사각형 재하판 및 원형 재하판) 현장 CBR 시험
		천공홀 바닥에서 재하	심층재하시험 (9cm 원형 재하판)
저항력	날개저항력	날개 회전저항력	베인 시험
		날개 인발저항력	이스키 메터
보링공벽의 강도 특성		고무튜브 팽창저항	프레셔 미터, LLT
		플래터 저항	KKT
지반밀도		현장밀도 측정	치환법(모래, 물)
		밀도 검층	방사능 검층
지하수(간극수)		투수성	양수시험 현장투수시험
		간극수압	각극수압 측정
		수질	수질시험
기타		강말뚝 부식성	로젠쿠이스트법
		진동 측정	상시진동 측정 진동, 소음 공해 측정
		동태 관측	침하계 경사계 변형률계 토압계

을 직접 구할 수는 있으나 지반의 점착력이나 내부마찰각을 직접 구할 수 있는 시험은 아니다.

원위치시험은 현장의 상태, 즉 제반조건에 맞는 특성을 직접 측정할 수 있다는 점을 장점으로 하고 있다. 즉, 현위치시험은 조사한 시점에서의 응력 상태(토피압, 수평압력, 간극수압 등)하에서의 변형 특성이나 강도 특성을 구하기 때문에 건설공사에 따른 응력 상태가 변하면 이들 특성치도 변하는 것이 통례이다. 따라서 원위치시험으로 구한 값을 설계에 적용할 경우에는 이와 같은 응력 상태의 변화에 대해서도 고려해야 한다.

또한 실내토질시험에서는 비배수전단이나 배수전단과 같이 이상적인 배수조건하에서 지반

정수를 구할 수 있어도 원위치시험에서는 그와 같은 배수콘트롤이 곤란하다.

현재 사용되고 있는 주요 현위치시험(현장계측 포함)을 측정목적별로 분류하면 표 3.3과 같다.

3.2.1 지하수위조사

지하수위조사에는 두 가지 목적이 있다. 첫 번째 목적은 지하수위와 수압을 조사하는 것이고 또 하나의 목적은 지반의 투수계수를 조사하는 것이다. 전자에서는 지하수면의 위치와 계절적 변화뿐만 아니라 떠 있는 물(perched water), 대수층(aquifers) 및 피압대(artesian pressures)의 존재 여부도 조사한다. 한편 후자의 경우에서는 댐의 누수, 우물기능, 지하수위 저하 등에 연관된 지반의 침투성을 파악하기 위해 지반과 암반의 투수계수를 조사한다. 수위와 수압은 기존 우물, 보링홀, 특수관측정 등에서 측정할 수 있으며 투수계수는 침투시험, 압력시험, 양수시험으로 구할 수 있다.

지하수위는 매우 중요한 정보이다. 특히 지하수위가 지표면 부근에 존재할 때 더욱 중요하다. 만약 지하수위가 후팅기초 내나 부근에 존재할 경우 지반의 지지력은 감소할 수 있다.

또한 지하수위는 한 위치에 고정되어 있지 않고 계절적으로 우기와 건기에 반복하여 위아래로 변동한다. 이러한 지하수위의 변동은 기초의 안정성을 상당히 감소시킨다. 극단적인 경우 구조물이 뜨는 경우도 발생한다. 결국 기초 설계나 시공법은 지하수위에 영향을 크게 받게 된다. 지하수위는 또한 유해 폐기물이나 생활폐기물 위치에 존재할 경우 지하수를 오염시킬 수 있으므로 적극 피하도록 해야 한다.

지하수위는 부근에 우물이 있을 경우 우물물의 수위에 영향을 받는다. 지하수위는 통상적으로 보링홀로부터 조사될 수 있다. 또한 우물 속 수위로도 지하수위를 조사할 수 있다. 부근 지반이 투수성 지반으로 구성되어 있으면 보링홀 내 수위는 짧은 시기 내에 안정적이 된다. 그러나 만약 지반이 불투수성 지반으로 구성되어 있으면 수위회복에 시간이 많이 걸릴 것이다.

지하수위가 보링홀 내에서 상승 안정하려면 최소 24시간이 걸린다. 따라서 지반조사 시 안전 목적으로 보링홀은 뚜껑을 덮어 놓는다. 또한 지하수위를 조사하고 난 후 보링홀은 사람이나 동물들의 피해를 피하기 위해 메워야 한다.

지중의 수위는 지반의 투수성과 밀접한 연관이 있다. 따라서 구성지반에 대한 투수계수를 조사할 필요가 있다. 통상적으로 흙의 투수계수는 실내에서 정수두시험이나 변수두시험으로 구한다. 그러나 이들 실내시험은 흙시료를 현장에서 실험실로 옮겨 실시하므로 현장에서의 투수계수를 그대로 나타내고 있다고 하기에는 부족하다.

따라서 현장에서의 지반 그대로의 상태에 대한 투수성을 조사하기 위해서는 보링홀 내의 침투시험(seepage tests)을 실시한다. 이 시험은 모래 또는 자갈 지반 또는 시료 채취가 어려운 지반에 적합하다. 이 시험에는 보링홀 내 수위를 하강시키는 방법(양수시험), 상승시키는 방법, 일정하게 유지시키는 방법의 세 가지가 있다. 보통 양수시험이 많이 실시되고 있다. 이 양수시험에 대하여는 제2.3.3절에서 자세히 설명하였으므로 그곳을 참조하기로 한다.

3.2.2 표준관입시험

표준관입시험(SPT : Standard Penetration Test)은 1920년대 말 개발되었으며 현재 현위치시험 중 가장 많이 사용되는 시험이다. 이 시험은 건설실무에 매우 적합하게 개발되었으며 현장 적용 실적이 많은 장점이 있다. 그러나 불행하게도 정밀도와 재현성과 같은 여러 가지 문제에 봉착해 있다. 따라서 대형 프로젝트나 중요한 프로젝트에 적용하기는 조심스러운 점이 있다. 미국의 표준규격인 ASTM D-1586에 처음으로 규정된 표준관입시험의 개략적인 시험 방법은 다음과 같다. 한국공업규격(KS)에서도 KS F 2318로 규정하고 있으나 사용 단위 이외 기본 원리 및 제반 사항은 ASTM D-1586과 동일하다.

① 직경 60~200mm의 보링홀을 소정의 깊이까지 천공한다.
② 스플릿 스푼 샘플러(split-spoon sampler)로 알려진 SPT 샘플러를 중앙로드에 연결하여 보링홀 내 바닥까지 삽입한다. 이 샘플러의 대표적인 형상과 크기는 그림 3.8과 같다. 중앙로드는 철봉 형태이며 63.5kg의 해머에 연결되어 있다.
③ 철재로프와 도르래를 사용한 수동식 또는 전동식을 사용하여 63.5kg의 해머를 30인치(760mm) 높이로 들어 올렸다가 낙하시켜 샘플러를 타격한다. 이 낙하타격에너지로 샘플러는 보링홀 바닥에서 아래로 관입된다. 해머를 들어 올렸다 낙하 타격하는 작업을 샘플러가 18인치(450mm) 깊이로 관입될 때까지 작업을 계속한다. 이때 매 6인치(150mm) 관입될 때마다 해머의 타격회수를 기록한다. 만약 어느 단계에서든 타격횟수가 50이 넘어가거나 전체 타격회수가 100이 넘어가면 시험을 멈춘다. 이런 경우를 작업불능이라 하고 보링로그에 이 사실을 기록해둔다.

④ 마지막 두 번의 6인치, 즉 12인치(300mm) 관입 시의 타격횟수를 N값이라 한다. 처음 6인치(150mm) 관입 시 타격횟수는 참고치로 보존하고 N값 산정에는 사용하지 않는다. 왜냐하면 이 부분은 천공작업 시 교란의 영향을 많이 받았을 것으로 예상되는 부분이기 때문에 사용하지 않는다.

⑤ SPT 샘플러를 들어 올리고 스플릿 스푼 샘플러 속의 시료를 채취한다.

⑥ 다음 조사 깊이까지 천공을 계속하여 ②에서 ⑥까지의 과정을 반복한다.

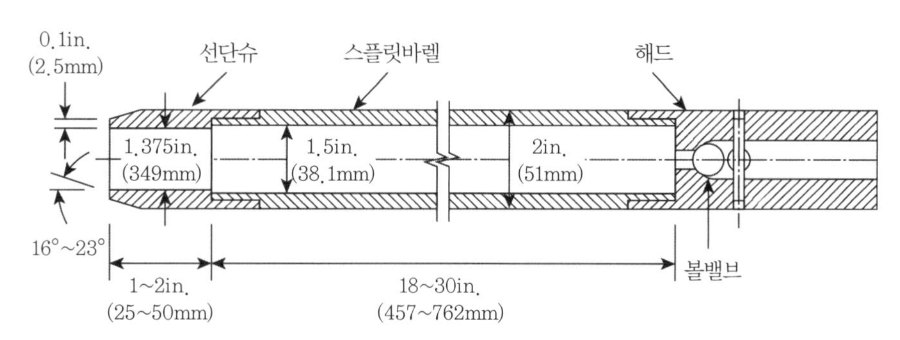

그림 3.8 SPT 샘플러의 대표적인 형상과 크기[6]

3.2.3 콘관입시험

콘관입시험(CPT : cone penetration test)은 표준관입시험과 다른 또 하나의 보편적 현위치시험이다. 이 시험법은 1930년대와 1950년대 서유럽에서 개발된 시험법이다. 여러 가지 형태가 사용되어오고 있지만 현재는 네덜란드에서 사용된 더치콘(Duch Cone)이 표준화되어 있다. CPT는 유럽에서 많이 활용되었고 현재도 북유럽 등지에서 많이 활용되고 있다.

현재 사용되는 콘은 그림 3.9에서 보는 바와 같이 수동식콘(mechanical cone)과 전동식콘(electric cone)의 두 가지 형태가 있다. 두 형태 모두 원통형의 선단 콘 부분과 원통축의 두 부분으로 구성되어 있다. 원통 선단 콘은 60° 각도의 35.7mm 직경의 콘이고 원통축은 직경이 35.7mm이고 길이가 133.7mm이다.

수압 램으로 이 콘을 지중에 압입하면서 관입저항력을 측정한다. 관입저항력 q_c는 선단콘 부분의 저항력과 원통축의 마찰력의 합력에 해당한다. 여기서 선단 콘부분의 저항력은 콘의 투영면적($10cm^2$)으로 나눈 값에 작용하는 힘이고 측면마찰력 f_{sc}는 원통축의 표면적($150cm^2$)으로 나눈 값이다. 보통 측면마찰은 마찰률 $R_f(=f_{sc}/q_c \times 100\%)$로 표현한다.

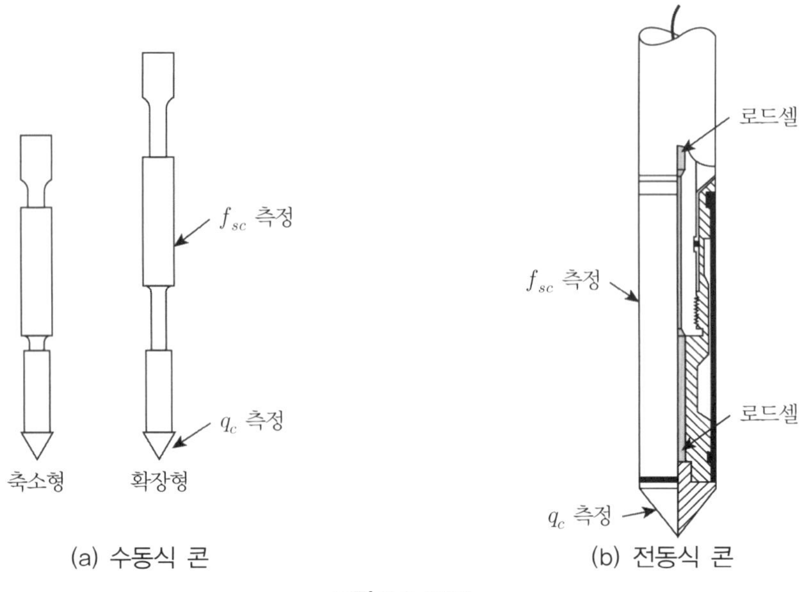

(a) 수동식 콘 (b) 전동식 콘

그림 3.9 CPT

수동식 콘은 20cm 간격으로 q_c와 f_{sc}를 수동으로 측정하는 데 비해 전동식 콘은 내장된 스트레인 게이지로 q_c와 f_{sc}를 연속적으로 측정한다. 두 방식 모두 측정 결과를 깊이별로 정리할 수 있다. 이 점에서 CPT는 SPT보다 지반정보를 많이 얻을 수 있다.

그러나 CPT는 다음과 같은 단점도 가지고 있다.

① 시료 채취가 불가능하다.
② 자갈 또는 자갈질 지반에서의 시험은 신뢰도가 떨어진다.
③ 관입비용은 보링비용보다 작더라도 매번 CPT시험용 특수장치로 바꿔야 한다.

3.2.4 베인전단시험

매우 연약하거나 중간 정도의 강도를 가지는 점성토의 비배수전단강도는 베인전단시험(vane shear test)으로 구할 수 있다. 베인은 보통 4개의 날개로 구성되어 있으며 중앙 회전축에 연결되어 있다.

스웨덴 기술자 John Olsson은 1920년대에 예민한 스칸디나비아 해성점토에 대한 시험에서 베인전단시험을 처음 개발·사용하였다. 베인전단시험은 제2차 세계대전 이후 폭발적으로 사용되었으며 현재는 전 세계에서 널리 사용되고 있다.

이 시험(KS F 2342, ASTM D2573)은 그림 3.10에 개략적으로 도시된 바와 같이 지반 특히 연약지반에 베인 날개를 삽입하고 일정 속도로 회전하도록 회전력(torque) T를 중심축에 작용시키는 시험법이다.

비배수전단강도 c_u를 파괴 시 측정한 회전력 T로부터 산정한다. 베인은 보링홀 바닥에서 단순히 베인날개를 깊게 삽입하는 것만으로 지반(특히 연약한 지반)의 비배수전단강도를 측정할 수 있다. 그러나 베인날개는 지반을 가능한 적게 교란시키기 위해 얇게 제작해야 하므로 연약 내지 중간 정도 강도의 점토지반에서만 사용이 가능하다.

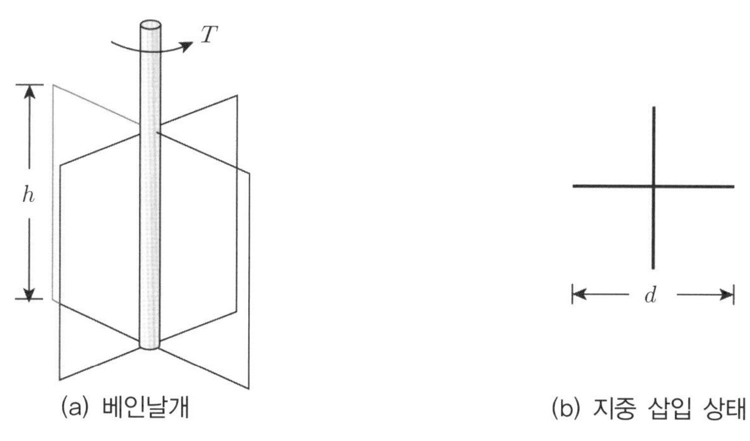

(a) 베인날개 (b) 지중 삽입 상태

그림 3.10 베인시험 개략도

회전력 T를 베인날개 주변 지반에 파괴가 일어나는 최대회전력이라고 하면 이 회전력으로 인하여 지중에 원통형 파괴면이 형성된다. 지반파괴 시 회전력 T는 원통 파괴면에 발달하는 전단력에 의한 저항모멘트와 평형을 이루게 된다. 원통 파괴면에 발달하는 전단력은 원통 파괴면의 측면과 상하부 양 끝단에서의 전단력으로 구분하여 취급할 수 있다.

우선 원통 파괴면의 측면에서의 전단력(πdhc_u)에 의한 저항모멘트(M_s)는 이 전단력에 원통 파괴면에서 중심축까지의 거리($d/2$)를 곱하여 간단하게 구할 수 있다.

그러나 원통 파괴면 상하부 양 끝단에서의 전단력은 원통 파괴면 위치에서 중심축 사이의 전단력 분포에 따라 달라진다. Das(2003)는 이 분포를 삼각형, 사각형, 포물선형인 세 경우에 대하여 검토하였다.[1] 이들 두 종류의 전단력을 고려하였을 경우 회전력 T와 저항모멘트 M 사이의 평형조건으로부터 식 (3.2)가 구해진다.

$$T = \pi c_u \left[\frac{d^2 h}{2} + \beta \frac{d^3}{4} \right] \tag{3.2}$$

식 (3.2)로부터 비배수전단강도 c_u를 식 (3.3)과 같이 구할 수 있다.

$$c_u = \frac{T}{\pi \left[\frac{d^2 h}{2} + \beta \frac{d^3}{4} \right]} \tag{3.3}$$

여기서, c_u : 원통 파괴면에 발달하는 비배수전단강도

T : 파괴 시 중심축 최대회전력

d : 베인날개의 직경

h : 베인날개의 높이

β=1/2 원통파괴면 상하부 양 끝단에서 비배수전단강도의 분포가 삼각형인 경우

2/3 원통파괴면 상하부 양 끝단에서 비배수전단강도의 분포가 사각형인 경우

3/5 원통파괴면 상하부 양 끝단에서 비배수전단강도의 분포가 포물선형인 경우

Chandler(1988)는 날개의 높이(h)와 직경(d)의 비가 2:1인 베인날개를 중간 정도의 소성지반에 사용한 경우 비배수전단강도는 간략하게 식 (3.4)로 산정하였다.[9]

$$c_u = \frac{0.86\,T}{\pi d^3} \tag{3.4}$$

3.2.5 프레셔미터 시험

프레셔미터 시험(PMT : Pressuremeter test)은 프랑스 기술자 Louis Menard에 의해 1954년에 개발되었다. 이 시험은 원통형 고무 멤브레인을 지중에 삽입하여 부풀리면서 원위치 응력, 압축 특성, 강도 특성 및 기초거동을 조사할 수 있는 시험법이다.

프레셔미터 시험의 기본 원리는 지중 원통형 공동을 확장시킬 때 가하는 균일압력은 대상지반의 압축 특성뿐만 아니라 극한압력과도 연관이 있다는 데 있다. 이 극한압력은 측압에 의해 공동지반에 완전한 전단파괴를 발생시킬 수 있다. 따라서 이 시험에서는 보링홀 지반에 가

하는 압력과 지반변형량을 측정한다.

이 시험에서는 먼저 조사위치 지반에 보링홀을 조사대상 깊이까지 그림 3.11에서 보는 바와 같이 천공한다. 그런 후 PMT 탐사봉을 보링홀 내에 원하는 심도에 삽입하여 보링홀에 밀착시킨 후 탐사봉 내 셀 멤브레인에 압력을 가하여 탐사봉을 팽창시킨다. 이때 탐사봉에 가한 압력(p)과 체적변형량(ΔV)을 측정하여 기록한다. 이 시험 결과는 p에 대한 ΔV의 그림으로 정리한다.

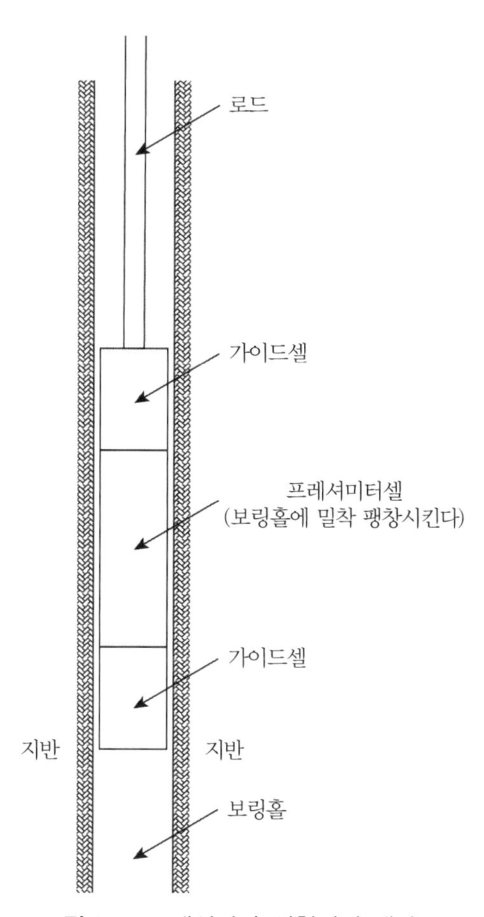

그림 3.11 프레셔미터 시험기의 개략도

이 시험의 궁극적인 목적은 극한 전단파괴 시까지의 현장 응력-변형률 관계를 조사하는 것이다. 이 시험의 메커니즘은 Coulomb 전단파괴론과 동일하다. 따라서 완전소성 전단파괴 모델에 적용되는 변형 특성과 측방토압계수를 구할 수 있다.

식 (3.5)는 프레셔미터계수(pressure modulus) dp/dV를 탄성계수 E와 연계시킨 관계식이다.

$$E = 2(1+\nu)(V_o + V_m)\frac{dp}{dV} \tag{3.5}$$

여기서, E : 지반의 탄성계수

ν : $2D$ 탄성변형지반의 포아송비

V_o : 탐사봉 내 셀 멤브레인의 초기체적(통상 535cm^2)

V_m : 탐사봉 내 셀 멤브레인의 팽창체적

dp/dV : 프레셔미터계수(pressure modulus)

(체적 V와 압력 p 곡선의 직선부 기울기)

한편 지반의 전단강도는 프레셔미터 멤브레인이 보링홀의 측면에 완벽하게 밀착했을 때의 측압 p_h로 근사적으로 구할 수 있다. 이런 상태에서 정지토압계수 K_0는 식 (3.6)과 같다.

$$K_0 = \frac{p_h}{\sigma_v{}'} \tag{3.6}$$

여기서, K_0 : 정지토압계수

p_h : 보링홀 내 측압

$\sigma_v{}'$: 보링홀 내 측정 위치에서의 연직 상재압

프레셔미터 시험은 보링홀에 삽입하여 시험을 수행할 수 있으나 이 시험기에 소형 오거를 장착하여 자체 천공을 하면서 시험을 수행하는 프레셔미터도 있다. 이런 시험기는 멤브레인과 보링홀 사이의 밀착도를 향상시킬 수 있으며 지반을 덜 교란시키는 장점이 있다.

또한 이 시험은 SPT나 CPT보다 지반의 압축 특성과 측압을 직접 측정할 수 있는 장점이 있다. 따라서 이론적으로 이 시험은 침하해석이나 말뚝지지력 해석에 더 유리하게 활용할 수 있다. 그러나 장비의 이용도와 숙련도에 큰 제약을 받는다.

3.2.6 딜라토미터 시험

딜라토미터 시험(DMT : dialtometer)은 1970년대 후반 이탈리아의 Silvano Marchetti에 의해 개발된 새로운 시험이다. 이 시험은 평면 딜라토미터 또는 마체티 딜라토미터라고도 알려져 있다. 폭 95mm, 두께 15mm의 금속날로 구성되어 있다. 한쪽에 얇고 평평한 원형 팽창성 철제 멤브레인이 달려 있다. 그러나 Mullins(2006)이 사용한 시험기는 60mm의 얇은 고강도의 팽창 가능 원형 철제 멤브레인(0.2mm 두께)이 한 면의 중앙에 주걱모양의 스테인레스 철판의 계측기가 매달린 개량형 DMT였다.[16]

멤브레인에 연결된 튜브를 통해 질소가스를 주입하면 멤브레인이 팽창한다. 금속날 끝은 지중에 관입하기 용이하게 날카롭게 만들었으며 사용 전에 팽창압에 대한 켈리브레이션을 해야 한다.

이 시험은 원통 공동을 팽창시키기 위해 사용하는 팽창멤브레인 대신 기초 설계 정수를 측정하는 프레셔미터 시험의 대안으로 개발되었다. 이 시험에서는 프레서미터와 달리, 소정의 깊이에서 연직판에 주입한 가스압으로 시험지반의 측방변형을 측정한다. DMT는 프레셔미터보다 활용도가 크다. 예를 들면 지반의 변형계수 이외에 지반 형태, 전단강도, 간극수압, OCR, K_0, 압밀계수 C_v와 같은 여러 지반정수를 DMT 측정치와의 상관성으로부터 추정할 수 있다. 그 밖에도 원위치 주상도, 압축성, 응력이력과 같은 많은 정보를 DMT로부터 얻을 수 있다. 그러나 SPT와 같은 시료는 채취할 수 없다.

이 시험은 다음과 같은 순서로 수행한다.

① 딜라토미터를 콘관입시험(CPT) 장비나 유사한 도구를 사용하여 지표면이나 지반 속 원하는 깊이에서 지중에 압입한다.

② 멤브레인이 부풀어 오르도록 질소가스압을 딜라토미터에 넣는다. 이로 인하여 멤브레인 중앙부가 0.05mm 지반 속에서 부풀어 오를 때 압력(p_1압)을 기록하고 1.10mm 부풀어 오를 때 압력(p_2압)을 기록한다.

③ 멤브레인의 팽창압을 제거하여 멤브레인이 원위치에 돌아오도록 한다.

④ 딜라토미터의 금속날을 지중에 압입하기 전에 간극수압(u)과 유효연직응력(p_0')을 산정한다.

④ 딜라토미터를 150mm에서 300mm 더 깊이 넣어 시험을 반복한다. 이 작업을 원하는 위

치에 도달할 때까지 반복한다.

매 단계 시험과정은 일반적으로 1~2분 걸리므로 지표면에서 소요심도까지의 일련의 DMT 시험을 완료하는 전체 사운딩에 소요되는 시험시간은 2시간 정도 걸린다. 반면에 CPT 사운딩 시험은 30분 정도 걸린다.

DMT의 가장 큰 장점은 측방응력과 지반의 압축 특성을 측정할 수 있는 점이다. 이들은 앞에서 설명한 p_1, p_2, p_0', u로 결정되는 DMT 지수 I_D, K_D 및 E_D를 식 (3.7)~식 (3.9)와 같이 산정한다.

$$I_D = \frac{p_2 - p_1}{p_2 - u} \tag{3.7}$$

$$K_D = \frac{p_1 - u}{p_0{}'} \tag{3.8}$$

$$E_D = 34.7(p_2 - p_1) \tag{3.9}$$

여기서, I_D : 재료지수(정규화된 계수)

K_D : 수평응력지수(정규화된 측방응력)

E_D : 딜라토미터계수(이론 탄성계수)

재료지수 I_D와 딜라토미터계수 E_D는 지반 형태를 판단하는 데 활용할 수 있고 E_D와 포아슨비 ν는 식 (3.10)과 같이 탄성계수 산정에 활용할 수 있다.

$$E_D = \frac{E_s}{1-\nu^2} \tag{3.10}$$

한편 수평응력지수 K_D는 식 (3.11)에서와 같이 원위치 정지토압계수 K_0 산정에 활용할 수 있다.

$$K_0 = \left(\frac{K_D}{1.5}\right)^{0.47} - 0.6 \tag{3.11}$$

이와 같이 DMT 시험에 의해 제공되는 DMT 지수 I_D, K_D 및 E_D는 다음과 같은 토질공학 분야에서 광범위하게 활용되고 있다.

① 토질 분류
② 토압계수
③ 과압밀비
④ 탄성계수 또는 체적계수

CPT나 DMT는 어디까지나 보조시험이다. 콘시험은 강도를 평가하는 데 유익한 시험이고 딜라토미터 시험은 압축성과 원위치응력을 조사하는 데 유익한 시험이다. 그러나 이들 세 정보는 기초공학해석에 기본 사항이다. 더욱이 딜라토미터 탐침 날은 통상적인 CPT 장비를 사용하면 용이하게 지중에 압입할 수 있다.

딜라토미터 시험은 비교적 새로운 시험법이다. 따라서 아직 적극적으로 활용되지는 않고 있다. 사용한 실적도 부족하다. 그러나 비교적 저렴한 비용과 광범위한 적용성으로 금후에 사용 빈도가 늘어 날 것이다.

3.2.7 기타 최근 시험법

(1) 보링홀 전단시험[16]

세립~중간 입자지반에서 전단강도 정수를 현장에서 직접 측정할 때 보링홀 전단시험(BST : Borehole Shear Test)이 적용된다. 이 시험은 자유배수조건하의 실내직접전단시험 또는 단순전단시험과 유사한 시험이다.

BST는 팽창이 가능한 전단기구를 보링홀 내에 소정의 깊이까지 넣어 팽창시켜 전단기구를 보링홀의 공벽에 밀착시킨다. 압밀시 공벽에 수직인 응력, 즉 측방압력을 가한 상태에서 전단기구를 잡아당겨 전단이 천공벽에서 발생하도록 한다. 전단력을 서서히 증가시켜 천공벽면에서 지반전단파괴가 발생하도록 한다. 일련의 수직응력에 대한 시험 결과로부터 파괴 시 전단응력과 수직응력을 연계하여 Mohr-Coulomb 파괴포락선을 그린다. 이 파괴포락선으로부터 점착력과 마찰각을 구한다.

이 시험의 장점은 다음과 같다.

① 교란지반을 미리 제외시키고 원위치 측정이 가능하다.
② 점착력과 마찰각을 각각 분리하여 평가할 수 있다.
③ BST로 얻은 데이터는 현장에서 직접 정리할 수 있다. 이는 만약 불합리한 결과로 생각되었을 때 즉시 재시험을 가능하게 한다.

(2) 백커관입시험(Becker Penetration Test)[6]

지반에 자갈, 강자갈 등이 많이 포함되어 있을 경우에는 기존의 원위치시험이 불가능한 경우가 많다. 이 경우 실험이 가능하였더라도 그 결과는 입자 크기가 시험기구 크기와 같기 때문에 전체를 대표하지 못한다. 이따금 장비가 이들 지층을 관입하지 못하는 경우도 발생한다.

이런 자갈과 같은 입자지반에 관입할 수 있는 한 가지 장비가 베커(Becker)해머드릴이다. 이 장비는 캐나다에서 개발되었으며 소형 디젤 항타해머를 사용한다. 지중에 2중 철제 케이싱(135~230mm 직경)을 퍼커슨(Percussion) 장비로 관입한다. 케이싱을 통하여 공기를 장비 선단으로 보내면서 굴삭한다. 매우 조밀한 조립질 지반에 사용한다.

Becker 관입시험은 Becker 해머드릴을 사용하여 부과된 관입저항을 측정한다. 케이싱을 300mm 관입시키는 데 소요된 타격회수를 Becker 타격수 N_B라고 한다. 이 Becker 타격수 N_B를 통상적인 SPT의 N과의 관계로 환산하여 사용한다.

3.3 물리 탐사

물리 탐사(geophysical exploration)는 인위적으로 가한 물리현상을 지표에서 관측하여 제반 특성을 추정하는 탐사법이다. 물리 탐사는 적용되는 물리현상의 인위적 발생 방법, 물리적 특성, 관측조건에 따라 세분된다.[15,20] 현재 제반 분야에 주로 이용되는 물리 탐사로는 탄성파 탐사, 음파 탐사, 지반진동조사, 전기 탐사가 있다. 또한 물리 탐사는 측정 장소에 따라 지표 탐사, 공중 탐사, 해상 탐사, 갱도(횡갱)내 탐사, 공내 탐사 등으로 구분한다.

3.3.1 물리 탐사의 종류

물리적 이론이나 원리에 근거한 물리 탐사법을 토목 분야에 적용하여 지반이나 암반의 종류, 성상 및 구조를 조사한다. 구체적으로는 ① 지질구조, ② 지반의 성상, ③ 지반의 공학적 특성, ④ 지반의 동적 특성, ⑤ 내진설계 자료, ⑥ 지반진동 특성, ⑦ 지반진동 경감 대책법, ⑧ 지하매설물, ⑨ 지하수 상태 조사 등에 물리 탐사가 적용되고 있다. 여기서 적용하는 주요 물리 탐사로는 지진 탐사, 전기 탐사, 진동 측정, 자기 탐사, 방사능 탐사 등이 있다. 이들 물리 탐사 중 특히 지진탄성파 탐사와 전기비저항 탐사가 가장 많이 적용되고 있다.

지진 탐사에서 측정하는 물리현상은 지반에 전파되는 탄성파의 굴절 및 반사현상이며 관측하는 파동의 종류는 종파(P파), 횡파(S파) 및 초음파가 있고 구하는 물리적 특성으로는 탄성파속도와 음향 인피던스가 있다.

전기 탐사는 지전류(地電流)를 측정하는 탐사법으로 분극현상(分極現想)을 이용하는 방법과 비저항(比抵抗) 분포를 이용하는 방법으로 크게 분류한다. 더욱이 측정치의 물리적 특성에 의해 전자는 자연전위법과 강제분극법으로 후자는 비저항법과 유도전자법으로 분류한다.[20]

진동 측정은 지반에 전파되는 탄성파를 관측하여 지반의 진동 특성을 판정하는 방법으로 진동원의 종류에 따라 상시미동 측정, 폭파진동 측정, 항타에 의한 진동 측정, 열 또는 자동차에 의한 진동 측정 등으로 분류한다.

그 밖에도 인공 또는 자연 지반의 자기량, 방사능 강도, 온도를 측정하는 탐사가 있다. 보링홀 내에서 지반의 탄성파 속도, 비저항, 방사능 강도, 온도 등을 측정하는 것도 물리 탐사법의 하나라고 말할 수 있다.

각각의 물리 탐사법을 적용하는 데 조사 목적에 가정 적합한 탐사법을 선택하고 현지의 지형, 지질, 토질조건, 토지 이용 상황, 측정환경을 고려한 탐사가 이루어지도록 하며 경우에 따라서는 여러 종류의 물리 탐사를 병용해서 탐사를 수행할 필요가 있다.

3.3.2 탄성파 탐사

탄성파 탐사는 지진 탐사로도 불리며 반사법(reflection method)과 굴절법(refraction method)의 두 가지가 있다. 먼저 반사법탐사는 지하의 속도경계면에서 반사파를 측정하여 지질구조를 조사하려는 방법으로 주로 석유, 가스 등의 자원탐광에 이용한다. 종래 토목 분야에는 이용되지 않았으나 최근 연구·개발되어 토목 분야에서도 적극적으로 이용하게 되었다.

한편 굴절법탐사에 대하여 설명하면 다음과 같다. 화약폭발, 중량추의 낙하 등과 같은 인공진원에 의해 발생하는 탄성파동은 실체파(P파와 S파)와 표면파로 분류된다. 이 중 굴절파탐사에서 취급하는 파는 실체파로 P파 탐사와 S파 탐사로 나눈다.

밀도와 속도가 다른 두 지층의 경계가 있으면 지중으로 전파된 탄성파는 그림 3.12에 도시된 바와 같이 경계면에서 반사되거나 굴절된다. 매질 I, II의 P파·S파 속도를 각각 v_{P1}, v_{S1}, v_{P2}, v_{S2}라 하고 입사파, 반사파, 굴절파의 진행 방향이 경계면의 법선과 이루는 각도를 i라 하면 식 (3.12)의 관계가 성립한다.

$$\frac{v_{P1}}{\sin i_P}=\frac{v_{P1}}{\sin i_{PP1}}=\frac{v_{S1}}{\sin i_{PS1}}=\frac{v_{S2}}{\sin i_{PS2}}=\frac{v_{P2}}{\sin i_{PP2}} \tag{3.12a}$$

$$\frac{v_{S1}}{\sin i_S}=\frac{v_{PS1}}{\sin i_{SS1}}=\frac{v_{P1}}{\sin i_{SP1}}=\frac{v_{P2}}{\sin i_{SP2}}=\frac{v_{S2}}{\sin i_{SS2}} \tag{3.12b}$$

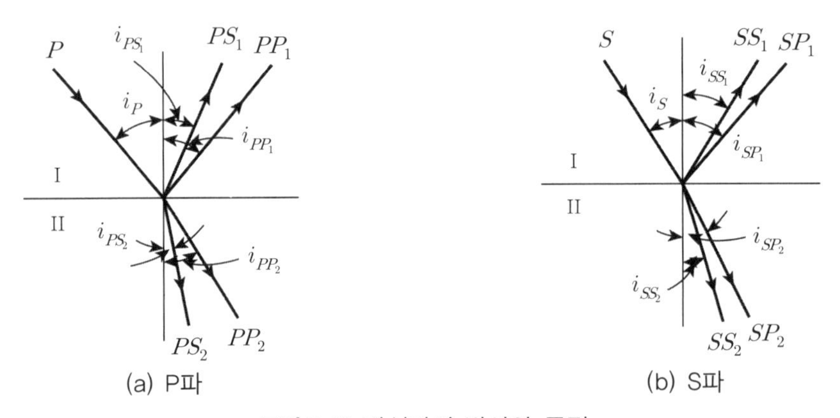

그림 3.12 탄성파의 반사와 굴절

P파 또는 S파 어느 쪽인가에 주목하여 입사파와 굴절파를 고려하면 그림 3.13에 도시한 바와 같이 입사각 i_1, 굴절각 i_2와의 사이에 식 (3.13)의 관계가 성립한다.

$$\frac{\sin i_1}{\sin i_2}=\frac{v_1}{v_2} \tag{3.13}$$

이 관계를 Snell의 법칙이라 부른다. 굴절각 i_2가 90°일 때의 입사각 i_1을 θ라 하고 이를 임계굴절각이라 부른다. 즉, θ는 식 (3.14)와 같이 표현한다.

$$\theta = \sin^{-1}\left(\frac{v_1}{v_2}\right) \tag{3.14}$$

이와 같은 굴절파를 임계굴절파라고 부른다.

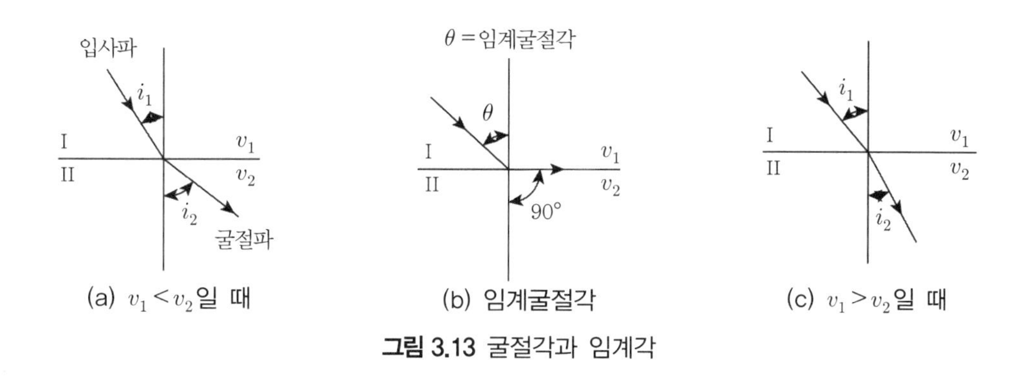

그림 3.13 굴절각과 임계각

그림 3.14는 굴절파 도달 거리과 도달 시간의 관계를 도시한 주시곡선(走時曲線)의 그림이다. 진원 A에서 발원한 탄성파는 직접파로 표층인 제I층 내를 통과하는 파도 있지만 하부층 경계면에 임계각으로 입사굴절하여 경계면에 연하여 진행하다 재차 임계각으로 굴절하여 표층에 돌아오는 파(굴절파)도 있다. 이와 같은 탄성파동을 지표면에 일직선으로 설치한 여러 개의 관측점에서 측정하여 발진 순간에서부터 도달 시간(走時時間이라 한다)을 측정하여 그림 3.14의 위 그림과 같이 관측 거리와 초동주시의 관계(走時曲線)를 얻을 수 있다. 그림 3.14는 가장 간단한 2층 구조 예로 수진점이 진원(기진점)에 가까운 곳에서는 우선 표층을 전파한 직접파가 도달하고 다음으로 하부층에 굴절한 파가 도달한다. 그러나 수신점이 임계거리 x_0 이상이 되면 속도가 작은 표층을 전파하는 직접파보다 일단 하부층의 속도가 빠른 층을 굴절전파한 굴절파가 먼저 도달하게 된다. 따라서 이 경우의 주시곡선은 그림 3.14에서와 같이 임계거리 x_0점에서 변곡점이 생긴다. 즉, 표층속도 v_1은 T_1 부분의 구배로 그리고 하부층의 속도 v_2는 T_2 부분의 주시곡선 구배로 구해진다. 더욱이 표층의 두께 d_1은 식 (3.15)와 같이 구해진다.[20]

$$d_1 = \frac{x_0}{2}\sqrt{\frac{v_2 - v_1}{v_2 + v_1}} \tag{3.15}$$

단, 이때의 조건은 $v_1 < v_2$이어야 한다. 반대로 표층속도 v_1이 하부층의 속도 v_2보다 크면 Snell 법칙에 의해 임계굴절파는 존재하지 않고 하층경계면에서 여러 각도로 입사한 파는 반사파를 제외한 굴절파로 모두 하부로 스며든다.

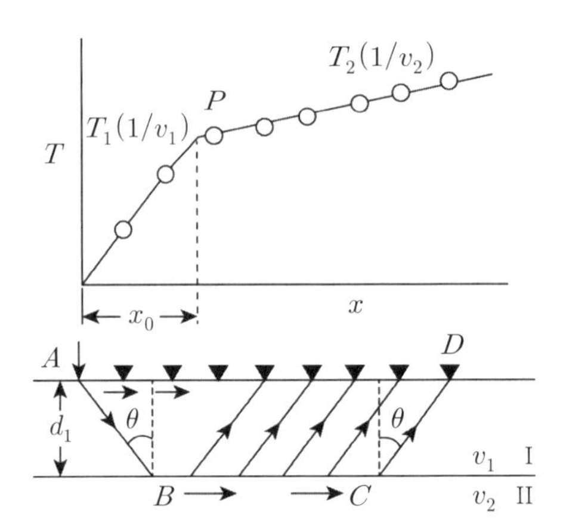

그림 3.14 굴절파 도달 거리와 도달 시간의 주시곡선(수평 2층 구조)

3.3.3 음파 탐사

음파 탐사는 수중에서 음파를 발진하여 지하에서 반사파를 관측함으로써 지하구조를 파악하는 방법이다. 음파 탐사라는 용어가 제시되어 해양지질 탐사기술로 정착한 것은 1960년대였다. 그 이전에도 해양에서는 석유 탐광에 반사법이 이용되었다. 한편 선박의 항해목적으로 초음파측심기를 이용하거나 어업목적으로 어군탐지기를 사용하는 등 초음파기술도 실용화되었다. 음파 탐사는 탐광 목적의 반사법과 깊이를 측정하는 중간적인 기술로 개발되어 사용주파수, 발진에너지, 탐사심도 이외 조사 규모, 인원이나 비용이 중간적인 탐사방법이다. 음파 탐사를 적용하는 대상은 해양토목조사가 많다.

육상의 토목조사로는 굴절법 탄성파 탐사가 많이 이용되고 있으나 바다에서는 음파 탐사 쪽이 더 유리하여 많이 이용되고 있는데 그 이유는 다음과 같다.

① 바다에서는 최상층(제1층)이 탄성파속도가 1.5km/s인 해수이므로 속도비(=하부층 속노/

제1층 속도)가 육상에 비해 작다. 한 사례에 의하면[20] 해저표층의 탄성파속도는 1.8km/s로 속도비가 1.2, 제3층 기초는 2.6~3.7km/s로 속도비가 2.0이다. 때로는 속도비가 해수보다 느린 해저표층도 있다. 이런 경우는 음파가 해저에 흡수되는 경우가 많다.
해상에서 속도비가 이처럼 작으면 굴절법에서는 측선이 길게 된다. 그러나 측선이 길어지면 정도가 저하되기 때문에 굴절법 탄성파 탐사가 음파 탐사보다 불리하게 된다.

② 해상에서는 위치의 측정 정도가 육상보다 낮다. 특히 발진점과 수진점의 정도는 선박 위치의 정도보다 더욱 낮다. 굴절법 탄성파 탐사에서는 위치오차가 그대로 속도나 층두께의 오차에 반영되나 음파 탐사에서는 조사법의 특성상 이런 영향이 없다.

3.3.4 지반진동조사

우리가 매일 생활하는 지반은 끊임 없이 미소한 진폭으로 진동하고 있다. 이 흔들림방식은 장소에 따라 여러 가지 형태로 발생한다. 대략적으로 말하면 변위진폭은 수 마이크로미터이하, 진동주기는 0.05초에서 수 초 정도까지이다.

이와 같은 미소진동이 지반에 야기되는 주요 유인은 교통기관이나 공장 등의 조업에 의해 상시 발생하는 진동과 해양의 파랑 및 화산활동 등에 의한 진동이 있다.

그중 전자의 미소진동은 상시미동, 단주기미동 또는 잡미동 등으로도 부른다. 그 이유를 한 마디로 말하면 다음과 같다. 이 미동의 유인이 되는 진동은 그 발생원이 여러 기지이므로 여러 주파수의 소위 화이트노이즈로 생각된다. 측정되는 미동은 이 화이트노이즈가 지진 속을 전파하는 과정으로 한 지반 특성을 충분히 포함하고 있기 때문이다.

한편 후자의 해양파랑에 근거한 것은 특히 맥동(脈動)이라 부르는데 그 주기가 수초에 이른다. 또한 화산활동에 의한 경우는 화산성미동이라 부르는데 그 발생장소는 한정되어 있다.

한편 지반진동조사는 지반의 특성, 구조 등을 추정하는 데 이용하는데, 지반진동으로는 인위적으로 수시 발생하도록 하는 각종 진동도 있다. 여기서 말하는 지연미동으로는 우리 일상생활에 기인하는 상시 자연발생적 미동이다.

이와 같은 미동조사로부터 얻어지는 지반의 특성에 관한 정보 및 그 이용법, 조사, 해석법은 본 서적의 범위를 벗어남으로 이에 관한 구체적인 사항은 참고문헌[20]을 참조하도록 한다.

3.3.5 전기 탐사

전기 탐사는 지반을 구성하고 있는 흙, 암석의 전기적 특성 차이에 주목하여 인공적 및 자연적 원인에 의해 발생한 전기계 또는 전자계에 관한 제반 사항을 지표에서 측정하며 그 데이터로부터 지하의 구조나 특성을 추정하는 탐사기법이다.

표 3.4는 현재 이용되고 있는 전기 탐사법을 총괄 분류·정리한 표이다.[20] 현재 토목 분야 탐사에는 인공적으로 발생시킨 물리현상을 이용하는 비저항법과 강제분극법이 주로 사용된다. 그 밖에도 토질·암질을 구분하는 데 자연전위법이 이용되고 있다.

표 3.4 전기 탐사법의 종류[20]

방법		물리현상	발생방법
자연전위법		분극현상	자연
강제분극법		분극현상	인공
지전류법		비저항분포	자연
전위법	비저항법	비저항분포	인공
	등전위선법	비저항분포	인공
	전압비법	비저항분포	인공
전자법	유전전자법	비저항분포	인공
	유도전자법	비저항분포	인공
전기검층		분극현상 비저항분포	인공 자연

(1) 자연전위법

자연전위법은 대지의 자연전위를 어느 한 극을 고정극으로 하고 다른 한 극을 이동시켜 지표의 전위분포를 측정하며 지하의 분극 상태를 추정함에 의해 지반 상태를 조사하는 기법이다.

자연전위현상은 지하의 유화광체(硫化鑛體) 등이 분극작용에 의해 광체전지를 형성하게 한다. 광체 주변에 전류를 흐르게 하기 위해 광체가 존재하는 부근의 지표에 부전위가 발생하게 하는 현상을 이용하는 방법이다.

흙과 암석에서도 종류가 다르면 각기 다른 자연전위차가 발생한다. 이와 같이 지하의 분극이 어떻게 지표의 전위차를 발생시키느냐에 대해서는 종래에는 광체전지적 원리가 대표적이었으나 실제는 이 이외에도 전위발생기구도 고려되고 있다. 자연전위의 발생기구형을 모식적으로 분류하면 ① 광체전지형 및 다중각분극형, ② 백상분극형, ③ 층싱분극형, ④ 공내발생형으로 나눌 수 있다.

(2) 비저항법

대지의 두 점 C_1, C_2에 정·부의 한 쌍의 전극을 정하고 여기에 전류 I를 흐르게 할 경우 임의 점 P의 전위 V는 Laplace 방정식을 만족하므로 대지가 일정한 비저항 ρ의 매질이라 하면 정의 전극 $C_1(+I)$에 의한 P점의 전위는 $V_1 = +\rho I/2\pi \cdot 1/\overline{C_1P}$이며 동일하게 부의 전극 C_2에 의한 P점의 전위는 $V_2 = +\rho I/2\pi \cdot 1/\overline{C_2P}$이 된다.

따라서 P점의 전위 V_c는 이 둘의 합으로 식 (3.16)과 같이 된다. 이 식에 의한 지표면의 등전위선은 그림 3.15와 같다(대지의 비저항이 일정한 경우).

$$V_c = \frac{\rho I}{2\pi}\left(\frac{1}{C_1P} - \frac{1}{C_2P}\right) \tag{3.16}$$

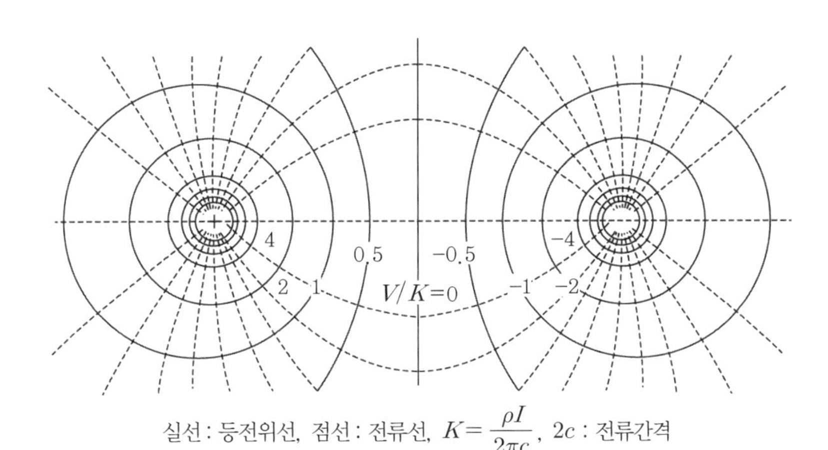

실선 : 등전위선, 점선 : 전류선, $K=\dfrac{\rho I}{2\pi c}$, $2c$: 전류간격

그림 3.15 전위 및 전류 분포

이 전위선은 점전극(点電極)에서 전류를 흐르게 한 경우의 표준곡선이다. 만약 지하에 비저항이 다른 물체가 있으면 곡선의 형태가 변형되어 표준곡선과 다소 다르게 된다. 이 표준곡선과의 차이에 주목하여 지하의 상태를 추정하는 것이 전위선법이다.

대지의 비저항을 있는 그대로의 상태에서 측정하는 방법이 Wenner(1916)에 의해 고안되었다. 그 원리는 그림 3.16과 같이 지표면에 설정한 일직선상에 전류극점 C_1, C_2, 전위극점 P_1,

P_2를 설치하고 C_1과 C_2 사이에 전류 I를 대지에 흐르게 하고 P_1과 P_2 사이의 전위차 V를 측정한다.

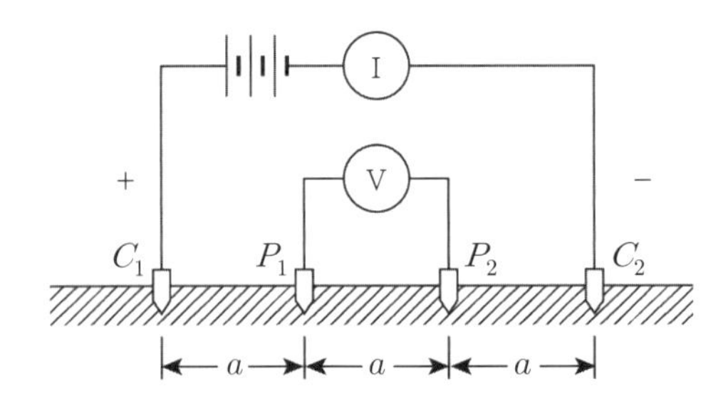

그림 3.16 Wenner 법의 전류계에 의한 비저항의 측정

만약 대지가 일정한 비저항 ρ의 매질로 구성되어 있다면 P_1과 P_2의 전위는 식 (3.16)에 의해 각각 식 (3.17a)와 식 (3.17b)와 같이 된다.

$$V_1 = \frac{\rho I}{2\pi}\left(\frac{1}{C_1P_1} - \frac{1}{C_2P_1}\right) \tag{3.17a}$$

$$V_2 = \frac{\rho I}{2\pi}\left(\frac{1}{C_1P_2} - \frac{1}{C_2P_2}\right) \tag{3.17b}$$

P_1과 P_2 사이의 전위는 이 두 식으로부터 식 (3.18)과 같이 산정된다.

$$V = V_1 - V_2 = \frac{\rho I}{2\pi}\left(\frac{1}{C_1P_1} + \frac{1}{C_2P_2} - \frac{1}{C_2P_1} - \frac{1}{C_1P_2}\right) = \frac{\rho I}{2\pi a} \tag{3.18}$$

반무한 매질의 비저항 ρ는 식 (3.18)로부터 식 (3.19)와 같이 구해진다.

$$\rho = 2\pi a \frac{V}{I} \tag{3.19}$$

이 공식을 Wenner의 공식이라 한다. 식 (3.19)로 구해지는 비저항 ρ는 대지의 비저항이 일정하면 전극의 간격 a를 변화시켜도 비저항은 일정치를 나타내지만 만약 비저항이 일정하지 않고 장소에 따라 변한다면 식 (3.19)로 주어지는 ρ값은 변한다. 또한 전극의 배치에 따라서도 ρ값은 변한다.

이와 같은 형식으로 얻어지는 ρ를 겉보기비저항이라 부르며 ρ_a라 표시한다. 이 ρ_a는 각 대지의 고유한 값이 아니고 측정방법, 전극설치, 전극간격, 전극계의 위치 등에 의존한다. 즉, 비저항은 이 ρ_a를 측정하여 그 변화로부터 지하구조를 추정하는 탐사방법이고 실제는 측정형식에 따라 수직탐사와 수평탐사로 분류된다.

(3) 강제분극법(I.P.법)

강제분극법은 대지에 전류를 흘려 전기화학적인 분극을 1차 전위차와 2차 전위차로 분극률(주파수영역, 시간영역)을 구해 금속광상, 비금속광상, 광염대 및 점토지대 등을 탐색하는 새로운 전기 탐사법이다. 금후 토목 분야 지반 탐사에도 적용할 수 있는 방법이다.

그림 3.17은 강제분극법(I.P.법)의 측정 원리를 도시한 그림이다. 대지에 두 점 C_1, C_2을 설정하고 전류를 흐르게 하면 매질 속에 각종 전기화학적현상이 발생한다. 이 중 I.P.법의 측정방식은 ① 주파수영역 I.P.법, ② 시간영역 I.P.법, ③ 위상영역 I.P.법, ④ 스펙트럼 I.P.법이 있다. 현재 토목 분야에 이용할 수 있는 방법은 ① 주파수영역 I.P.법이다. 이 방법은 비저항도 측정하므로 앞에서 설명한 비저항법과 동시에 적용할 수 있는 이점이 있다.

그림 3.17 주파수영역 I.P. 측정법

참고문헌

1. 김영수 외 4인(2002), 토질역학, 사이텍미디어.
2. 홍원표(1987), "정규압밀점토의 비배수전단강도에 미치는 압밀방법의 영향", 대한토질공학회지, 제3권 제2호, pp.41~53.
3. 홍원표(1999), 기초공학특론(I) 얕은기초, 중앙대학교 출판부.
4. 홍원표(2004), 기초공학, 구미서관.
5. 홍원표 외 4인(2012), 토질역학, 도서출판 Young.
6. Coduto, D.P.(1994), Foundation Design Principles and Practices, Prentice Hall, New York.
7. Barden, L. and McDermott, R.J.W.(1965), "Use of free ends in triaxial testing of clays", J. SMFD, ASCE, Vol.91, No.SM6, pp.1~23.
8. Bowles, J.B.(1982), Foundation Analysis and Design, 3rg Ed., McGraw-Hill International Book Company.
9. Chandler, R.J.(1988), "The in-situ measurement of the undrained shear strength of clays using the field vane", Vane Shear Strength Testing in Soils, : Field and Laboratory Studies, ASTM STP 1014, pp.13~44. A.F.Richards ed., ASTM, Philadelphia.
10. Duncan, J.M. and Dunlop, P., "The significances of cap and base resistans", J. SMFD, ASCE, Vol.94, No.SM1, pp.271~290.
11. European Foundation(2004), Working Platform Guidelines Set Out to Cut Site Accidents, p.6.
12. Lade, P.V.(1982), "Localization effects in triaxial tests on sand", IUTAM Conference on Deformation and Failure of Granular Meterials, Delft, pp.461~471.
13. Lee, K.L.(1978), "End resistant effects on undrained static triaxial strength of sand", J., GED, ASCE, Vol.104, No.GT6, pp.687~704.
14. Liu, C. and Evett, J.B.(1992), Soils and Foundations, 3rd ed., Prentice-Hall, Inc., pp.48~82.
15. Lowe, J. III and Zaccheo, R.F.(1975), Subsurface explorations and sampling, Foundation Engineering Handbook, ed. by H. F. Winterkorn and H.-Y. Fang, pp.1~66.
16. Mullins, G.(2006), Ch.2 In-Situ Soil Testing, The Foundation Engineering Handbook, ed, by Gunaratne, M., pp.47~86.
17. Reese, L.C., Isenhower, W.M. and Wang, S.-T.(2006), Analysis and Design of Shallow and Deep Foundations, John Wiley & Sons, Inc.
18. Rowe, P.W. and Barden, L., "The importance of free ends in triaxial testing", J. SMFD, ASCE,

pp.1~27.

19. 日本土質工學會(1978), 土質調査の計劃と適用.

20. 日本土質工學會(1981), 土と基礎の物理探査, 土質基礎工學ライブラリ－21.

21. 日本土質工學會(1988), 土質調査計劃－その合理的な計劃の立て方－.

C·H·A·P·T·E·R

04

얕은기초의 설계 원리

C·H·A·P·T·E·R

04 얕은기초의 설계 원리

4.1 설계팀

기초설계자는 지반조사자가 파악한 실내 및 현 위치에서의 지반조사 결과에 근거하여 설계를 하게 된다. 따라서 기초설계자는 지반조사자와 긴밀한 정보 교환 및 의견 교환을 끈임 없이 해야 한다. 이는 지반조사자가 기초설계자와 무관하게 지반의 특성을 조사하는 현행 설계 진행방법은 바람직하지 못함을 의미한다.

이와 동시에 기초설계자는 상부구조물의 설계 및 시공자와도 동일하게 긴밀한 정보 교환 및 의견 교환을 끈임 없이 진행해야 한다. 따라서 바람직한 기초설계자는 전 건설 공정에 관여되는 모든 사람들과 한 팀을 이뤄 유기적으로 서로 정보 교환과 의견 교환을 할 수 있도록 해야 한다.

원래 기초공학은 토목공학의 학문 체계상 전통적인 하위 분야에 속한다고 취급되었다. 그러나 실재 기초공학은 토목공학의 하위 분야에만 속하는 학문이 아니다. 그보다 기초기술자는 오히려 지반공학, 구조공학, 시공기술 분야의 다방면에 정통한 지식을 겸비한 기술자이어야 한다.

우선 기초는 지반과 항상 상호 영향을 미치므로 지반과 암반의 공학적 특성은 기초 설계에 매우 많이 영향을 미친다. 따라서 기초기술자는 지반공학을 이해해야만 한다. 대부분의 기초기술자는 자신들이 지반기술자라고 생각해야 한다. 특히 기초 설계 시에는 기초의 지지력을 지반의 전단과 변형의 두 가지 측면을 모두 만족하도록 결정해야 한다.

Liu & Event(1992)는 기초 설계 시의 세 가지 규준을 다음과 같이 제시하였다.[5]

① 기초는 적절한 위치에 설치해야 한다(외부의 영향을 받지 않도록 연직 방향이나 수평 방향으로 : 예를 들면 동결 융해의 영향 등).
② 기초는 지지력파괴에 안전해야 한다.
③ 기초는 과도한 침하에 안전해야 한다.

또한 기초 자체 부재는 구조재이므로 기초설계자는 구조공학도 이해해야 한다. 더욱이 기초는 구조물을 지지하므로 구조적 하중의 근거와 특성을 이해해야 한다. 이러한 구조체로서의 기초변위의 구조적 허용치도 알아야 한다.

끝으로 기초는 안전하게 구축되어야 한다. 비록 실제 건설은 발주자와 시공기술자에 의해 시행되지만 설계기술자가 시공법과 장비에 대하여서도 모두 완전히 이해해야 한다. 또한 기초설계자는 기초를 경제적으로 구축할 수 있게 설계해야 하며 시공 중 발생될 문제 해결을 위해 시공기술자의 지식도 필요하다.

지금까지 기초공학이론 분야에서의 수많은 발전에도 불구하고 아직도 부족한 점이 많다. 일반적으로 가장 큰 불확실성은 지반 상태에 대한 한계성이다. 제안된 기초 아래 지반 상태를 결정하기 위해 기초기술자는 여러 조사와 시험기술을 사용하고 있지만 지반조사를 아무리 철저하게 수행한다 하여도 조사지역은 전체 지반의 극히 일부에 해당하며 그 결과로 추정하므로 전체 지역에 대한 대표성에 관한 의문은 여전히 남아 있다.

기초와 지반 사이의 상호작용 또한 많은 문제점을 제공하고 있다. 이 문제를 해결하기보다는 피해가기 위해 우리는 수많은 단순화 작업과 가정을 두어왔다. 이러한 단순화와 가정은 문제를 해결한 것이 아니므로 상호작용에서 오는 문제는 여전히 해결해야 될 과제이다.

또 다른 한계점은 기초에 작용하게 될 공용하중 특히 활하중을 예측하는 문제이다. 이들 하중에 대한 시방서 제안값은 보통 보수적인 값이다.

이러한 불확실성 때문에 현명한 기술자는 시험이나 해석 결과를 맹목적으로 신뢰하지 않는다. 이런 경우 기술자는 선례, 상식, 공학적 판단을 고려한다. 이런 경우 설계법에 제시된 간단한 수식이나 차트를 이용하는 것은 매우 위험한 일이다. 이것은 기초거동과 해석법의 한계를 이해해야 하는 것이 왜 중요한지를 의미한다.

4.2 시방서

시방서는 거의 모든 기초의 설계와 시공을 관리한다. 비록 기초공학이 토목공학의 다른 분야에 비해 정리되어 있지 않지만 시방서는 특수 프로젝트에 적용할 수 있는 규정에 익숙해 있다.

보통 Chicago나 New York과 같은 대규모 도시에서는 자체 시방서를 제정하고 있다. 그 밖의 지역에서도 지역시방서를 사용한다. 예를 들면 Uniform Building Code, The Basic Building Code, The Standard Building Code, 캐나다의 National Building Code 등이 있다. 해양 유조선 플렛폼과 같은 특수기초도 시방서나 규정으로 관리하고 있다.

일부 시방서의 조건은 거의 강제적이며 좋은 실적을 보이고 있다. 때로는 시방서 규정이 적절한 지반조사보다 보수적인 설계 정수를 제시하고 있다. 그러나 모든 시방서 규정이 안전하다는 보장은 없다. 일부 예에서는 시방서 요구를 초과해야 하는 경우도 있다. 따라서 시방서는 어디까지나 참고 지침이지 절대적인 규정이나 공학적 판단 또는 상식의 대용물은 아니다.

4.3 허용하중과 지반침하

4.3.1 기초하중

강재보나 기둥, 바닥 슬래브, 기초 등으로 구성된 임의의 구조물을 설계할 때 구조물에 작용하는 모든 하중을 정확히 평가하는 것이 중요하다. 일반적으로 구조물은 축조시나 미래 작용 예상 하중으로는 ① 사하중, ② 활하중, ③ 풍하중, ④ 설하중, ⑤ 토압, ⑥ 수압, ⑦ 지진력을 들 수 있다.[10]

(1) 사하중과 활하중

사하중은 구조물 자체의 전체 중량이다. 이는 바닥슬래브와 같이 구조물에 영구적으로 달려 있거나 고정된 시설물(에어컨 등)의 중량이다. 사하중은 구조재료의 치수와 형태를 알면 산정할 수 있다. 그러나 구조물의 중량은 그 치수가 결정되지 않으면 알 수가 없고 그 치수는 중량에 의거하여 설계되지 않는 한 알 수 없다. 보통의 설계에서는 사하중을 초기에 예측한다. 구조물의 치수에 맞춰 (활하중, 풍하중 등과 함께) 정해진 사하중을 예측한다. 그런 후 구조물 치수의 중량과 예측된 사하중을 비교한다. 만약 구조물의 치수에 맞춘 중량이 예측된 사하중과 다르면 수정된 예측 중량으로 설계 과정을 다시 반복한다.

활하중은 작동하는 물체의 중량이다. 이는 구조물의 영구 부분이 아니다. 이는 작용기간 동안에만 구조물에 작용한다(사람, 창고물건 또는 수명이 제한적인 가구 등). 활하중의 특성상 활하중을 직접 산정하기가 어렵다. 대신에 구조물 설계에 사용하는 활하중은 보통 시방서의 규정을 활용하여 산정한다.

(2) 풍하중과 설하중

활하중으로 취급하지 않은 풍하중은 구조물의 노출 부분에 작용한다. 더욱이 건물의 내민 부분은 인발력을 받게 된다. 활하중과 같이 설계 풍하중은 시방서 규정에 의거 산정한다.

설하중은 지붕이나 외부 노출된 평면에 싸인 눈 하중이다. 눈의 단위중량은 변한다. 설하중도 시방서 규정을 도입하여 산정한다.

(3) 토압, 수압, 지진력

토압은 구조물의 지중부분에 작용하는 측압이다. 이 토압은 통상 사하중으로 취급한다. 한편 수압은 토압과 비슷하게 작용하는 측압이다. 수압은 구조물의 바닥에서 부력으로도 작용한다. 측압은 통상 좌우 균형적으로 작용한다. 그러나 부력은 균형압이 아니다. 이는 구조물의 사하중의 반작용으로 작용하고 구조물을 앵커로 고정시키므로 방지할 수 있다.

한편 지진력은 수평, 연직, 뒤틀림의 모든 방향으로 작용한다. 설계에 적용하는 지진력은 시방서의 규정을 적용한다.

4.3.2 안전율

기초 해석과 설계에 내포된 수많은 불확실성에도 불구하고 기술자들은 제때 효율적으로 신뢰할 만하고 경제적인 설계를 실시해왔다. 이는 설계 시 안전율을 도입하여 이들 불확실성을 보완할 수 있었기 때문이다.

안전율이 표준안전율보다 크면 안전설계를 할 수 있고 그렇지 못하면 불안전설계를 하게 되지만 다른 신뢰도나 파괴확률을 가지는 두 상태를 검토하는 것이 바람직하다. 설계안전율은 가격과 신뢰노 사이의 타협에 대한 기술자의 평가라고 정의할 수 있다. 안전율은 다음과 같은 많은 요소에 근거한다.

① 소요 신뢰도(예 : 수용할 수 있는 파괴 확률)
② 파괴 결과
③ 토질 특성 및 작용하중의 불확실성
④ 시공 오차(예 : 설계와 실제 치수 사이의 차이)
⑤ 진짜 기초거동의 불확실성
⑥ 추가 보수적 설계에 대한 가성비

기초의 안전율을 보통 상부구조물의 안전율보다 크게 하는 이유

① 상부구조물의 추가 중량 증가분
② 기초의 건설 허용폭은 상부구조물보다 넓다. 따라서 이따금 실제치수가 설계치수와 상당히 차이가 난다.
③ 모든 지반 특성의 불확실성은 심각한 위험요인이 된다.
④ 기초파괴는 상부구조물의 파괴보다 비용이 비싸게 먹힌다.

기초는 파괴에 대하여 충분한 안전을 확보하도록 설계되어야 한다. 적절한 안전율을 도입하여 극한지지력으로부터 허용지지력을 구하여 설계에 적용해야 한다.

일반적으로 허용지지력을 구하는 방법은 두 가지로 구분된다.

① 전체 안전율 적용 방법
② 부분 안전율 적용 방법

첫 번째 방법은 허용지지력을 구하는 전통적인 방법으로 극한지지력을 단순하게 안전율로 나누어 사용함으로써 지반이 가지고 있는 능력 중 일정 능력까지만 활용하는 방법이다. 결국 이 방법에서는 지지력에 영향을 미치는 모든 요소의 안전율이 동일하다는 개념에 의거한 방법이다.

반면에 두 번째 방법은 지지력에 영향을 미치는 하중과 지반강도에 각각 다른 안전율을 도

입하여 지지력을 계산하여 허용지지력을 구하는 방법이다. 이 방법은 하중계수·강도계수 설계법(load and resistance factor design method) 또는 LRFD 설계법이라고도 한다.

Vesic(1975)은 구조물, 기초 상태 및 파괴 형태에 따라 전체 안전율을 표 4.1과 같이 제시하였다. 이 표는 균일지반에 영구구조물을 축조할 경우에 적용하기를 권장하였다.[12] 설계하중, 지반의 강도 및 변형 특성 등과 같은 모든 요소의 신뢰도 판단 없이 설계안전율을 구하는 것은 불합리하기 때문에 설계자의 판단에 의거하여 안전율이 구해져야 한다.

표 4.1 얕은기초의 전체 안전율(최소 안전율)[12]

구분	구조물	하중 및 파괴 상태	안전율 지반조사 상태 완전	 소규모
A	철도교량 창고 도로 수리구조물 옹벽 사일로	최대설계하중이 번번이 작용 →파괴가 발생될 수 있음	3.0	4.0
B	고속도로교량 경량산업건물 공공건물	최대설계하중이 가끔 작용 →파괴 발생 가능성이 약간 있음	2.5	3.5
C	아파트 사무실건물	최대설계하중이 거의 작용하지 않음	2.0	3.0

Vesic은 그 밖에도 다음의 다섯 가지의 설명을 표 4.1과 함께 제시하였다.

① 일시적 구조물의 경우는 표 4.1의 안전율을 75%로 감소 적용한다. 그러나 어느 경우에도 2.0 미만은 적용하지 않는다.

② 굴뚝이나 탑과 같이 높은 구조물이나 진행성 지지력파괴가 발생될 가능성이 있는 경우는 표 4.1의 안전율을 20~50% 할증시켜 적용한다.

③ 기초의 침수나 (세굴, 굴착 등으로) 상재압이 제거될 가능성이 있는 경우 적절한 판단이 필요하다.

④ 단기안정성(공사 완료 시)과 장기안정성 중 어느 쪽이 바람직한지 명확하지 않을 경우는

양쪽 모두 검토한다.

⑤ 모든 기초의 전침하량 및 부등침하량이 검토되어야 하며 침하가 지지력 결정요인이 되는 경우는 높은 안전율을 적용한다.

한편 Brinch Hansen(1965)[3] 및 Meyerhof(1984)[7]는 부분 안전율로 표 4.2와 같은 하중계수와 강도계수를 제시하였다.

표 4.2 얕은기초의 하중계수와 강도계수[1]

하중	하중계수	
	Brinch Hanshen(1965)	Meyerhof(1984)
사하중	1.00	1.25(0.85)
수압(정상류)	1.00	1.25(0.85)
수압(난류)	1.20(1.10)	1.25(0.85)
활하중(일반)	1.50(1.25)	1.50
풍하중 또는 지진하중	1.50(1.25)	1.50
사일로 내(토압이나 입자압)	1.20(1.10)	
강도정수	강도계수	
점착력(c)	1/2.00(1.80)	0.50
마찰계수($\tan\phi$)	1/1.20(1.10)	0.80

주 : 괄호 안은 임시구조물이나 복합하중(사하중 + 활하중 + 풍하중) 작용 시 적용

4.3.3 허용침하량

지반상에 구조물을 축조하면 다소의 침하는 피할 수 없다. 즉, 이미 앞에서 설명한 바와 같이 구조물의 하중에 의하여 지반에는 즉시침하, 압밀침하 및 2차압밀침하가 발생하게 된다. 이 중 즉시침하는 구조물 축조과정 중에 대부분이 발생하며 압밀침하는 시간이 지남에 따라 서서히 발생하게 된다. 따라서 즉시침하에 대하여는 공사 중에 적절히 대처할 수 있으므로 그다지 크게 문제가 되지 않는다. 그러나 압밀침하는 구조물이 완성된 이후 계속하여 발생되므로 잔류침하량의 성격을 가지게 된다. 이와 같은 잔류침하량이 발생되는 지반상에 축조된 시설이나 구조물에 따라서는 이 침하량이 클 경우 구조적 피해를 입을 뿐만 아니라 구조물의 기능마저 영향을 받을 수 있다.

특히 연약지반상에 축조된 구조물은 이 잔류침하량을 피할 수 없다. 따라서 직접기초나 성

토구조물을 축조한 경우 이 잔류침하량과 이에 수반되는 구조물의 영향에 대해서도 충분히 검토를 해야 한다.

구조물의 허용침하량이란 구조물이 견딜 수 있는 침하량을 의미하며 구조물의 형태, 높이, 강성 및 위치, 침하의 크기, 속도 및 분포와 같은 여러 요소에 의존한다.

침하를 취급하는 데 구분되어야 할 사항은 다음과 같다.[1]

① 구조물 기능에 손상을 입히게 될 전침하량
② 고층건물의 기울어짐의 원인이 될 부등침하량
③ 구조물에 손상을 초래할 전단비틀림에 의한 부등침하량

설계 시 이들 침하량에 대한 허용치를 결정해야 함과 동시에 구조물의 하중과 지반조건에 따라 발생될 부등침하를 예측해야 한다. 허용침하량은 일반적으로 과거의 현장관찰에 의해 경험적으로 결정된 값을 참고로 한다. 최대침하량은 어느 정도 예측이 가능하기 때문에 허용침하량은 최대침하량과 연계하여 사용됨이 보편적이다. 예를 들어 임의의 두 인접점(주로 두 기둥 위치) 간 부등침하량은 참고가 될 기준이 없을 경우 최대침하량의 3/4를 사용한다. 지금까지 주로 사용되고 있는 허용기준치를 열거하면 다음과 같다.

(1) Skempton & MacDonald(1956) 제안값

MacDonald & Skempton는 1955년 98개의 오랜 건물을 대상으로 침하량을 조사하여 표 4.3에 정리된 허용치를 제시하였다.[6] 대상건물은 내력벽, 강구조 및 RC 구조로 축조되었다. 이 표 중 최대침하량은 1956년 Skempton & MacDonald에 의해 수정 제안된 값이다.[11] 후에 Grant 등(1974)에 의해 95개의 건물조사기록을 추가하여 재검토되었다.[4]

표 4.3에 정리된 바와 같이 Skempton & MacDonald(1956)은 기초형식과 지반 특성에 따라 허용치를 제안하였다.[11] 즉, 기초형식으로는 독립기초와 raft기초로 구분하였고 지반은 점토지반과 모래지반으로 구분하였다.

표 4.3 Skempton & MacDonald(1956)의 제안 허용침하량[11]

	독립기초	raft기초
최대침하량†(mm)		
점토지반	75(65)	75~125(65~100)
모래지반	50(40)	50~75(40~65)
부등침하량‡		
각변위(δ/L)	1/300	
최대부등침하량(mm)		
점토지반	45(38)	
모래지반	32(25)	

† Skempton & MacDonald(1956)[11]
‡ MacDonald & Skempton(1955)[6]
괄호 속은 설계추천값
L : 임의의 두 점(기둥) 간 거리
δ : 임의의 두 점 사이의 부등침하량

(2) Bjerrum(1963) 제안값

Bjerrum은 허용최대침하량을 각변위와 연관시키는 방법을 제시하였다. 우선 각종 구조물에 구조물 손상을 발생시킬 수 있는 각변위의 한계를 표 4.4와 같이 제시하였다.[2] 이 표에 의하면 구조물의 요소에 손상을 줄 수 있는 비틀림은 기계기초의 비틀림보다 큼을 알 수 있다.

표 4.4 한계각변위(Bjerrum, 1963)[2]

대상	각변위(δ/L)
침하에 예민한 기계기초의 손상	1/750
경사계를 가진 뼈대구조의 위험	1/600
균열이 허용되지 않는 건물의 한계	1/500
칸막이벽에 첫 균열이 예상되는 한계	1/300
고가 크레인에 손상이 예상되는 한계	1/200
고층건물의 경사가 눈에 뜨일 수 있는 한계	
칸막이벽과 벽돌벽에 상당한 균열	
$H/L<1/4$인 유연성 벽돌의 안전한계	1/150
구조적 손상이 발생될 수 있는 한계	

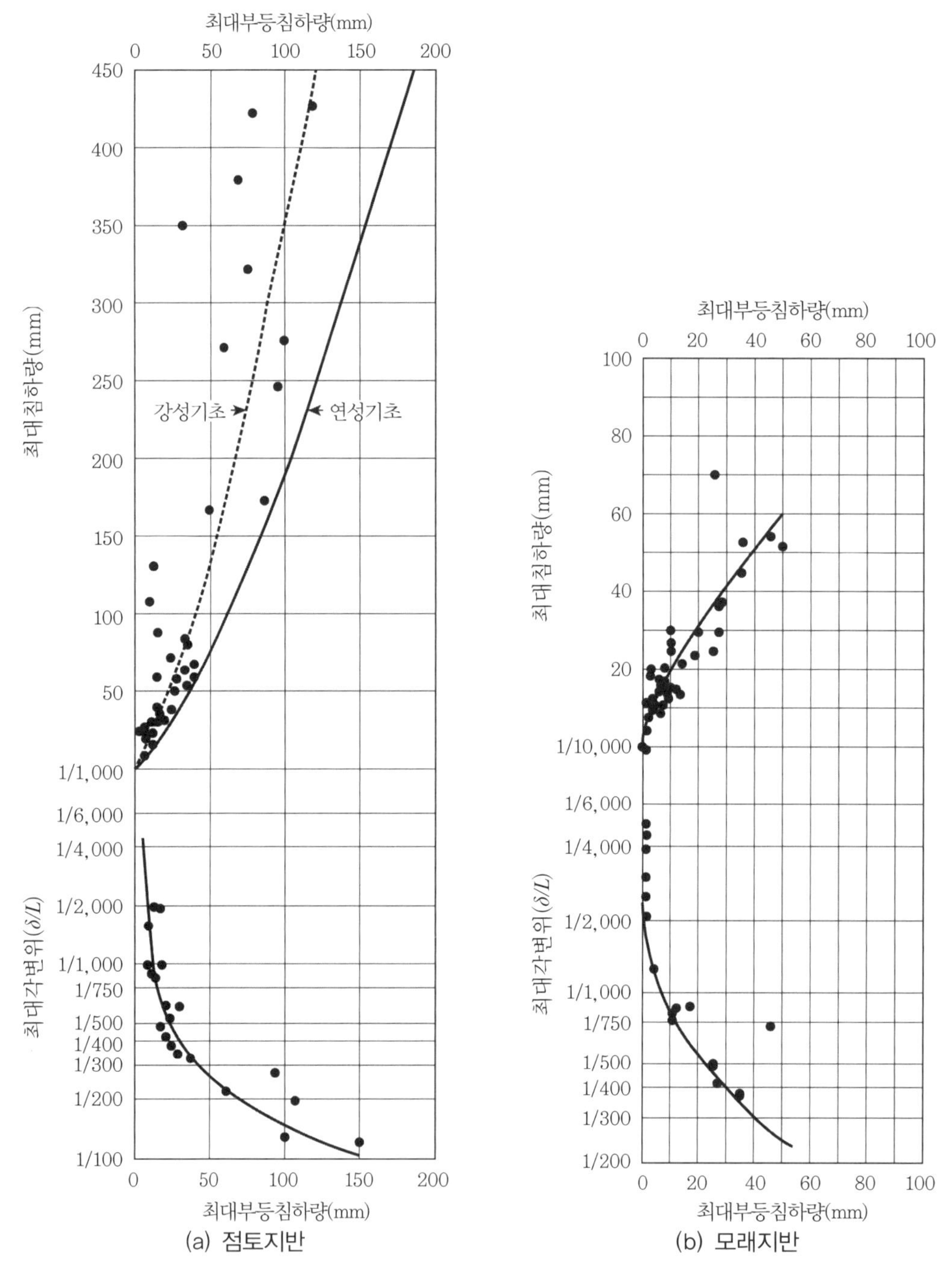

그림 4.1 최대침하량, 최대부등침하량, 최대각변위의 관계[2]

또한 Bjerrum(1963)은 현장조사에서 밝혀진 부등침하 및 이에 상응하는 최대각변위를 최대침하량과 연관시켜 그림 4.1과 같이 제시하였다. 그림 4.1(a)는 점토지반의 결과이며 그림 4.1(b)는 모래지반의 결과이다.

이들 표와 그림을 이용하려면 먼저 예상 최대침하량을 산정한다(산정방법은제7장에서 설명한 방법을 아용한다). 그런 후 최대각변위를 지반의 종류에 따라 그림 4.1에 의거하여 구한다. 즉, 그림 4.1(a) 및 그림 4.1(b) 상에서 산정된 최대침하량에 대응하는 최대각변위 δ/L을 구한다. 이 각변위를 표 4.4의 한계각변위와 비교하여 안전 여부를 판단한다.

(3) USSR 규정

Mikhejev et al.(1961)[8]과 Polshin & Tokar(1957)[9]에 의해 소개된 허용침하량과 각변위의 USSR 규정은 표 4.5와 같다. 이 규정상에서는 지반을 모래지반 또는 단단한 점토지반과 소성점토지반의 둘로 구분하고 각종 구조물에 대한 각변위와 평균최대침하량을 제시하고 있다.

표 4.5 USSR 규정

구조물	각변위		최대침하량(mm, 평균치)
	모래지반 또는 단단한 점토지반	소성점토지반	
크레인 레일	0.003	0.003	
강 및 콘크리트 뼈대 구조	0.002	0.002	100
벽돌구조의 최외곽열	0.0007	0.001	150
변형률이 발생하지 않는 구조물	0.005	0.005	
$H/L<1/3$인 다층 벽돌벽	0.0003	0.0004	25($H/L\leq 1/1.25$) 100($H/L\geq 1/1.5$)
$H/L<1/5$인 다층 벽돌벽	0.0005	0.0007	
단층 제분소 건물	0.001	0.001	
굴뚝, 물탱크, 원형 기초	0.004	0.004	300

(4) 일본건축기초구조설계지침(1988)

압밀침하가 발생되는 지역에서의 구조물의 잔류침하 허용치에 관한 일본건축학회의 규정은 표 4.6과 같다. 이 규정에서는 기초구조의 형식과 재료에 따라 허용상대침하량(부등침하량에 상당)과 허용침하량을 제시하고 있다.

표 4.6 일본건축기초구조설계지침(압밀침하지반)

구조 종류		콘크리트구조	철근콘크리트구조		
기초 형식		연속기초	독립기초	연속기초	전면기초
허용상대침하량 (mm)	표준치	10	15	20	20~(30)
	최대치	20	30	40	40~(60)
허용최대침하량 (mm)	표준치	20	50	100	100~(150)
	최대치	40	100	200	200~(300)

주 : 괄호 안은 큰 보 또는 2중 슬래브 등으로 강성이 큰 경우

참고문헌

1. 홍원표(2004), 기초공학, 구미서관.
2. Bjerrum, L.(1963), "Discussion on Section 6", Proc., ECSMFE, Vol.2, pp.135~137.
3. Brinch Hansen, J.(1965), "The philosophy of foundation design : Design criteria, safety factors and settlement limits", in Bering Capacity and Settlement of Foundations, Proc., Symposium held at Duke University, April 5/6, 1965, pp.9~13.
4. Grant, R. et al.(1974), "Differential settlement of buildings", JGED, ASCE, Vol.107, No.GT9, pp.973~991.
5. Liu, C. and Evett, J.B.(1992), Soils and Foundations, 3rd Ed., Prentice-Hall, Inc., pp.48~82.
6. MacDonald, D.H. and Skempton, A.W.(1955), "A survey of comparisons between calculated and observed settlements of structures on clay", Conference on Correlation of Calculated and Observed Stresses and Displacements, ICE, London, pp.318~337.
7. Meyerhof, G.G.(1984), "Safety factors and limit states analysis in geotechnical engineering", Geotechnique, Vol.21, pp.1~7.
8. Mikhejev, V.V., et al.(1961), "Foundation design in USSR", 5th ICSMFE, Vol.1, pp.753~757.
9. Polshin, D.FE. and Tokar, R.A.(1957), "Maximum allowable nonuniform settlement of structures", Proc., 4th ICSMFE, London, Vol.1, pp.402~406.
10. Reese, L.C., Isenhower, W.M. and Wang, S.-T.(2006), Analysis and Design of Shallow and Deep Foundations, John Wiley & Sons, Inc.
11. Skempton, A.W. and MacDonald, D.H.(1956), "The allowable settlement of buildings", Proc., ICE, 5(3), PL, pp.737~784.
12. Vesic, A.S.(1975), Bearing Capacity of Shallow Foundation, Ch.3 in Foundation Engineering Handbook, ed by Winterkorn, H.F. and Fang H.Y., Van Nostrand Reinhold, New York, pp.121~147.

C•H•A•P•T•E•R

05

기초지지력

C·H·A·P·T·E·R

05 기초지지력

기초는 상부구조물의 하중을 하부지반에 전달하는 하부구조물이다. 이러한 기초는 지반의 전단파괴나 과잉침하가 발생됨이 없이 안전하게 상부하중을 전달할 수 있도록 설계되어야 한다. 그러기 위하여서는 지반의 강도 특성과 변형 특성을 잘 파악하여 지반의 능력을 올바르게 평가할 수 있어야 한다. 지반의 능력을 평가하는 방법으로는 두 가지를 생각할 수 있다. 하나는 지반의 강도 특성에 입각하여 평가하는 지지력(통상적으로 극한지지력을 의미함) 산정이며 다른 하나는 변형 특성에 입각하여 평가하는 침하산정이다. 원래 이 두 특성은 함께 발생되는 현상이므로 분리시키지 않음이 바람직하나 현재의 실용적 기술 수준에서는 편리상 구분 취급한 후 최종 판단 시 양쪽을 모두 만족시키도록 설계하중 또는 기초를 결정하고 있다.

제5장에서는 먼저 전단파괴에 대한 저항, 즉 지지력에 관련된 사항을 취급하며 침하에 관련된 사항은 제7장에서 취급한다.

먼저 지지력에 관련되어 본 장에서 취급하는 사항은 다음과 같이 크게 세 가지로 구분된다.

첫 번째는 기초지반이 하중을 받아 전단파괴가 발생될 시의 지반의 파괴 형태를 설명한다.

두 번째는 기초지반의 지지력을 결정할 수 있는 방법을 체계적으로 구분·정리하며 이들 방법에 대하여 상세히 설명한다.

세 번째는 기초지반의 지지력에 영향을 미치는 요소를 열거하고 이들 영향을 고려하는 방법을 각 요소별로 설명한다.

5.1 지지력 결정 방법

5.1.1 지지력 결정 방법의 분류

얕은 기초의 지지력을 결정할 수 있는 방법은 그림 5.1에 분류된 바와 같이 해석적 방법과 경험적 방법의 두 가지로 크게 분류할 수 있다.[2-4]

우선, 해석적 방법은 실내토질시험이나 추정에 의하여 결정된 토질정수를 활용하여 지지력 공식 등에 대입하여 해석적으로 지지력을 산정하는 방법이다. 현재 이 방법에 적용되고 있는 지지력공식으로는 Terzaghi 공식, Meyerhof 공식 및 Brinch Hansen 공식이 가장 많이 사용되고 있다.[37-40] 이들 공식 이외에도 많은 연구자들에 의하여 지지력공식이 유도 연구되어오고 있다.[13-16] 이들 지지력공식을 구하기 위하여 적용된 이론에 의거하여 구분하면 그림 5.1과 같이, 탄성론, 고전토압론 및 소성론으로 구분할 수 있다. 소성론은 한계평형법(limite quilibrium method)과 한계해석법(limit analysis method)으로 구분되며 가장 많이 사용되는 이론이다.[17,20,23,24] 이들 지지력공식에 의한 해석방법 이외의 해석방법으로는 FEM, FDM 등에 의한 수치해석방법을 들 수 있다.

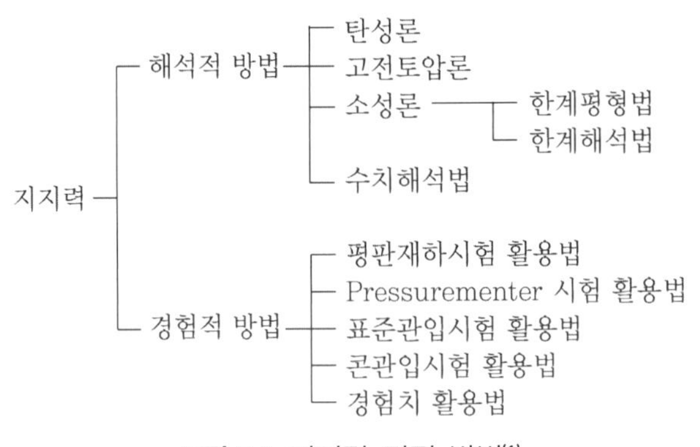

그림 5.1 지지력 결정 방법[1]

한편, 경험적 방법은 현장에서 시험으로 얻은 정보나 과거의 경험을 활용하여 지지력을 간접적으로 추정하는 방법이다. 이 방법으로는 그림 5.1에 분류된 바와 같이 평판재하시험 활용법, Pressuremeter 시험 활용법, 표준관입시험 활용법, 및 콘관입시험 활용법과 같이 현장에서 실시된 시험 결과를 지반의 지지력과 경험적으로 연결시키는 방법이다. 현장시험 결과에 의한 방법 이외의 경험적 방법으로는 시방서나 핸드북 등에 정리되어 있는 지지력 도표를 활용하는 방법을 들 수 있다.

5.1.2 해석적 방법

현재 기초지반의 지지력을 산정하기 위한 해석방법으로 여러 가지방법이 제안 되고 있으나 이들을 특성별로 분류하면 그림 5.1과 같이 크게 4가지로 구분된다. 이 4가지 해석법 중 처음 세 가지는 지반의 안정문제와 관련하여 지지력을 구하는 방법이며 네 번째의 수치해석법은 지반 내의 응력분포나 기초지반의 침하 해석에 적용되고 있다.

우선 탄성론에 의거하여 지지력을 구하는 방법은 지반에 가하여지는 하중이 지반에 응력을 유발시키고 이로 인한 변형이 침하가 되므로 이들 사이의 관계를 탄성론에 의거하여 유도하고 지지력을 역으로 환산하는 방법이다. Schlicher는 후팅하중에 의하여 지중에 발생되는 지중응력을 Boussinesq 해를 이용하여 구하고 여기에 허용침하량을 대입하여 기초저면에서의 접지압을 지지력으로 구하였다.

고전토압론에 의거하여 지지력을 구하는 방법은 기초지반 내에 Rankine 파괴면을 고려하여 지지력을 Rankine 토압과 관련시켜 산출하는 방법으로 Pauker, Bell 등의 연구가 이 범주에 속한다.

소성론은 한계평형법과 한계해석법의 두 가지로 구분할 수 있다. 한계평형법은 일반 교과서에 가장 많이 설명되어 있는 방법이다.[5,9,37-40] 이 해석법은 원래 파괴선법(slip-line method)의 근사해법이라 할 수 있다. 파괴선법은 후팅하부지반에 전단선군 또는 파괴선군의 망을 형성한 파괴선장을 생각하여 평형방정식과 항복 규준에 의하여 지지력을 구하는 방법인데 복잡하여 수치해석이나 도해법을 사용하는 경우가 많다(한계평형법은 파괴선상에 근사적 접근을 시도한 방법이다).[6,8,35] 이 해석법으로 해를 구하기 위해서는 파괴선의 형상과 파괴면상의 수직응력분포에 대한 가정이 필요하게 된다. 통상적으로 이 응력분포는 항복조건과 전체적 평형방정식을 만족해야 한다.

한편 한계해석법에서는 흙의 응력-변형률 관계를 항복조건과 더불어 이상적인 방법으로 고려하고 있다. 소성론에서의 직교성(normality)과 흐름법칙(flow rule)은 한계해석의 기본이 되는 한계정리(limit theorems)로 정밀해의 상계치(upper bound)와 하계치(lower bound)를 구한다. 상계치는 속도경계조건을 만족하는 이동속도장(kinematic velocity field)으로 계산되며 하계치는 응력경계조건을 만족하는 어느 곳에서도 파괴조건을 범하지 않는 정적인 응력장으로 구하여진다. 만약 두 해가 일치하면 이 방법은 정밀해를 주게 된다(Chen, 1975; Liu, 1990).[10,11] 이 방법은 효과적으로 다른 방법에서 지금까지 취급하지 못한 어려운 후팅문제를 해석하는 데 활용되고 있다.

이상의 해석법은 지지력공식을 유도하는 접근방법은 모두 다르지만 최종적인 지지력의 형태는 서로 동일한 형태로 정리되고 있는 특징이 있다. 즉, 지지력공식은 대부분 Terzaghi 지지력공식으로 알려져 있는 식 (5.1)과 같은 간단한 형태로 정리·제안되고 있다.

$$q_u = cN_c + qN_q + \frac{1}{2}\gamma BN_\gamma \tag{5.1}$$

여기서, q_u : 극한지지력

c : 지반의 접착력

q : 기초저면 상부 토사의 상재압(γD_f)

γ : 지반의 단위체적중량

B : 후팅기초의 폭

N_c, N_q, N_γ : 지지력계수

식 (5.1) 중 지지력계수 N_c, N_q, N_γ는 지반의 내부마찰각의 함수로 정리되고 있으나 지지력공식 제안자마다 약간의 차이가 있음을 주의하여야 한다.

수치해석법은 유한차분법(FDM)과 유한요소법(FEM)으로 구분할 수 있다. 유한차분법은 수학적 근사해법인 반면에 유한요소법은 구조적 근사해법이다. 유한차분법은 앞에서 설명한 파괴선법이나 한계해석법중 복잡한 미분방정식의 해석해가 구해지기 어려울 경우 수학적으로 근사해를 구하고자 할 경우 활용된다. 반면에 유한요소법은 지반을 여러 개의 요소로 분할하여 이들 요소가 서로 연결되어 있는 것으로 생각함으로써 지반을 구조적으로 근사시킨 결과가 되게 한다. 이 근사적 구조에 지반의 응력－변형률 관계 구성식을 도입하여 하중과 침하를 구하여 가는 방법으로 지반의 파괴에 대한 안정문제와는 다소 관점이 다른 방법이다.

5.1.3 경험적 방법

기초지반의 지지력은 현장에서 직접기초에 실하중을 가하여 구하는 것이 가장 확실한 방법

이라 할 수 있다. 그러나 이러한 조사를 하려면 여러 가지 제약이 따르게 된다. 즉, 실제 크기의 기초를 설계 깊이에 설치할 수 있다고 하더라도 실하중을 가할 수 있는 재하장치를 구하기란 실제구조물을 축조하기 전에는 거의 불가능하다. 따라서 직접시험에 의하여 지지력을 구할 수가 없으므로 이에 근접시키기 위하여 여러 가지 경험적 요소를 도입하게 되었다.

우선, 기초면적보다 재하면적을 줄임으로써 하중도 줄일 수 있으므로 적은 면적의 평판에 재하시험을 실시하는 평판재하시험을 활용하게 되었다. 재하면적과 재하중의 범위가 다른 관계로 실제상황과 재하시험상황 사이의 관계를 경험적으로 연결시켜 지지력을 산출하는 방법이다.

또한 현장의 전단강도나 하중지지능력을 간접적으로 조사하는 Pressuremeter 시험, 표준관입시험 및 콘관입시험의 결과를 지지력과 경험적으로 연결시킬 수 있다. 즉, 이들 시험으로 얻어진 한계압 P_l, N값 및 콘관입저항값 q_c를 지지력과 연결시킨 상관관계 연구 결과를 활용하여 지지력을 구할 수 있다.

그 밖에도 현장에서 전혀 시험을 실시하지 않았지만 과거 연구자나 기술자가 여러 가지 방법으로 얻은 경험적 지지력을 정리 도표화하여 사용하는 방법을 들 수 있다. 이 방법은 각종 시방서나 핸드북에 지반의 종류에 따라 정리·제시되어 있다.

5.2 탄성론 - Schlicher법

Boussinesq의 응력분포와 탄성론에 의거 기초의 탄성침하량 s는 식 (5.2)와 같다.

$$s = Kq\sqrt{A}\,\frac{(1-\nu^2)}{E} \tag{5.2}$$

여기서, s : 등분포하중(기초) q에 의한 기초저면에서의 탄성침하량

K : 영향계수(슬라브의 강성, 접지면의 형태, 하중분포형태, 침하량을 구하려는 슬래브 내의 위치 등에 영향을 받음)

q : 슬래브에서 지반에 전달되는 순압력

A : 슬래브의 면적

E : 지반의 탄성계수

ν : 지반의 포아송비

$c = \dfrac{E}{(1-\nu^2)}$ 이면 식 (5.2)로부터 식 (5.3)과 같이 q를 구한다.

$$q = \frac{sc}{K\sqrt{A}} \tag{5.3}$$

탄성침하량식에서 다음 관계가 성립한다.

$$\frac{s_1}{s_2} = \sqrt{\frac{A_1}{A_2}} \tag{5.4}$$

이 식은 모형실험에서 얻은 침하량 s_1으로 실제침하량 s_2를 추정하는 데 활용 가능하다. 이 식으로 침하량 추정이 끝나면 식 (5.3)으로 q를 구할 수 있다.

5.3 고전토압론에 의한 방법

5.3.1 Rankine의 기본 이론

기초지반 내에 Rankine 파괴면을 고려하여 지반 속에 파괴가 발생할 때의 토압을 구하여 지지력을 구하는 방법이다. 이 경우 파괴면에 발생되는 응력을 주응력으로 하여 주응력 사이의 관계를 Mohr 응력원으로부터 설명할 수 있다.

우선 점착력이 없는($c=0$) 사질토지반을 대상으로 지지력을 유도해본다. 기초 바로아래 요소 I과 바깥쪽으로 (동일 깊이의) 요소 II를 선택하여 이들 두 요소가 파괴될 때의 관계를 고려해본다. 요소 I은 주동 상태에 있으므로 연직응력 σ_{VI}이 최대주응력이 되며 수평응력 σ_{HI}이 최소주응력이 되어 이들 주응력은 그림 5.2에 도시된 Mohr 응력원 I과 같이 되며 다음과 같은 식으로 표현된다.

$$\sigma_{HI} = \sigma_{VI} K_A$$

연직응력 σ_{VI}는 기초의 접지압 q_u와 같으므로 수평응력 σ_{HI}은 식 (5.5)와 같이 된다.

$$\sigma_{HI} = q_u K_A = q_u \left(\frac{1 - \sin\phi}{1 + \sin\phi} \right) = q_u N_\phi^{-1} \tag{5.5}$$

여기서, $N_\phi = \tan^2(\pi/4 + \phi/2)$

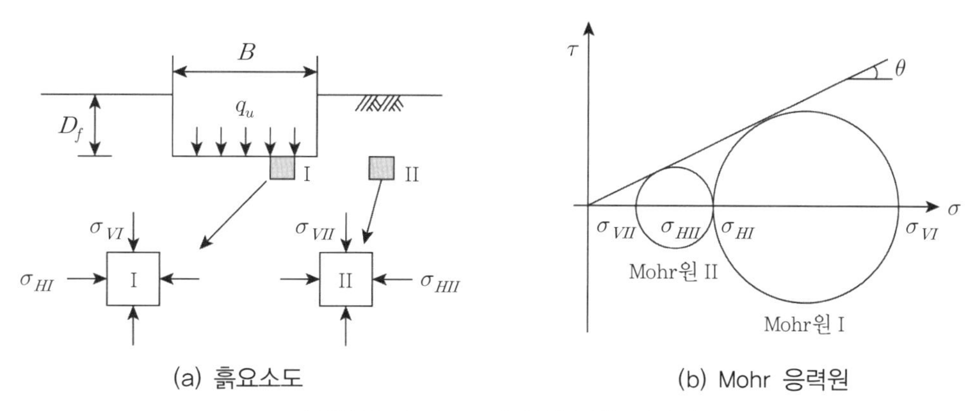

그림 5.2 Rankine 이론에 의한 지지력

한편 요소 II는 수동 상태에 있으므로 연직응력 σ_{VII}가 최소주응력이 되며, 수평응력 σ_{HII}이 최대주응력이 되어 다음과 같이 쓸 수 있다.

$$\sigma_{HII} = \sigma_{VII} K_P$$

여기서, $\sigma_{VII} = \gamma D_f$이므로 σ_{HII}는 식 (5.6)과 같이 된다.

$$\sigma_{HII} = \gamma D_f K_P = \gamma D_f \left(\frac{1 + \sin\phi}{1 - \sin\phi} \right) = \gamma D_f N_\phi \tag{5.6}$$

요소 I의 수평응력 σ_{HI}와 요소 II의 수평응력 σ_{HII}가 같다면, Mohr 응력은 그림 5.2(b)와 같

이 되고 식 (5.5)와 식 (5.6)을 같게 놓을 수 있으며 이를 q_u 에 대하여 정리하면 식 (5.7)과 같다.

$$q_u = \gamma D_f N_\phi^2 \tag{5.7}$$

Pauker(1889)도 유사한 방법으로 식 (5.7)의 관계식을 유도하였다. 그러나 이 식은 $D_f=0$ 인 경우 지지력이 0이 된다. 이는 지표면에 기초를 설치하면 지지력이 없다는 모순을 가지게 되므로 실제에 맞지 않게 된다. 이 식은 기초가 필요로 하는 최소근입깊이를 구하기 위한 식으로 다음과 같이 쓰기도 한다.[1]

$$D_f = \frac{q}{\gamma} N_\phi^{-2} \tag{5.8}$$

Bell(1995)은 $c \neq 0$인 흙에 이 원리를 적용하여 식 (5.9)를 제안하였다.[1]

$$q_u = \gamma D_f N_\phi^2 + 2c\sqrt{N_\phi}(1+N_\phi) \tag{5.9}$$

이 식은 $c=0$일 경우 식 (5.7)과 동일해지며 $\phi=0$인 지반에서는 식 (5.10)과 같이 된다.

$$q_u = \gamma D_f + 4c \tag{5.10}$$

더욱이 $D_f=0$이면

$$q_u = 4c \tag{5.11}$$

가 되어 점토지반의 지표면에 기초가 설치되어 있을 경우의 지지력에 해당되나 실제보다 너무 적은 값이 된다.

5.3.2 쐐기이론

앞의 Rankine 토압이론을 기초지반 아래 쐐기에 적용시켜 지지력을 산정할 수 있다.[9,40] 보통 토사지반($c-\phi$ 지반) 속 깊이 D_f 위치에 설치한 띠후팅(L/B가 충분히 큼)을 대상으로 앞의 Rankine 토압이론을 적용시켜 지지력을 구해본다.

그림 5.3에서 보는 후팅 아래에 두 개의 쐐기를 I(△ABC) 및 II(△ABD)와 같이 정하고 파괴가 BC와 BD에서 발생되는 것으로 가정한다. 여기서 쐐기 I은 Rankine의 주동 상태에 있으므로 주동쐐기로 정하고 쐐기 II는 Rankine의 수동 상태에 있으므로 수동쐐기로 정한다. 즉, 주동쐐기 I은 파괴 시 아래로 이동하면서 우측으로 미끄러지려 하며 수동쐐기 II는 우측으로 밀리면서 상부로 들어 올려진다. 이때 두 쐐기의 경계면 AB에 각각의 쐐기로부터 수평토압 P가 작용하게 되는데 여기서 그 크기는 같고 방향이 반대가 된다고 가정을 하면 지지력이 다음과 같이 구해진다.

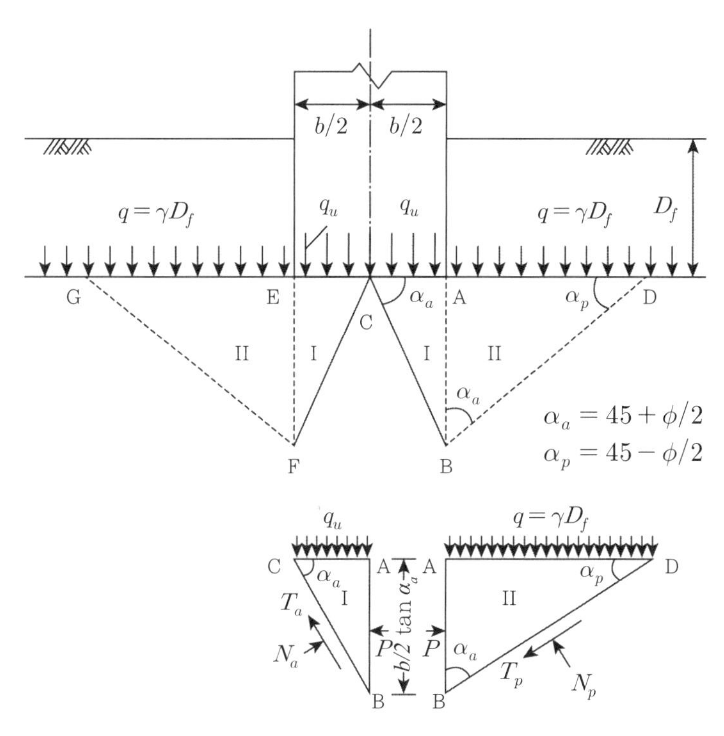

그림 5.3 후팅의 크기를 고려한 Rankine의 방법

우선, 쐐기 I의 주동영역에서는 AB면에 측방토압력 P가 Rankine의 주동토압공식으로부터 식 (5.12)와 같이 구해진다.

$$P = \frac{1}{2}\gamma H^2 K_a - 2cH\sqrt{K_a} + q_u K_a H \tag{5.12}$$
$$= \frac{1}{2}\gamma H^2 N_\phi^{-1} - 2cHN_\phi^{-\frac{1}{2}} + q_u HN_\phi^{-1}$$

여기서 H는 AB의 길이이고, 주동토압계수 $K_a = \tan^2\left(45° - \frac{\phi}{2}\right)$이며 마지막 항은 기초하중 q_u에 의한 구속효과를 나타낸다.

한편, 쐐기 II의 수동영역에서는 AB면에 측방토압력 P가 Rankine의 수동토압공식으로부터 식 (5.13)과 같이 구해진다.

$$P = \frac{1}{2}\gamma H^2 K_p - 2cH\sqrt{K_p} + qK_p H \tag{5.13}$$
$$= \frac{1}{2}\gamma H^2 N_\phi - 2cHN_\phi + qHN_\phi$$

여기서 수동토압계수 $K_p = \tan^2\left(45° + \frac{\phi}{2}\right)$이고 q는 상재압 γD_f이다. 식 (5.12)와 식 (5.13)의 P는 가정에 의하여 같으므로 두 식을 같게 놓고 q_u에 대하여 정리하면 식 (5.14)와 같이 된다.

$$q_u = \frac{1}{2}\gamma H(N_\phi^2 - 1) + 2cN_\phi\left(N_\phi^{\frac{1}{2}} + N_\phi^{-\frac{1}{2}}\right) + qN_\phi^2 \tag{5.14}$$

△ABC의 기하학적 관계로부터 식 (5.15)가 성립된다.

$$H = \frac{B}{2\tan\left(45° - \frac{\phi}{2}\right)} = \frac{1}{2}BN_\phi^{-\frac{1}{2}} \tag{5.15}$$

식 (5.15)를 식 (5.14)에 대입하면 식 (5.16)이 구해진다.

$$q_u = 2c\sqrt{N_\phi}(N_\phi + 1) + \gamma D_f N_\phi^2 + \frac{1}{2}\gamma B \frac{1}{2} N_\phi^{-\frac{1}{2}}(N_\phi^2 - 1) \tag{5.16}$$

여기서, 지지력계수를 식 (5.17)과 같이 정하면 식 (5.16)은 식 (5.1)과 동일한 식 (5.18)과 같이 일반적인 지지력공식의 형태로 정리된다.

$$N_\gamma = \frac{1}{2} N_\phi^{-\frac{1}{2}}(N_\phi^2 - 1) \tag{5.17a}$$

$$N_q = N_\phi^2 \tag{5.17b}$$

$$N_c = 2\sqrt{N_\phi}(N_\phi + 1) \tag{5.17c}$$

$$q_u = cN_c + qN_q + \frac{1}{2}\gamma B N_\gamma \tag{5.18}$$

이 식 (5.18)은 현재 지반공학 분야에서 사용되는 여러 지지력공식의 일반적인 형태로 쓰이고 있다. 다만, 지지력계수 N_c, N_q, N_γ의 값은 지지력공식의 제안자에 따라 각각 다르게 제시되고 있다. $\phi=0$일 경우 식 (5.16)은 식 (5.10)과 동일하게 된다.

그러나 식 (5.18)의 쐐기이론에 의한 지지력공식은 다음과 같은 문제점이 있는 관계로 실제 지지력을 과소산정하는 경향이 있다.

① 두 쐐기의 경계면에서의 전단저항이 무시되어 있다.

② 실제 파괴면은 두 쐐기면에서와 같이 직선 파괴 형태가 아니다.

French(1989)는 기초저면의 쐐기파괴면을 수정하고 기초저면의 지중연직응력을 2:1 법에 의거 산정하여 지지력공식을 유도하여 식 (5.17)과 다른 지지력계수를 제시하였다.[18]

5.4 한계평형법에 의한 지지력공식

5.4.1 개 론

후팅기초의 극한하중은 평면변형률이나 축대칭 상태에서의 탄소성해석으로 구해진다. 그러나 이 경우 적합한 해를 얻기 위해서는 복잡한 지반거동을 예측할 수 있는 수학적 모델이나 응력-변형률-시간의 구성방정식을 선택하여야만 한다. 현재 이런 문제에 대한 해석능력이 많이 개선되었음에도 불구하고 지지력 이론은 아직도 고전적 소성이론인 강소성론에 의한 해석 결과를 많이 사용하고 있다. 강소성론에서는 전단파괴가 발생하거나 파괴 후 일정 응력 상태에서의 소성 유동이 발생되기 전까지는 변형이 발생되지 않는다고 가정하고 있다. 따라서 엄밀하게 말하면 현재 사용되고 있는 극한하중의 이론은 비압축성 지반이나 전면전단파괴지반에 국한된다고 할 수 있다. 그러나 압축성지반의 경우는 압축성의 효과를 고려하여 극한하중을 감소시켜 사용하면 충분히 실용성이 있다고 하겠다.

얕은기초의 지지력 발생기구의 개략도는 그림 5.4와 같다. 즉, 폭 B, 길이 L인 사각형 단면기초가 반무한 균질지반 속 깊이 D_f인 위치에 설치되어 있는 경우를 대상으로 지지력을 구하게 된다. 이 지반은 유효단위체적중량이 γ이며 점착력 c와 내부마찰각 ϕ로 정의되는 전단특성을 가지며 응력-변형률 거동은 순간탄성-완전소성의 탄소성거동을 가지는 것으로 취급하고 있다. 극한지지력을 구하는 문제는 이 기초가 지지할 수 있는 최대단위하중 $q_0 = Q_0/BL$을 구하는 것이다.

이 문제를 풀기 위해서는 다음과 같은 가정이 필요하다.

① 기초근입부 상재지반 속 파괴면에 대한 전단저항(그림 5.4(a)의 bc선)은 무시한다.
② 상재지반과 기초측면 사이(그림 5.4(a)의 ad선)의 마찰 및 상재지반과 지지지반 사이(그림 5.4(a)의 ab선)의 마찰은 무시한다.
③ 기초의 길이 L은 폭 B에 비하여 충분히 크다고 가정한다. 즉, 상재지반은 등분포하중 $q = \gamma D_f$로 계산하여 평변변형률 상태의 2차원 문제로 취급한다.

앞의 가정 중 ①과 ②는 대부분의 경우 정당화될 수 있으며 항상 안전측의 결과를 가져온다. 기초는 굴착지반이나 성토다짐지반에 놓이며 상재지반은 통상적으로 연약하고 균열이 가기 쉽다. 기초를 띠모양 기초로 취급하는 가정을 만족하기 위해서는 $L/B \geq 10$이어야 하나 통상 $L/B \geq 5$의 경우 적용 가능하다. 만약 $L/B < 5$인 경우와 사각형이 아닌 기초의 경우는 따로 보정을 해야 한다(뒤에 설명함).

기초의 파괴영역은 그림 5.4(c)에서 보는 바와 같이 세 영역으로 구성되어 있다. I영역은 삼각형 쐐기부분의 주동 상태 영역이고, II영역은 소성 상태 영역이며 III영역은 수동 상태 영역이다. 주동영역이 하중을 받아 아래로 이동하면, 소성영역은 측방으로 밀려나며 수동영역은 상방향으로 밀려나게 된다.

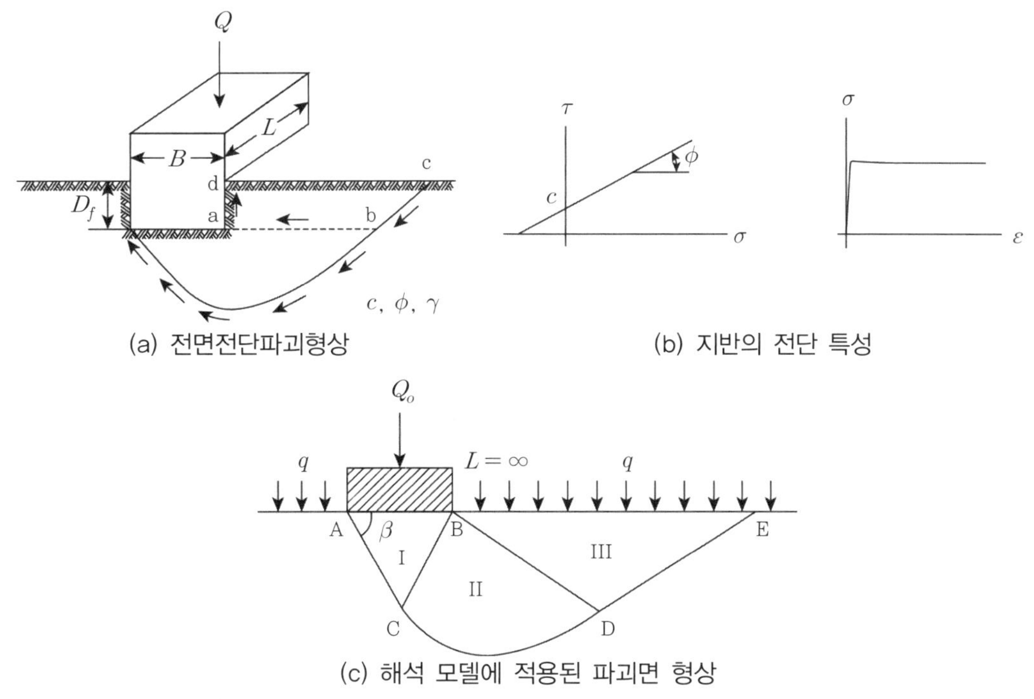

그림 5.4 한계평형법에 의한 얕은기초의 지지력 발생기구

이동토괴 ACDE의 하부경계면은 AC와 DE의 두 개의 직선(수평면에 각각 $45° + \phi/2$ 및 $45° - \phi/2$로 경사짐)과 연결곡선 CD로 구성되어 있다. 곡선 CD는 내부마찰각 ϕ와 $\gamma B/q$의 크기에 영향을 받는다. 즉, $\gamma B/q$가 0에 근접하면 (무게가 없는 지반)곡선 CD는 대수나선이 되며 $\gamma = 0$이면 원에 접근한다. 일반적으로 $\gamma B \neq 0$이므로 곡선 CD는 $\phi \neq 0$이 아닌 한 나선과 원 사이에 놓이게 된다. 이러한 사실은 경험적으로 확인된 바 있다(De Beer & Vesic, 1958)[14](모래지반상의 장대사각형 후팅에서는 β각이 $45° + \phi/2$보다 약간 크게 나타나고 있다).

5.4.2 Prandtle의 지지력공식

한계평형법에 의한 기초지반의 극한지지력 연구는 1920년대 초 Prandtle이 소성평형이론에 의거하여 극한지지력을 유도하면서부터 시작되었다. Prandtle은 금속의 펀치이론으로부터 단단한 물체를 상대적으로 연약한 물체 속에 관입시키려 할 경우 발생되는 관입저항력을 대상으로 하였다. 이는 콘크리트와 같은 강체의 후팅을 상대적으로 약한 지반에 관입시키는 경우에 해당된다.

그림 5.5는 $c-\phi$ 지반의 지지력을 결정하는 Prandtle 이론의 파괴면(그림 5.5(a))과 전단특성도(그림 5.5(b))이며 Prandtle의 지반에 대한 가정을 정리하면 다음과 같다.

① 지반은 균질, 등방, 자중이 없는 재료이다.
② 지반은 Mohr-Coulomb 파괴규준을 만족하는 재료이다(그림 5.5(b) 참조).
③ 지반의 파괴부분을 주동영역(I), 소성영역(II) 및 수동영역(III)의 세 부분으로 구분하고 주동영역(I)과 수동영역(III)은 강체거동을 하고 II영역은 소성변형거동을 한다(그림 5.5(a) 참조). 이 소성변형구간에서는 A점과 B점 사이를 통과하는 모든 반경 방향 벡터나 면은 파괴면이며 곡선경계면은 대수나선이다.
④ I영역은 탄성적으로 아래로 이동하며 III영역을 상부로 밀어버리는 경향이 있다. 이때 수동저항이 발생된다.
⑤ I영역 안의 응력은 정수압적으로 모든 방향으로 전달된다.
⑥ 기초와 지반 사이의 접촉면마찰저항이 없다.

위의 가정에 의거하여 기초 아래 삼각형 쐐기부분인 I영역이 지중에 관입되면 II영역과 III영역이 밀려나게 되며 이 움직임에 저항하여 대수나선구간(CD)와 직선구간(DE)의 파괴면에서 전단저항력이 발달하게 된다. 이때 이 파괴면에 작용하는 전단강도를 $\tau = c + \sigma \tan\phi$로 하여 극한지지력을 유도하게 된다. 이 유도과정은 Jumikis에 의하여 상세하게 설명되어 있다.[21,22] Venkatramaiah는 다른 방법으로 간략하게 유도하여 동일한 결과를 제시하였다.[40]

그림 5.5(a)에 도시된 BC에서의 반경을 r_0라 하면 BC에서 θ만큼의 각도에서의 반경 r은 대수나선식으로 다음과 같다(가정 ③에 의거).

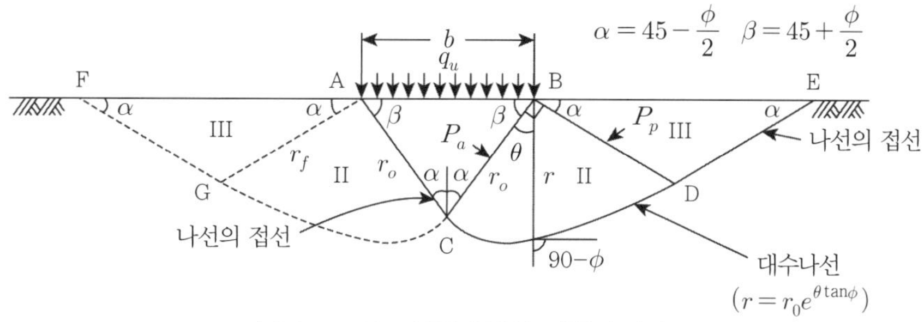

(a) Prandtle 이론에서의 지반파괴면

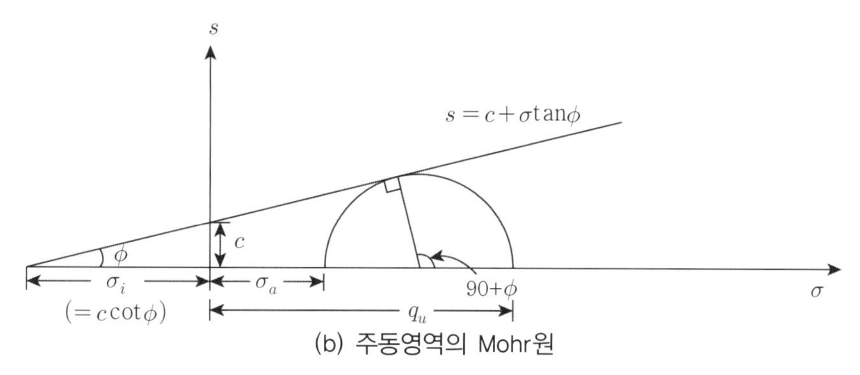

(b) 주동영역의 Mohr원

그림 5.5 $c-\phi$지반의 지지력을 결정하는 Prandtle 이론

$$r = r_0 e^{\theta \tan\phi} \tag{5.19}$$

각 CBD는 90°이므로 BD의 길이 $r_{\pi/2}$는 다음과 같다.

$$r_{\pi/2} = r_0 e^{\frac{\pi}{2}\tan\phi} \tag{5.20}$$

그림 5.5(b)의 Mohr 응력원에서 점착력 c에 대응하는 수직응력 σ_i를 구하면 다음과 같다.

$$\sigma_i = c\cot\phi \tag{5.21}$$

이 σ_i를 초기응력이라 하며 위의 가정⑤에 의거 BC면에 수직으로 작용한다. 기초의 접지압 q_u가 BC면상에 수직으로 전달된다면, BC면상의 힘 P_a는 다음과 같다.

$$P_a = r_0(\sigma_i + q_u) \tag{5.22}$$

B점에서의 전도모멘트 M_d는 다음과 같다.

$$M_d = r_0(\sigma_i + q_u)\frac{r_0}{2} \tag{5.23}$$

식 (5.23)에 식 (5.21)을 대입하면

$$M_d = \frac{r_0^2}{2}(c\cot\phi + q_u) \tag{5.24}$$

한편, BD면상의 수동저항 P_p는 다음과 같다.

$$\begin{aligned} P_p &= \sigma_i K_p r_{\pi/2} \\ &= \sigma_i N_\phi r_0 e^{\frac{\pi}{2}\tan\phi} \end{aligned} \tag{5.25}$$

이 힘의 B점에 대한 저항모멘트 M_r은 다음과 같다.

$$\begin{aligned} M_r &= \sigma_i N_\phi \frac{1}{2} r_{\pi/2}^2 \\ &= c\cot\phi N_\phi \frac{1}{2} r_0^2 e^{\pi\tan\phi} \end{aligned} \tag{5.26}$$

소성변형영역 II의 평형조건으로 M_d와 M_r을 같게 놓고 q_u에 대하여 정리하면 다음과 같다.

$$q_u = c\cot\phi\left(N_\phi e^{\pi\tan\phi} - 1\right) \tag{5.27}$$

$\phi=0$일 경우 대수나선 부분은 원형이 되며 지지력은 L'Hospital의 법칙으로 다음과 같이

된다.

$$q_u = (\pi + 2)c = 5.14c \tag{5.28}$$

그러나 이 식은 점착력 c가 0이면 지지력이 0이 되는 모순을 가지고 있다. 즉, 점착력이 없는 사질토지반의 경우 지지력이 없다는 의미가 된다. 그러나 실제사질토지반은 지지력도 크고 압축성도 적어 얕은기초를 설치하기에 점성토지반보다 훨씬 적합한 지반으로 알려져 있다. 이러한 점을 보완하기 위하여 Terzanghi와 Taylor는 점착력을 추가하여 식 (5.27)을 각각 식 (5.29) 및 식 (5.30)과 같이 수정하여 제안하였다.[1]

$$q_u = (c\cot\phi + \gamma H_1)(N_\phi e^{\pi\tan\phi} - 1) \ \text{(Terzaghi)} \tag{5.29}$$

$$q_u = \left(c\cot\phi + \frac{1}{2}\gamma B\sqrt{N_\phi}\right)(N_\phi e^{\pi\tan\phi} - 1) + \gamma D_f N_\phi e^{\pi\tan\phi} \ \text{(Taylor)} \tag{5.30}$$

이 식의 지지력계수 N_c, N_q, N_γ는 식 (5.31)과 같이 정하면 식 (5.18)과 같은 일반적인 지지력공식의 형태로 정리될 수 있다.

$$N_c = (N_\phi - 1)\cot\phi \tag{5.31a}$$

$$N_q = N_\phi e^{\pi\tan\phi} \tag{5.31b}$$

$$N_\gamma = (N_\phi - 1)\sqrt{N_\phi} = (N_\phi - 1)\tan(\pi/4 + \phi/2) \tag{5.31c}$$

지지력계수 N_c, N_q, N_γ 중 특히 N_γ에 대하여는 후에도 여러 사람이 다음과 같이 많은 식이 제안되었다.

Meyerhof(1963)[29] : $N_\gamma = (N_\phi - 1)\tan(1.4\phi)$ (5.32a)

Brinch Hansen(1961)[6] : $N_\gamma = 1.8(N_\phi - 1)\tan\phi$ (5.32b)

Vesic[41-43] : $N_\gamma = 2(N_q + 1)\tan\phi$ (5.32c)

DIN 4017[1] : $N_\gamma = 2(N_\phi - 1)\tan\phi$ (5.32d)

$\fallingdotseq 0.08\exp(0.18\phi)$

여러 문헌에 의하면 지지력계수에 대하여 제안된 해는 매우 변화가 크다. 이 중 N_c와 N_q값은 비교적 차이가 적으나 N_γ값의 차이는 대단히 크다. Vesic(1975)의 조사에 의하면 N_γ값의 차이는 식 (5.32c)의 값에 1/3에서 2배 사이의 범위에 분포한다고 한다.[43]

5.4.3 Terzaghi의 지지력공식

Terzaghi(1943)는 근본적으로는 Prandtle의 지지력공식과 유사한 방법으로 몇 가지 수정을 가하여 기초 설계에 지지력공식을 실용화시키는 데 성공할 수 있었다.[38] Prandtle 방법을 수정한 사항은 다음의 3가지로 크게 볼 수 있다.

① 기초저면은 거친면으로 되어 있어 기초와 지반 사이에 마찰저항이 작용한다.
② 기초저면은 지표면아래 D_f의 근입심도에 놓여 있으면 기초저면 상부의 토사중량을 상재하중 $q=\gamma D_f$가 작용하는 것으로 간주한다.
③ 기초저부 삼각형쐐기(주동영역)부의 각도(수평축과의 각도)는 Prandtle의 $(45°+\phi/2)$ 대신 내부마찰각 ϕ로 가정한다.

파괴면의 형상은 그림 5.6에서 보는 바와 같이 Prandtle의 파괴면과 근본적으로 같다고 할 수 있다. 즉, 파괴면 상부의 토괴는 다음과 같은 세 영역으로 구분한다.

① I영역 : 기초 바로 아래 Rankine의 주동쐐기영역으로 최대주응력 방향이 연직이라 가정한다.
② II영역 : 삼각형 BCD 및 ACG는 소성변형거동을 하는 나선전단영역이다. 이 영역의 양 경계면 BD(AG) 및 BC(AC)는 각각 수평축과 $(45°-\phi/2)$ 및 ϕ 각도를 이룬다.
③ III영역 : Rankine의 수동쐐기영역으로 삼각형 AGF 및 BDE 부분에 해당되며 수평축과 $(45°-\phi/2)$의 각도를 이루는 파괴선을 가진다.

기초저면의 삼각형쐐기 ABC가 기초하중에 의하여 아래로 관입되려 할 때 쐐기의 양 경계면 AC와 BC에서의 점착력과 수동토압력으로 저항한다고 생각한다. 그러나 이 지지력공식은 다음과 같은 점이 결점으로 지적되고 있다.

① 기초저면 토사층을 지나 지표면까지의 파괴면 전단저항이 무시되어 있다.

② 지반의 수동영역 파괴면이 직선이 아니다.

③ 삼각형 쐐기의 각이 ϕ가 아니고 $(45° + \phi/2)$에 가깝다. ϕ라고 할 경우 점토에서는 쐐기가 형성되지 않는다는 모순이 있다.

그러나 이러한 결점은 모두 Terzaghi 지지력공식이 과소산정의 원인이 되어 안전측의 오차에 해당되고 그동안의 적용 실적이 많은 관계로 아직도 세계적으로 Meyerhof 지지력공식[25]과 더불어 가장 많이 사용되고 있다.

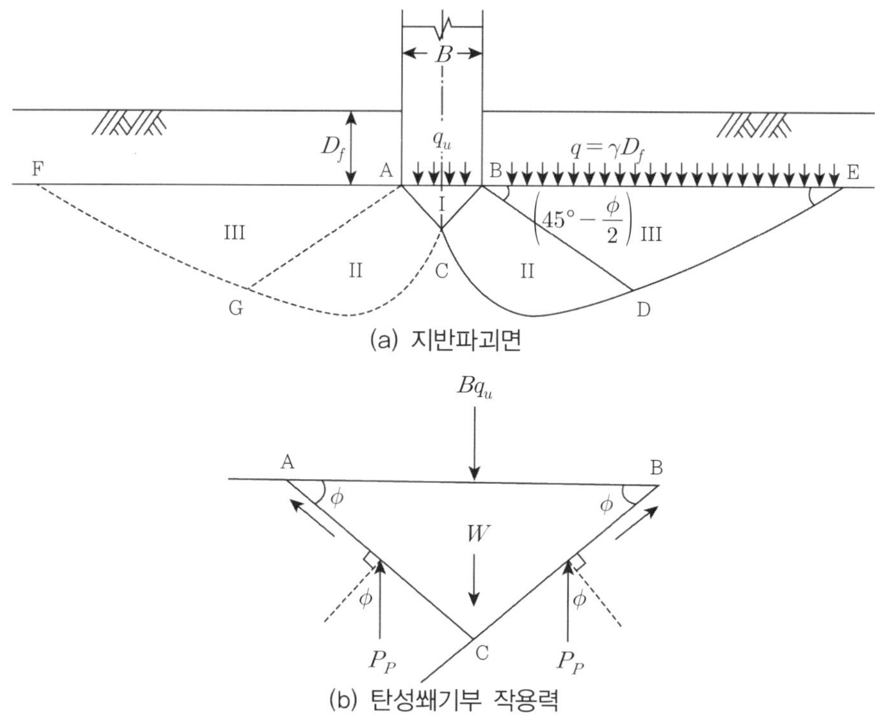

(a) 지반파괴면

(b) 탄성쐐기부 작용력

그림 5.6 Terzaghi의 지지력 개념도[38]

Terzaghi의 지지력공식은 후팅기초의 형상에 따라 다음과 같이 구분·적용된다.

연속(띠) 후팅기초 : $q_u = cN_c + qN_q + \frac{1}{2}\gamma BN_\gamma$ (5.33a)

정사각형 후팅기초 : $q_u = 1.3cN_c + qN_q + 0.4\gamma BN_\gamma$ (5.33b)

원형 후팅기초 : $q_u = 1.3cN_c + qN_q + 0.3\gamma BN_\gamma$ (5.33c)

여기서, q : 상재압 γD_f

지지력 계수 N_c, N_q, N_γ는 다음과 같다.

$$N_c = (N_\phi - 1)\cot\phi \tag{5.34a}$$

$$N_q = \frac{a^2}{2\cos^2(45° + \phi/2)} \tag{5.34b}$$

$$N_\gamma = \frac{1}{2}\tan\phi\left(\frac{K_{pr}}{\cos^2\phi} - 1\right) \tag{5.34c}$$

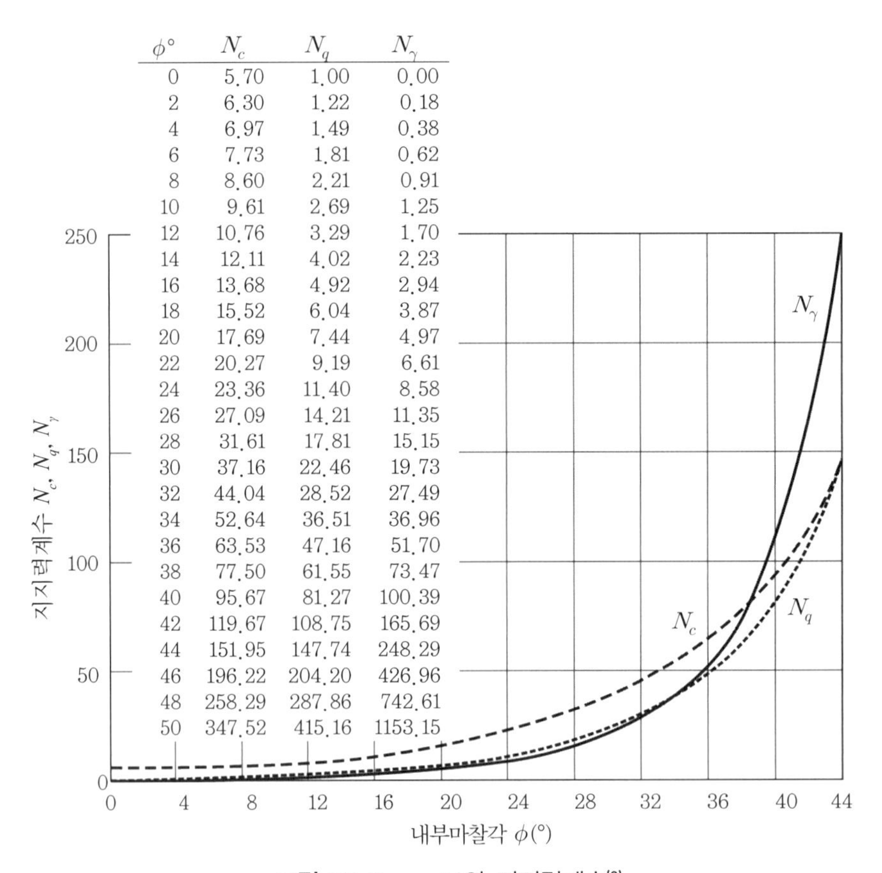

$\phi°$	N_c	N_q	N_γ
0	5.70	1.00	0.00
2	6.30	1.22	0.18
4	6.97	1.49	0.38
6	7.73	1.81	0.62
8	8.60	2.21	0.91
10	9.61	2.69	1.25
12	10.76	3.29	1.70
14	12.11	4.02	2.23
16	13.68	4.92	2.94
18	15.52	6.04	3.87
20	17.69	7.44	4.97
22	20.27	9.19	6.61
24	23.36	11.40	8.58
26	27.09	14.21	11.35
28	31.61	17.81	15.15
30	37.16	22.46	19.73
32	44.04	28.52	27.49
34	52.64	36.51	36.96
36	63.53	47.16	51.70
38	77.50	61.55	73.47
40	95.67	81.27	100.39
42	119.67	108.75	165.69
44	151.95	147.74	248.29
46	196.22	204.20	426.96
48	258.29	287.86	742.61
50	347.52	415.16	1153.15

그림 5.7 Terzaghi의 지지력계수[9]

여기서, $a = e^{(3\pi/4 - \phi/2)\tan\phi}$

$$K_{pr} = 3\tan^2\left[45° + \left(\frac{\phi + 33}{2}\right)\right]$$

이들 지지력계수를 표와 그림으로 도시하면 그림 5.7과 같다.[9]

5.4.4 일반형의 지지력공식

Terzaghi 지지력공식이 일반적으로 사용되고 있는 지지력공식의 형태로 알려져 있다. 그러나 그 이후 기초후팅의 지지력을 여러 요소에 의하여 영향을 받고 있음을 알고 이를 보완하려는 노력이 계속되고 있다. 그 결과 현재는 Brinch Hansen이 제시한 일반형의 지지력공식이 사용되기에 이르렀다.

우선, Meyerhof는 Terzaghi 지지력공식의 결점으로 지적된 세 가지 사항을 고려하기 위하여 파괴선을 그림 5.8과 같이 고려하였다. 즉, 기초저면 상부 토사층 내의 파괴면 전단저항을 고려하였으며 수동 Rankine 영역의 파괴면을 대수나선으로 그림에서와 같이 D점까지 연장하였다(D점의 각도 : $(90°-\phi)$).

또한 삼각형 쐐기부(주동 Rankine 영역) 파괴선은 수평선과 $(45° + \phi/2)$를 갖도록 (Prandtle과 동일) 정하였다. Meyenhof는 이들 파괴토괴를 다음과 같이 세 영역으로 구분하였다.

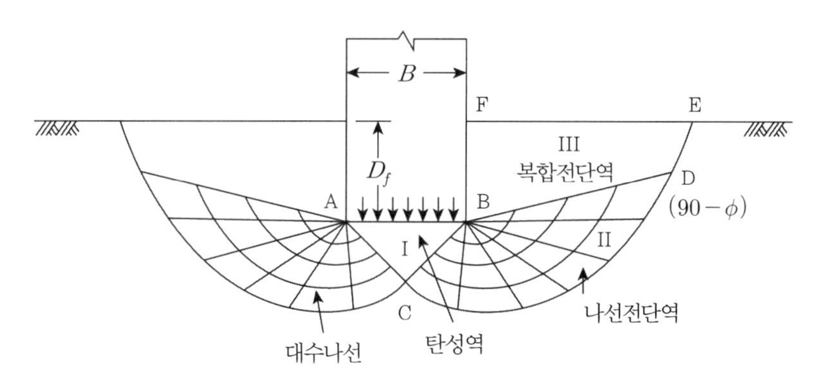

그림 5.8 Meyerhof 방법의 얕은기초 지지력

① I영역(ABC) : 탄성영역

② II영역(BCD) : 나선전단영역

③ III영역(BDEF) : 복합전단영역

또한 Meyerhof(1963)는 기초의 형상에 대한 영향 및 기초근입깊이의 영향과 경사하중의 영향을 고려하기 위해 각각 형상계수, 깊이계수 및 경사하중계수를 도입하여 지지력공식을 식 (5.35)와 같이 일반화시켜 제안하였다.[29]

$$q_u = cN_cS_cd_ci_c + qN_qS_qd_qi_q + \frac{1}{2}\gamma BN_\gamma S_\gamma d_\gamma i_\gamma \tag{5.35}$$

여기서, $S_{,}$, S_q, S_γ : 형상계수

d_c, d_q, d_γ : 깊이계수

i_c, i_q, i_γ : 경사하중계수

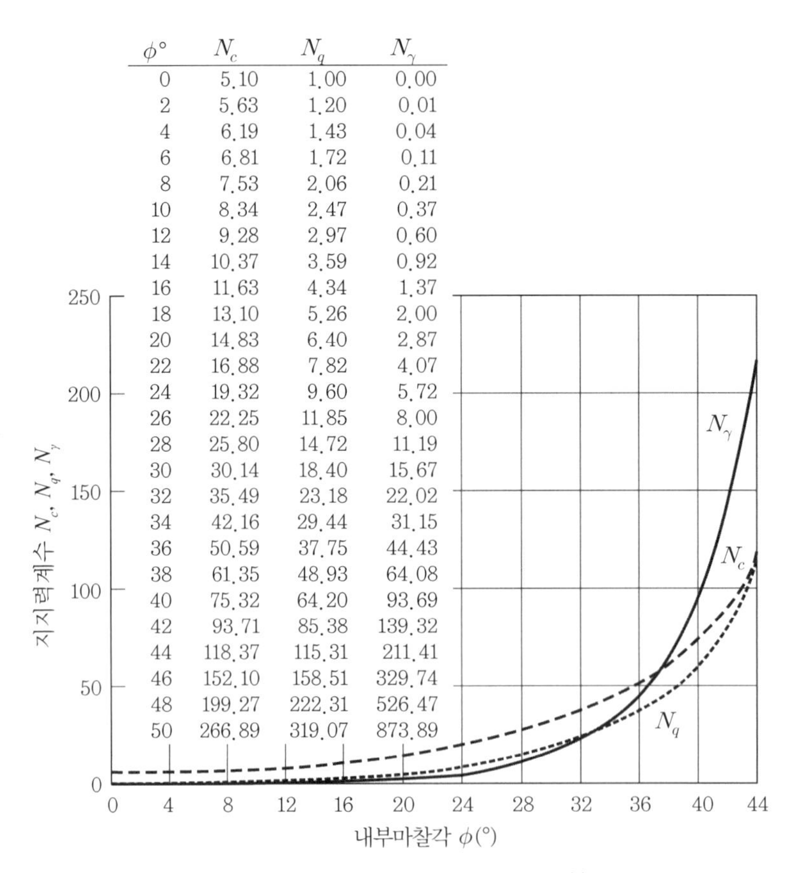

ϕ°	N_c	N_q	N_γ
0	5.10	1.00	0.00
2	5.63	1.20	0.01
4	6.19	1.43	0.04
6	6.81	1.72	0.11
8	7.53	2.06	0.21
10	8.34	2.47	0.37
12	9.28	2.97	0.60
14	10.37	3.59	0.92
16	11.63	4.34	1.37
18	13.10	5.26	2.00
20	14.83	6.40	2.87
22	16.88	7.82	4.07
24	19.32	9.60	5.72
26	22.25	11.85	8.00
28	25.80	14.72	11.19
30	30.14	18.40	15.67
32	35.49	23.18	22.02
34	42.16	29.44	31.15
36	50.59	37.75	44.43
38	61.35	48.93	64.08
40	75.32	64.20	93.69
42	93.71	85.38	139.32
44	118.37	115.31	211.41
46	152.10	158.51	329.74
48	199.27	222.31	526.47
50	266.89	319.07	873.89

그림 5.9 Meyerhof의 지지력계수[9]

지지력계수 N_c, N_q, N_γ는 식 (5.36)과 같이 정하였다.

$$N_q = e^{\pi \tan\phi} N_\phi \tag{5.36a}$$

$$N_c = (N_q - 1)\cot\phi \tag{5.36b}$$

$$N_\gamma = (N_q - 1)\tan(1.4\phi) \tag{5.36c}$$

이 지지력계수를 보면 N_c와 N_q는 Prandtle의 지지력계수와 동일함을 알 수 있다. 그러나 N_γ는 차이가 있음을 보여주고 있다. 이들 지지력계수의 표와 그림은 그림 5.9와 같다.

내부마찰각 ϕ를 통상적인 삼축압축시험으로부터 구한 값 ϕ_{tr}을 사용할 경우는 식 (5.37)과 같이 수정하도록 하였다.

$$\phi_{pl} = \left(1.1 - 0.1\frac{B}{L}\right)\phi_{tr} \tag{5.37}$$

한편 Brinch Hansen은 Meyerhof의 지지력공식에서 고려하지 못한 지표면경사계수와 기초저면경사계수를 추가하여 식 (5.38)과 같은 일반 형태의 지지력공식을 제안하였다.[6] 단, 기초와 지표면의 경사는 그림 5.10과 같다.

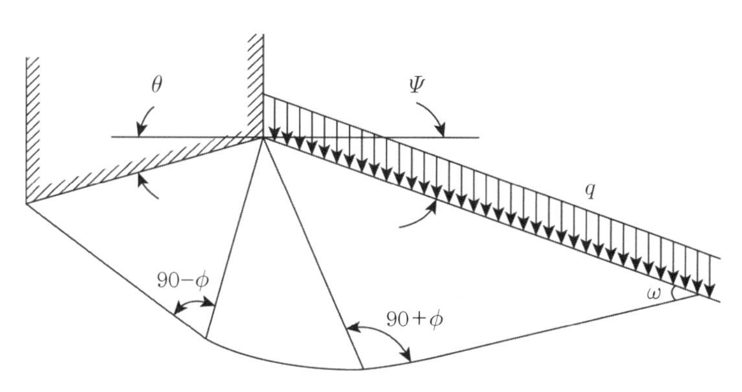

그림 5.10 기초와 지표면 경사를 고려한 파괴영역

$$q_u = cN_cS_cd_ci_cb_cg_c + qN_qS_qd_qi_qb_qg_q + \frac{1}{2}\gamma BN_\gamma S_\gamma d_\gamma i_\gamma b_\gamma g_\gamma \tag{5.38}$$

여기서, b_c, b_q, b_γ : 기초저면경사계수

g_c, g_q, g_γ : 지표면경사계수

Brinch Hansen의 지지력계수 N_c와 N_q는 Meyerhof 및 Prandtle의 지지력계수와 같으며 지지력계수 N_γ만이 다음과 같이 다르게 제안되었다.

$$N_\gamma = 1.8(N_q - 1)\tan\phi \tag{5.39}$$

그러나 Chen은 $N_\gamma = 1.5(N_q - 1)\tan\phi$로 제안하였다.[10-12]

또한 Vesic도 기본적으로 Prandtle과 동일하게 N_c와 N_q를 정하고 N_γ만 식 (5.40)과 같이 다르게 제안하였다.

$$N_\gamma = 2(N_q + 1)\tan\phi \tag{5.40}$$

그 밖에도 DIN 4017에서는 N_γ를 식 (5.41)과 같이 제안하였다. 단 이식에서 내부마찰각은 degree값을 적용한다.

$$\begin{aligned} N_\gamma &= 2(N_q - 1)\tan\phi \\ &\fallingdotseq 0.08e^{0.18\phi} \end{aligned} \tag{5.41}$$

지금까지 유도·제시된 모든 공식에는 지지력계수 N_c, N_q, N_γ가 각 식에 따라 다른 형태로 주어지고 있다. 그러나 이들 모든 지지력계수는 흙의 내부마찰각 ϕ의 함수로 형성되어 있다. 따라서 지지력계수는 내부마찰각의 변화에 대한 표나 그림으로 제시되는 경우가 많다.

Ingra & Baecher(1983)는 시험 결과의 통계해석을 통하여 N_γ를 식 (5.42)와 같이 제안하였다.[1]

$$N_\gamma = e^{(0.173\phi - 1.646)} \tag{5.42}$$

(1) 기초형상계수

지지력공식 유도 시에 가정되는 긴 사각형($L/B \geq 10$) 모양 이외의 기초형상에 적합한 지지력을 수학적으로 구하기는 어렵다. 그러나 실제 후팅기초의 경우 정방형이나 원형 후팅 기초를 독립적으로 사용하는 경우는 많다. 원형 후팅의 경우는 축대칭문제로 취급하여 해를 구하려는 노력은 많이 시도된 바 있다. 그러나 이들 해는 대부분 지반거동이 완전소성이라는 가정하에 구해졌기 때문에 실제 관측치와는 약간의 차이를 보이고 있다고 Brinch Hansen & Christensen(1969)은 말하였다.[7]

이런 관점에서 기초형상에 대한 영향은 거의 반경험적으로 연구되고 있다. 즉, 2차원 띠기초형상에 대한 재하시험 결과를 여러 가지 다른 모양의 기초형상에 대한 재하시험 결과와 비교한 결과에 의거하여 형상계수를 제안하여오고 있다.

현재 사용되고 있는 형상계수를 정리하면 표 5.1과 같다. 이들 형상계수는 약간의 차이를 보이고 있으나 각 방법을 사용 시에는 제안자들이 제시한 지지력계수와 함께 사용되어야 할 것이다. 이들 형상계수를 관찰해보면 흙의 내부마찰각에 의해서도 형상계수가 영향을 받고 있음을 알 수 있다.

표 5.1 형상계수

형상계수	S_c	S_q	S_γ	비고
Meyerhof	$1+0.2\frac{B}{L}N_\phi$	$1+0.1\frac{B}{L}N_\phi$	$1+0.1\frac{B}{L}N_\phi$	$\phi \geq 10°$
	$1+0.2\frac{B}{L}$	1.0	1.0	$\phi = 0°$
Hansen	$1+0.2\frac{B}{L}$	$1+\frac{B}{L}\sin\phi$	$1-0.4\frac{B}{L}$	$S_\gamma \geq 0.6$
De Beer	$1+\frac{B}{L}\frac{N_q}{N_c}$	$1+\frac{B}{L}\sin\phi$	$1-0.4\frac{B}{L}$	
DIN 4017	$\frac{S_q N_q - 1}{N_q - 1}$	$1+\frac{B}{L}\sin\phi$	$1-0.3\frac{B}{L}$	S_c의 한계치($\phi=0$): $S_{co}=1+0.2\frac{B}{L}$
Vesic	$1+\frac{B}{L}\frac{N_q}{N_c}$	$1+\frac{B}{L}\tan\phi$	$1-0.4\frac{B}{L}$	원형 기초의 경우 $B/L=1.0$

DIN 4017의 $\phi=0$인 경우 $N_{co}=f\left(\frac{B}{L}, \frac{D_f}{B}\right)$로 그림 5.11를 사용할 것을 권장

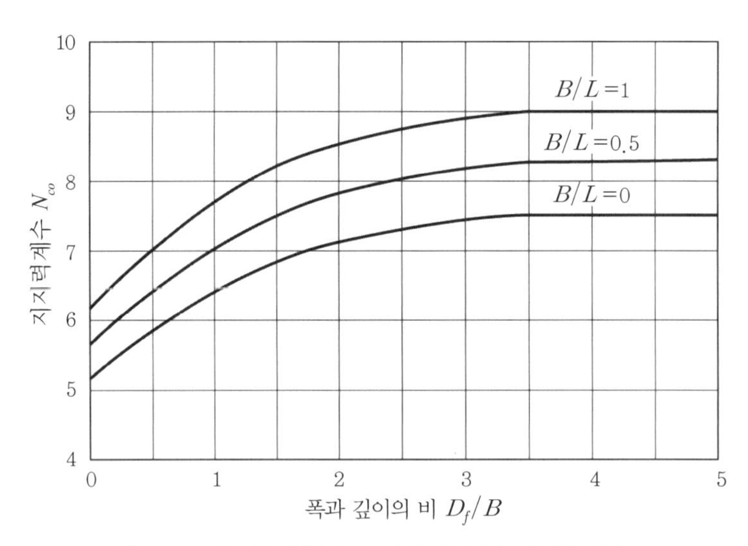

그림 5.11 기초의 형상과 깊이의 함수인 지지력계수 $N_{c\omega}$

(2) 기초깊이계수

기초의 지지력 산정 시 근입부의 전단저항의 고려 여부는 이미 앞에서 언급한 바와 같이 현재는 어떤 형태로든 고려하려는 노력이 많이 제시되고 있다. 근입부의 지반강도가 지지층의 지반강도보다 약할 경우는 통상적으로 무시하여도 무방하다.

그러나 근입부의 지반강도가 양호한 지반 속에서 전면파괴가 발생할 시는 파괴선이 근입부에 연장되어 지표면까지 이르게 되는 것이 여러 시험에서 확인되고 있다.

이러한 문제를 해결하려고 Meyerhof는 파괴선을 근입부까지 연장시켜 해석을 실시하여 근사해를 제시한 바 있다. 그러나 이 문제의 정확한 해는 아직 제안되지 못하고 있다. 일반적으로는 깊이계수 d_c, d_q 및 d_γ의 형태로 지지력의 각 항에 적용하여 근입부의 지지력을 증가시키고 있다.

이러한 깊이계수는 Meyerhof, Birnch Hansen, De Beer 등에 의하여 제시되고 있다.

Meyerhof(1961)는 깊이계수로 다음과 같이 제시하였다.[28]

$$d_q = d_\gamma = 1 + 0.1\frac{D_f}{B}N_\phi^{\frac{1}{2}} \tag{5.43a}$$

$$d_c = 1 + 0.2\frac{D_f}{B}N_\phi^{\frac{1}{2}} \tag{5.43b}$$

이들 식은 $\phi \leq 10°$인 지반에는 적용할 수 없다고 하였으며, $\phi=0$인 점토지반의 경우는 다음과 같이 제시하였다.

$$d_q = d_\gamma = 1.0 \tag{5.44a}$$

$$d_c = 1 + 0.2\frac{D_f}{B} \tag{5.44b}$$

Brinch Hansen(1970)[8]은 기초의 깊이를 $D_f/B \leq 1$과 $D_f/B > 1$의 두 가지 경우로 구분하였다. $D_f/B \leq 1$의 경우는

$$d_q = 1 + 2\tan\phi(1-\sin\phi)^2\frac{D_f}{B} \tag{5.45a}$$

$$d_\gamma = 1 \tag{5.45b}$$

d_c에 대해서는 Vesic(1970)은 De Beer와 Ladanyi(1961)[15]의 방법을 적용하여

$$d_c = d_q - \frac{1-d_c}{N_c\tan\phi} = \frac{N_q d_q - 1}{N_q - 1} \tag{5.46}$$

$\phi=0$일 경우 식 (5.46)은 다음에 접근한다고 하였다.

$$d_c = 1 + 0.4\frac{D_F}{B} \tag{5.47}$$

$D_f/B > 1$의 경우는 깊이계수의 계산은 불확실한 요소가 많다. 근입부 지반 내의 응력 상태가 복잡하고 실험 결과도 해석하기가 어렵다. 그러나 Brinch Hansen은 다음과 같이 잠정적으로 사용하기를 제안하였다.

$$d_q = 1 + 2\tan\phi(1-\sin\phi)^2\tan^{-1}\frac{D_f}{B} \tag{5.48a}$$

$$d_\gamma = 1 \tag{5.48b}$$

d_c는 식 (5.46)과 동일한 식을 사용하나 $\phi = 0$일 경우 다음과 같이 된다.

$$d_c = 1 + 0.4\tan^{-1}\left(\frac{D_f}{B}\right) \tag{5.49}$$

De Beer(1985)는 $D_f/B > 0.5$의 경우를 대상으로[16]

$$d_q = 1 + (N_\phi^{-1} e^{\pi\tan\phi} - 1) e^{-\pi\tan\phi D_f/B} \tag{5.50a}$$

$$d_c = \frac{N_q d_q - 1}{N_q - 1} \tag{5.50b}$$

$$d_\gamma = 1 \tag{5.50c}$$

식 (5.50)의 d_c는 $N_c = (N_q - 1)\cot\phi$의 경우 식 (5.46)과 동일한 식이다.

표 5.2 깊이계수

	d_c, d_{co}*	d_q	d_γ	비고
Meyerhof	$1+0.2\frac{D_f}{B}N_\phi^{\frac{1}{2}}$	$1+0.1\frac{D_f}{B}N_\phi^{\frac{1}{2}}$	$1+0.1\frac{D_f}{B}N_\phi^{\frac{1}{2}}$	$\phi > 10°$
	$1+0.2\frac{D_f}{B}$	1.0	1.0	$\phi = 0$
Hansen	$\frac{N_q d_q - 1}{N_q - 1}$ $d_{co} = 1+0.4\frac{D_f}{B}$	$1+2\tan\phi(1-\sin\phi)^2 \times \frac{D_f}{B}$	1.0	$\frac{D_f}{B} \leq 1$
	$\frac{N_q d_q - 1}{N_q - 1}$ $d_{co} = 1+0.4\tan^{-1}\frac{D_f}{B}$	$1+2\tan\phi(1-\sin\phi)^2 \times \tan^{-1}\frac{D_f}{B}$	1.0	$\frac{D_f}{B} > 1$
De Beer	$\frac{N_q d_q - 1}{N_q - 1}$	$1+(N_\phi^{-1}e^{\pi\tan\phi}-1) \times e^{-\pi\tan\phi\frac{D_f}{B}}$	1.0	

* d_{co}는 $\phi = 0$인 경우의 d_c의 한계치이다.

한편 DIN 4017에서는 깊이계수를 고려하지 않고 있다. Vesic은 Brinch Hansen의 깊이계수를 사용하였다. 그러나 Vesic(1963)은 깊이 영향에 의한 지지력 증가는 기초의 설치방법이 관입과 같이 지반을 측방으로 압축하게 되는 경우 기대할 수 있다고 하였다.[41] 따라서 기초가 굴착 후 설치되거나 뒤채움으로 근입부가 설치된 경우나 또는 근입층이 압축성이 큰 경우는 이러한 깊이 영향이 존재하지 않는다고 하여 얕은기초의 설계에는 깊이계수의 영향을 고려하지 말기를 권장하였다.

(3) 경사하중계수

하중이 경사져서 작용하게 되면 수평성분 H가 존재하게 되므로 다소 복잡하게 된다. 이 경우 파괴는 기초저면을 따라 후팅이 활동하거나 지반의 전면전단에 의하여 발생될 수 있다. 경사하중이 작용하면 연직하중이 작용할 경우보다 파괴영역이 그림 5.12에서 보는 바와 같이 얕아진다. 연직하중에 대한 수평하중의 비 H/V가 클수록 이 현상은 심해진다. Meyerhof(1963)는 이러한 영향을 고려하기 위하여 경사하중계수를 다음과 같이 제시하였다.[29]

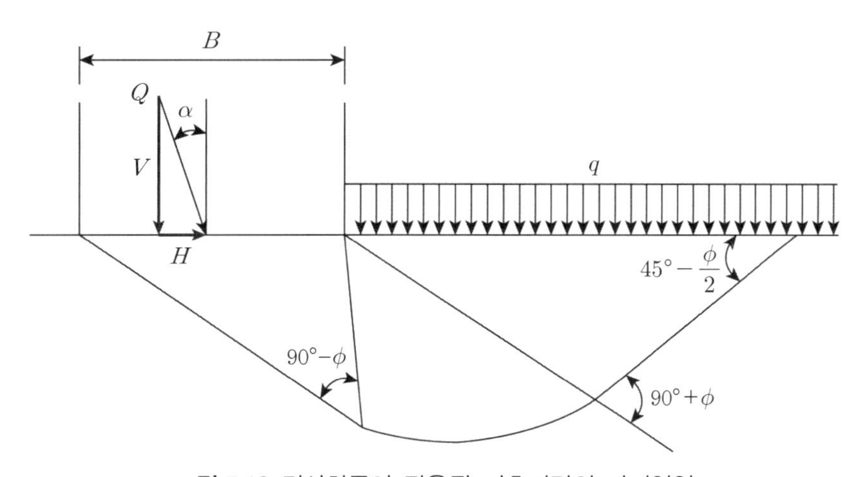

그림 5.12 경사하중이 작용된 기초저면의 파괴영역

$$i_c = i_q = \left(1 - \frac{\alpha}{90°}\right)^2 \tag{5.51a}$$

$$i_\gamma = \left(1 - \frac{\alpha}{\phi}\right)^2 \tag{5.51b}$$

여기서, $\alpha = \tan^{-1}\left(\frac{H}{V}\right)(\text{degree})$

Brinch Hansen(1967)은 다음 식을 제시하였다.[1]

$$i_q = \left(1 - \frac{0.7H}{V + BLc\tan\phi}\right)^3 \tag{5.52a}$$

$$i_c = i_q - \frac{1 - i_q}{N_q - 1} = \frac{N_q i_q - 1}{N_q - 1} \tag{5.52b}$$

$$i_\gamma = \left(1 - \frac{H}{V + BLc\cot\phi}\right)^3 \tag{5.52c}$$

기초저면이 경사져 있는 경우($\theta > 0$) 계수 $i_{\gamma b}$는 다음과 같이 제안하였다(그림 5.14 참조).

$$i_{\gamma b} = \left[1 - \left(1 - \frac{\theta}{300}\right)\frac{T}{N + BLc\cot\phi}\right]^3 \tag{5.53}$$

DIN 4017에서도 이 식을 채택하고 있다.

$\phi = 0$일 경우 i_c는 다음 식으로 제시하였다.

$$i_{co} = \frac{1}{2}\left(1 + \sqrt{\left(1 - \frac{H}{BLc}\right)}\right) \tag{5.54}$$

De Beer는 α의 변화에 따른 지지력계수 N_γ와 N_q의 변화를 도면으로 제시하였다.

Vesic은 기초의 형상의 고려하여 경사하중계수를 다음과 같이 제안하였다.

$$i_q = \left[1 - \frac{H}{V + BLc\cot\phi}\right]^m \tag{5.55a}$$

$$i_\gamma = \left[1 - \frac{H}{V + BLc\cot\phi}\right]^{(m+1)} \tag{5.55b}$$

B방향 편심의 경우

$$m_B = \frac{2+\frac{B}{L}}{1+\frac{B}{L}} \tag{5.56}$$

L방향 편심의 경우

$$m_L = \frac{2+\frac{L}{B}}{1+\frac{L}{B}} \tag{5.57}$$

$$m = m_L \cos^2\theta_n + m_B \sin^2\theta_n \tag{5.58}$$

여기서, θ_n : 하중경사각 기초의 L(장변)방향면에 투영한 각도

i_c는 $\phi=0$일 때의 값으로 다음과 같이 제시하였다.

$$i_{co} = 1 - \frac{mH}{BLcN_c} \tag{5.59}$$

표 5.3 경사하중계수

	i_c, i_{co}*	i_q	i_γ
Meyerhof	$(1-\alpha/90)^2$ $\alpha = \tan^{-1}(H/V)$(degree)	$(1-\alpha/90)^2$ $\alpha = \tan^{-1}(H/V)$(degree)	$(1-\alpha/\phi)^2$ $\alpha = \tan^{-1}(H/V)$(degree)
Hansen	$\frac{N_q i_q - 1}{N_q - 1}$ $i_{co} = \frac{1}{2}\left(1+\sqrt{1+\frac{H}{BLc}}\right)$	$\left(1-\frac{0.7H}{V+BLc\tan\phi}\right)^3$	$\left(1-\frac{H}{V+BLc\tan\phi}\right)^3$
Vesic	$\frac{N_q i_q - 1}{N_q - 1}$ $i_{co} = 1 - \frac{mH}{BLcN_c}$	$\left(1-\frac{H}{V+BLc\cot\phi}\right)^m$	$\left(1-\frac{H}{V+BLc\cot\phi}\right)^{m+1}$

* i_{co}은 $\phi=0$인 경우 한계치. m은 식 (5.58)의 값

(4) 지표면경사계수

지표면이 경사진 사면에 기초를 설치할 경우 지표면경사계수 g_q, g_γ 및 g_c를 도입하여 기초 지지력을 수정하도록 하였다.

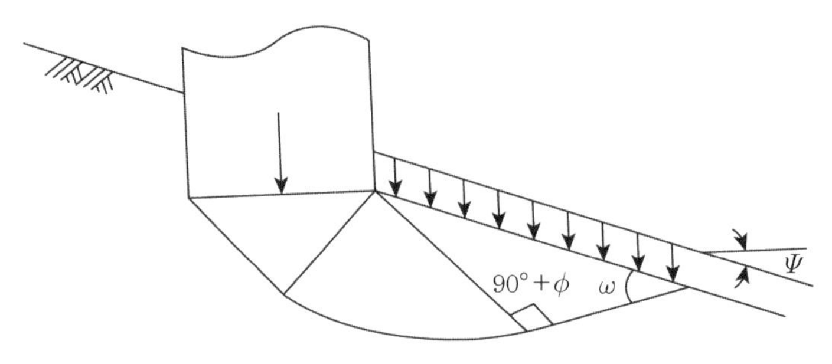

그림 5.13 지표면경사지 기초지지력

우선 Brinch Hansen(1967)은 점착력이 없는 사질토($c=0$)의 경우에 대한 지표면경사계수 g_q와 g_γ를 다음과 같이 제안하였다.

$$g_q = g_\gamma = \frac{(1-\sin\phi)\cos^2\phi}{1-\sin\phi\sin(2\omega+\phi)}\exp\left[-\left(\frac{\pi}{2}-\phi-2w+2\Psi\right)\tan\phi\right] \tag{5.60}$$

여기서 Ψ는 지표면경사각으로 수평축에서 하방향을 정의값으로 하며, ω는 파괴선이 지표면과 이루는 각이고 평형조건으로부터 다음과 같이 된다.

$$2\omega = \cos^{-1}\left(\frac{\sin\Psi}{\sin\phi}\right)+\Psi-\phi \tag{5.61}$$

식 (5.60)은 근사적으로 다음과 같이 된다.

$$g_q = g_\gamma \fallingdotseq (1-0.7\tan\Psi)^3 \tag{5.62}$$

지표면경사계수 g_c는 $\phi=0$인 한계치로 다음 값을 제시하였다.

$$g_{co} = 1 - \frac{2\Psi}{\pi + 2} \tag{5.63}$$

한편 Vesic(1970)은 다음과 같이 지표면경사계수 g_q 및 g_γ를 다음과 같이 수정·제안하였다.

$$g_q = g_\gamma = (1 - \tan\Psi)^2 \tag{5.64}$$

g_{co}는 식 (5.63)과 동일하게 제시하고 있다. 그러나 $\phi = 0$인 경사지반에 기초가 존재할 경우 지지력계수의 제3항(지반중량 관련 항)이 추가되어야 한다고 하고 지지력계수 N_γ는 다음과 같이 제안하였다(Vesic, 1970).

$$N_\gamma = -2\sin\Psi \tag{5.65}$$

또한 식 (5.63) 및 (5.64)는 이론상 $\Psi < 45°$ 및 $\Psi < \phi$인 경우에만 사용 가능하다고 하였다.

이와 같은 지표경사계수로 사면의 영향을 고려하는 경우에는 지반 내에 존재하게 되는 전단응력이 고려되어 있지 않다. 이 전단응력은 통상 $0 < \Psi < \phi/2$인 경우에는 무시되어도 무방하다. 그러나 사면의 경사각이 $\phi/2$보다 큰 경우는 이 영향을 무시할 수 없다(Vesic, 1975).[43]

표 5.4 지표면경사계수

	g_{co}	g_q	g_γ
B. Hansen	$1 - \frac{2\Psi}{(\pi+2)}$	$(1-0.7\tan\Psi)^3$	$(1-0.7\tan\Psi)^3$
Vesic	$1 - \frac{2\Psi}{(\pi+2)}$	$(1-\tan\Psi)^2$	$(1-\tan\Psi)^2$

(5) 기초저면경사계수

기초에 수평력이 크게 작용할 경우 이 수평력에 효과적으로 저항하기 위하여 기초저면을 그림 5.14와 같이 경사지게 하는 경우가 있다. 이러한 기초저면경사에 의한 영향을 고려하기 위하여 기초저면경사계수를 Brinch Hansen(1967)과 Vesic(1970)은 각각 다음과 같이 제안하였다.

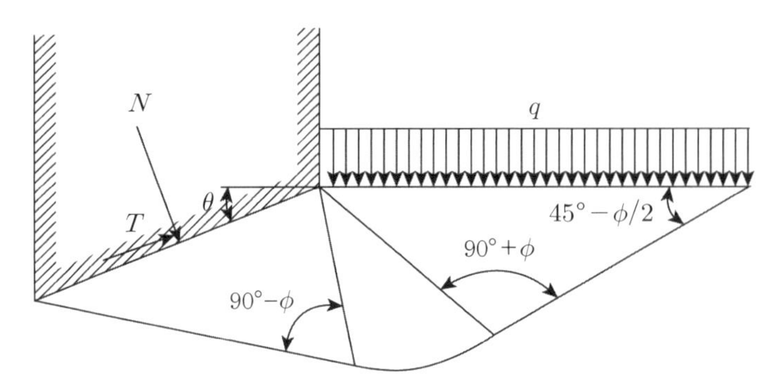

그림 5.14 경사진 기초저면의 파괴영역

표 5.5 기초저면경사계수

	b_{co}	b_q	b_γ
B. Hansen	$1-\dfrac{2\theta}{(\pi+2)}$	$e^{-2\theta\tan\phi}$	$e^{-2.7\theta\tan\phi^2}$
Vesic	$1-\dfrac{2\theta}{(\pi+2)}$	$(1-\theta\tan\phi)^2$	$(1-\theta\tan\phi)^2$

우선 Brinch Hansen은 무게가 없는 지반에 대하여 기초저면경사계수 b_q를 다음과 같이 제안하였다.

$$b_q = \exp(-2\theta\tan\phi) \tag{5.66}$$

여기서 θ는 그림에서 보는 바와 같이 기초저면의 경사각으로 수평축에 측정된 하방향각을 정으로 하여 radian 값을 사용한다.

계수 b_γ는 지반의 무게를 고려하여 다음과 같이 제안하였다(Brinch Hansen, 1967).

$$b_\gamma = \exp(-2.7\theta\tan\phi) \tag{5.67}$$

이 경우의 경사하중계수 $i_{\gamma b}$는 식 (5.53)과 같이 된다.

계수 b_c는 $\phi=0$인 점성토지반의 한계치로 다음 값을 제시하였다.

$$b_{co} = 1 - \frac{2\theta}{\pi + 2} \tag{5.68}$$

한편 Vesic(1970)은 다음과 같이 기초저면경사계수 b_q 및 b_γ를 다음과 같이 수정·제안하였다.

$$b_q = b_\gamma (1 - \theta \tan\phi)^2 \tag{5.69}$$

b_{co}는 식 (5.68)과 동일하게 제시하였다.
이 식 (5.68) 및 (5.69)는 $\theta < 45°$인 경우에만 적용이 가능하다.

5.5 한계해석법에 의한 방법

한계해석법(limit analysis)에 적용된 기본 원리는 상하계정리에 의거한다.[31] 이 해석법에서는 흙을 강소성체(rigid plastic body), 즉 탄성계수가 무한대이고 변형률경화(strain-hardening) 특성이 없는 소성체로 가정한다. 토괴 표면에 외력 또는 변위를 가하여 토괴의 전체 또는 일부에 소성변형(이를 소성흐름(plastic flow)이라고도 한다)이 발생하였을 때 이를 토괴가 붕괴하였다고 한다. 붕괴 시의 외력 또는 변위경계면에서의 힘이나 응력을 붕괴하중(collalse load)이라고 한다.

지반상에 구조물하중이 가해져 지반이 파괴되는 지지력 문제나 토괴를 지지하는 옹벽이 움직일 때의 옹벽과 흙 사이에 작용하게 되는 토압문제 등이 전형적인 사례가 된다.

금속소성론에서 붕괴하중은 다음의 상하계정리에 의해 한정되는 것으로 알려져 있다.

① 하계정리(lower bound theorem) : 외력과 평형을 이루며 모든 곳에서 파괴조건을 범하지 않는 응력계(가용응력(statically admissible stress)이라 한다)가 나타나면 그 경계치는 붕괴하중을 넘지 않는 하계치가 된다.
② 상계정리(upper bound theorem) : 경계의 속도조건에 적합한 소성흐름장의 속도계(가용속도(admissible velocity)라 한다)가 발생한 경우, 경계외력이 한 일률과 내력 일률(소산율(rate of dissipation)이라고도 한다)을 같게 하여 얻어진 경계치는 붕괴하중보

다 적지 않은 상계치를 준다.

토질역학에서는 흙자중의 영향이 크고, 경계면에 외측으로 이동하면서 붕괴하는 경우(주동상태)도 있어 상하계의 의미가 거꾸로 되는 경우가 있으므로 주의하여야 한다. 어느 쪽이든 토질역학에서는 자중을 고려하여 상하계정리를 기술할 필요가 있다.

고체역학문제의 해를 구하기 위해서는 기본적으로 평형방정식, 응력−변형률 관계(구성식) 및 적합방정식(compatibility equation)의 세 가지 조건이 만족되어야 한다. 그러나 탄소성체는 적용하중이 0으로부터 점차 증가할 때 초기탄성거동, 중간의 한정소성흐름거동 및 무제한 소성흐름의 세 단계 거동을 보인다. 따라서 이 문제에 대한 완전한 해를 구하는 것은 매우 어렵다.

한계해석법은 단계적으로 탄소성해석을 실시하지 않고 붕괴하중을 구하는 방법이다. 파괴선법이나 한계평형법과 달리 한계해석법에서는 이상화시키기는 하였지만 흙의 응력−변형률 관계를 고려하고 있다. 이 이상화 작업은 직교성(normality)이라 하며 한계해석법의 기본이 된다. 이 가정의 범주 내에서 해석이 가능하며 한계평형법과도 비교될 수 있다.

Drucker et al.(1952)의 소성한계이론은 연직굴착의 한계높이 또는 불균질지반의 지지력과 같은 안정문제에서 붕괴하중의 상계치와 하계치를 구하는 데 편리하게 적용되고 있다. 상계정리와 하계정리에 만족되어야 하는 조건은 일반적인 영역치문제와 연관시켜 그림 5.15에 도시되어 있다.

탄성−완전소성재료의 물체에 대한 두 가지 한계정리는 다음과 같다.

① 하계정리 : 모든 응력경계조건을 만족하는 정적응력장으로부터 계산되는 붕괴하중이 평형 상태에 있다. 이 붕괴하중은 어느 곳에서도 파괴규준을 범하지 않으며 실제 붕괴하중보다 같거나 낮다.
② 상계정리 : 외부일률이 내부소산율을 넘는 이동속도장(Kinematically)으로부터 계산된 붕괴하중은 항상 실제 붕괴하중보다 크다.

상계법은 속도 또는 파괴모드와 에너지소산만을 고려한다. 응력분포는 평형이 될 필요가 없으며 파괴모드의 변형지역에서만 정의된다. 한편 하계법은 평형 및 항복조건만을 고려한다. 이는 물질운동학을 고려하지 않고 있다. 평형 상태에서는 기하학적 변화 효과도 무시된

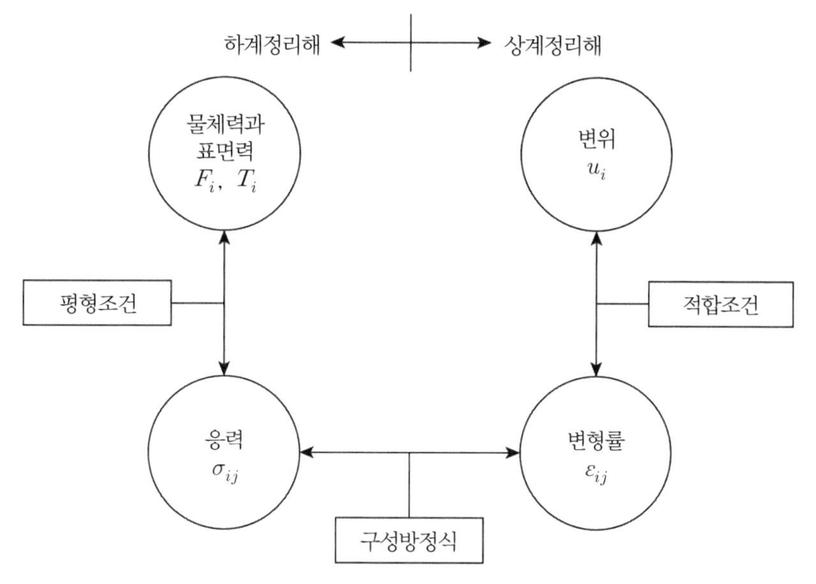

그림 5.15 평형조건과 적합조건 사이 관계

다. 이 이론에서는 응력 또는 속도장이 연속됨을 요하지 않는다. 사실상 불연속 속도장은 편리하며 이따금 실제 붕괴 메커니즘에 유사하다. 이는 좀처럼 실제 상태에 유사하지 않은 불연속 응력장에 현저히 대응할 수 있다.

상계정리에 의하여 해를 구하기 위해서는 내부 및 외부의 소성일을 같게 놓고 해를 최소화시켜야 한다. 내부일의 성분을 변형영역이 부근 영역과의 사이에서 상대적으로 발생하는 소성변형에 의해 결정된다.

이때 취급되는 소성체로는 Tresca 파괴규준 또는 Coulomb 파괴규준을 만족시키는 소성체가 주로 취급되고 있다. 여기서 이들 파괴규준은 다음과 같다.

$$c = \frac{\sigma_1 - \sigma_3}{2} \qquad \text{Tresca 규준} \tag{5.70}$$

$$\tau = c + \sigma_n \tan\phi \qquad \text{Coulomb 규준} \tag{5.71}$$

$$(\sigma_1 - \sigma_2) = 2c\cos\phi + (\sigma_1 + \sigma_2)\sin\phi \qquad \text{Mohr-Coulomb 규준} \tag{5.72}$$

여기서, σ_1, σ_3 및 σ_n은 각각 최대주응력, 최소주응력 및 파괴면상의 수직응력(압축을 정으로 취급)이다. 중간주응력은 Tresca와 Coulomb 파괴규준에는 영향을 미치지 않는다. $\phi =$

0인 경우 Coulomb 규준은 Tresca 규준과 동일하게 된다.

홍원표(1999)는 상하계정리에 의한 지지력 유도과정을 자세히 정리한 바 있으므로 보다 자세한 사항은 참고문헌을 참조하기로 한다.[1]

5.6 경험적 방법

5.6.1 평판재하시험 활용법

기초지반의 지지력과 침하에 관한 특성을 구하기 위한 가장 직접적인 방법은 현장에서 재하시험을 실시하는 것이다. 그러나 실물크기의 기초에 직접시험을 실시하는 것은 재하장치의 재하능력이 엄청나게 커야 하며, 지반의 시간적 영향을 조사하기 위해서는 장시간이 소요되며, 비용이 많이 들기 때문에 실질상 불가능하다. 따라서 통상적으로는 모형기초에 의한 단기재하시험(소위평판재하시험 또는 평판지지시험이라 한다)이 사용된다. 이 방법은 시험재하판과 실제 구조물 사이의 치수 차이가 있는 관계로 반경험적인 방법이라 할 수 있다.

이 시험은 기초가 설치될 깊이에서 평판(강판)에 단계하중을 임의로 증가시키면서 각 재하단계에서 침하가 안정되었을 때의 단계별로 침하량을 측정한다.

(1) Terzaghi · Peck의 방법

평판재하시험 결과로 지지력을 결정할 경우는 치수효과를 경험적으로 고려해야 한다. Terzaghi와 Peck(1948)은 다음과 같은 관계식으로 모래지반에 적용될 치수보정식을 제안하였다.[39]

$$\frac{S}{S_P} = \left[\frac{B(B_P + 0.3)}{B_P(B + 0.3)} \right]^2 \tag{5.73}$$

여기서, S : 기초의 허용침하량(mm)

S_P : 시험에서 구한 극한상태의 침하량(mm)

B : 기초의 폭(m)

B_P : 평판의 폭(m)

식 (5.73)은 다음과 같이 간략화시킬 수 있다.

$$S = S_P\left(\frac{2B}{B+0.3}\right)^2 \tag{5.74}$$

여기서, S_P는 300mm 폭 크기의 평판 사용 시의 침하량이다. 이들 식으로 극한지지력 q_u는 다음 순서로 구한다.

① 우선 허용침하량 S를 정한다(예를 들어, 25.4mm 등).
② S를 식 (5.73)~(5.75)에 대입하여 S_P를 구한다.
③ q_u를 시험에서 구한 $(S-P)$ 곡선에서 구한다.

한편, 점토지반의 경우는 탄성계수가 통상적으로 일정하므로 다음과 같은 간단한 식이 사용된다.

$$\frac{S}{S_P} = \frac{B}{B_P} \tag{5.75}$$

평판재하시험으로 기초지반의 지지력을 구하는 방법의 문제점은 다음과 같다.

① 치수영향이 매우 크다.

시험평판과 실제 기초의 크기 차이가 너무 크므로 시험 결과를 직접기초지지력으로 적용할 수 없다. 모래지반의 후팅지지력은 후팅 크기에 따라 변하므로 치수영향은 점토지반의 경우보다 크다.

② 압밀침하는 예측이 불가능하다.

평판재하시험은 근본적으로 단기재하시험이므로 허용침하량에 의하여 지지력이 결정되는 점성토지반의 경우에는 정확한 시험이 되지 못한다.

③ 띠후팅기초 설계에 부적합하다.

이 시험은 정방형이나 원형 평판에 대한 시험이므로 띠후팅기초 설계에는 적용될 수 없다.

④ 실제기초지반의 거동정보와 차이가 있다.

이 시험에 의하여 얻어지는 지반의 특성은 평판폭의 두 배 정도의 깊이 범위 이내에 한정된다. 따라서 실제 후팅의 경우는 시험의 경우보다 깊은 곳까지 응력이 전달되므로 연약층이나 압축지반이 존재할 경우 이에 대한 거동정보를 얻을 수 없다.

따라서 평판재하시험으로 기초지반지지력을 결정할 경우 신중을 기하여 사용하여야 한다.

(2) Housel법

Housel(1929)는 임의의 허용침하량에 대응하는 기초의 하중지지능력은 다음의 두 가지 방법으로 구성되어 있다고 생각하였다.

① 하나는 기초 바로 아래의 지반에 의한 부분으로 기초면적의 함수
② 또 하나는 기초의 주변지반에 의한 부분으로 기초주면장의 함수

이들 개념을 식으로 표현하면 다음과 같다.

$$W = q_s \cdot A = \sigma A + mP \tag{5.76}$$

여기서, W : 기초의 전극한하중(kg)

q_s : 기준침하량에 대응하는 기초의 지지력(kg/m^2)

σ : 기초접지면적 아래 작용하는 접지압(kg/m^2)

m : 주면전단력(kg/m)

A : 기초의 지지면적(m^2)

P : 기초의 주면장(m)

식 (5.76)은 다음과 같이 쓸 수 있다.

$$q_s = \sigma + m\frac{P}{A} \tag{5.77}$$

또는

$$q_s = mx + \sigma \tag{5.78}$$

여기서, x는 주면장과 면적의 비 P/A이다.

Housel은 면적과 주면장이 다른 두 개 이상의 평판이나 모형 후팅에 대한 소규모 모형실험을 기초설치 깊이에서 실시하여 허용침하량에 대응하는 (전)하중을 특정하여 σ와 m을 연립방정식이나 회기분석으로 구하였다.

식 (5.78)의 σ와 m이 구하여지면 실제 설치된 후팅의 주면장과 면적의 비 x를 구하여 식 (5.78)에 대입하면 기초의 지지력이 구해진다.

5.6.2 Pressuremeter 시험 활용법

후팅의 지지력을 Pressuremeter 시험 결과를 활용하여 산정하는 방법이 Menard에 의하여 제시되었다. 이 방법은 Pressuremeter 시험에서 결정되는 한계압 P_l(Pressuremeter 시험법 참조)에 의거한 현장강도 특성을 활용하는 방법이다. 이 방법에 의한 지지력은 다음과 같이 된다.

$$q_u - P_v = k(P_l - P_h) = kP_n \tag{5.79}$$

여기서, P_v : 기초면 위치에서의 초기연직응력(전응력)

P_l : 시험치에서 측정된 한계압(전응력)

P_h : 기초면 위치에서의 초기 수평주응력(전응력)

P_n : 순한계압

계수 k는 지반 종류, 기초형상 및 근입깊이에 영향을 받으며 그림 5.16으로부터 구한다.

Menard는 이 그림을 사용하기 위하여 지반을 표 5.6에서와 같이 4개의 영역으로 구분하였다. 이 표에서는 각 지반 특성에 따른 한계압 P_l의 가능 범위가 표시되어 있다.

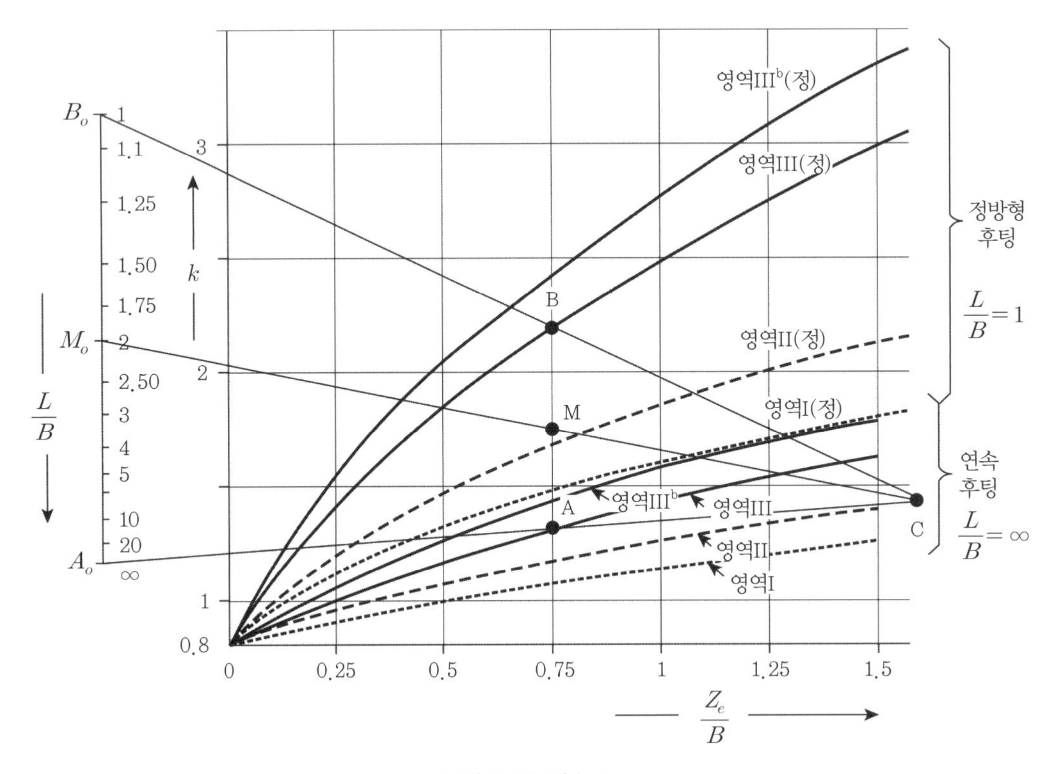

그림 5.16 계수 k

표 5.6 Pressuremeter 시험치에 의한 지반 분류

한계압의 범위 P_l(kPa)	지반	지반 분류
0~1,200	점토	I영역
0~700	롬	
1,800~4,000	견고한 점토	II영역
1,200~3,000	조밀한 롬	
400~800	느슨한 모래	
1,000~3,000	연암과 풍화암	
1,000~2,000	모래자갈	III영역
4,000~10,000	암	
3,000~6,000	매우 조밀한 모래자갈	III^{b}영역(그림 5.16 참조)

다층지반에 기초가 놓여 있는 경우는 기초저면 상하부 1.5B 범위의 지층을 대상으로 순한계압 P_n을 다음 식에 의거한 등가한계압 P_{le}로 수정·사용한다.

$$P_{le} = (P_{l1} \cdot P_{l2} \cdot P_{l3} \cdots P_{lm})^{1/m} \tag{5.80}$$

여기서, m은 기초저면 상하부 1.5B 내에 존재하는 지층수이다.

또한 기초근입깊이 D_f도 다음과 같이 등가 깊이 D_{fe}로 수정·사용한다.

$$D_{fe} = \frac{1}{P_{le}} \sum_{i}^{m} \Delta Z_i \cdot P_{li} \tag{5.81}$$

여기서, $\sum_{i}^{m} \Delta Z_i = D_f$이고 ΔZ_i는 각 지층의 두께이고, P_{li}는 i층의 순한계압이다.

그림 5.16에서 계수 k는 D_{fe}/B 비에 따라 구할 수 있다. 이 그림에서는 표 5.6에서 구분한 바와 같이 4개 영역의 지반에 대하여 띠후팅($L/B = \infty$)과 정방형 후팅($L/B = 1$)의 두 경우의 k값이 수록되어 있다. $1 < L/B < \infty$인 후팅에 대해서는 그림 5.16에 도시된 보간법에 의해 구하든가 다음 식을 사용하여 구한다.

$$k = k_{st} + (k_{sq} - k_{st})B/L \tag{5.82}$$

여기서, k_{st}와 k_{sq}는 각각 띠후팅과 정방형 후팅의 k값이다.

Pressuremeterm 시험법은 크리프하중(과잉크리프 변형을 유발시키는 하중)을 결정하는 경우에도 사용될 수 있다. 이 경우는 지지력식에 한계압 P_l 대신 크리프압 P_{cr}(Pressuremeter 시험법 참조)을 사용하면 된다.

최근에 Bustamante(1981)도 k를 구할 수 있는 다른 그림을 제시하였다. 이 값은 극한지지력의 낮은 값을 주고 있다. 따라서 이 값을 사용할 경우는 안전율 F를 줄이는 것이 좋다. 허용지지력 q_a는 다음과 같이 구한다.

$$q_a = P_v + \frac{1}{F}k(P_l - P_h) \tag{5.83}$$

연습문제 다음 조건에 대하여 허용지지력 q_a를 구하라.

연직하중 raft기초(편심이 없음) : B=3m, L=6m

D_f=2m(점토층 : I영역)

1m 간격으로 Pressureter 시험 실시(그림 5.17)

단위중량 γ_t=17kN/m³

지하수위 GL−1.0m

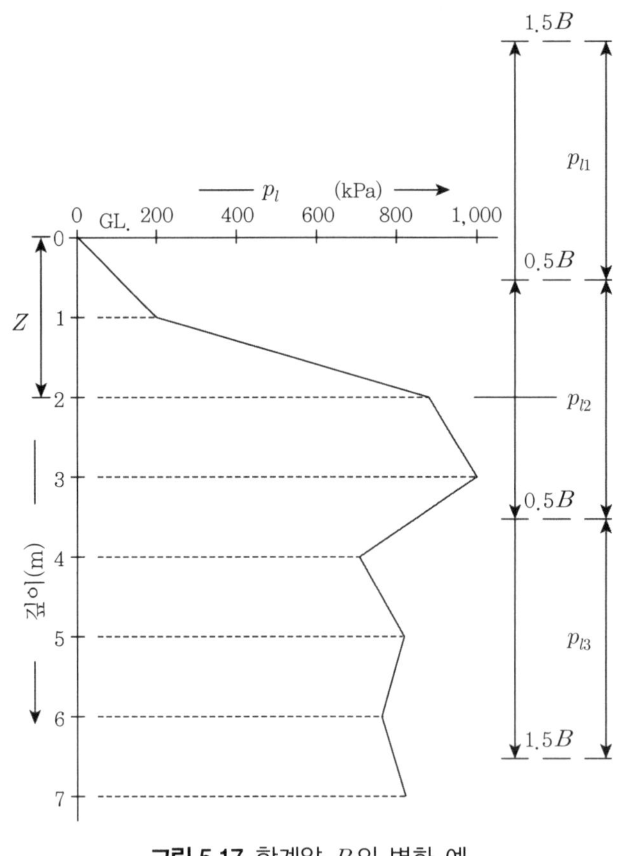

그림 5.17 한계압 P_l의 변화 예

풀이 기초면 상하부 1.5B 범위를 지표면에서 GL−5.5m까지이다.

등가한계압 P_{le}는

$$P_{le}=(P_{l1}\cdot P_{l2}\cdots P_{l6})^{\frac{1}{6}}$$

$$=(200\times900\times1{,}000\times700\times820\times760)^{\frac{1}{6}}$$

$$\fallingdotseq 654\text{kPa}$$

$$D_{fe}=\frac{1}{P_{le}}\sum_{i}^{m}\Delta Z_i\cdot P_{li}$$

$$=\frac{1}{654}\left(\frac{200+0}{2}\times1+\frac{900+200}{2}\times1\right)=0.993\text{m}$$

$$\frac{L}{B}=\frac{6}{3}=2,\ \ \frac{D_{fe}}{B}=\frac{0.993}{3}=0.331$$

$$k_{st}=0.94\quad(L/B=\infty)$$

$$k_{sq}=1.18\quad(L/B=1)$$

보간법에서 $L/B=2$

$$k=k_{st}+(k_{sq}-k_{st})B/L$$

$$=0.94+(1.18-0.94)0.5$$

$$=1.06$$

$$P_v=17\times2=34\text{kPa}$$

$$P_h=\sigma_w+KP_v{}'$$

$$=10+0.5[17\times1.0+(17-10)\times1.0]=22\text{kPa}$$

$$q_u-P_v=k(P_l-P_h)$$

$$q_u=34+1.06(654-22)=704\text{kPa}$$

안전율을 3으로 하면 식 (5.83)에 의거 허용지지력 q_a는 다음과 같다.

$$q_a=P_v+\frac{k(P_l-P_h)}{F_s}=34+\frac{670}{3}=257\text{kPa}$$

5.6.3 표준관입시험 활용법

표준관입시험으로 얻어지는 N치는 현재 지반공학 분야 실무에 필요 이상으로 많이 사용되고 있다. 주로 지반의 내부마찰각을 N치로 추정하여 각종 설계에 적용하고 있으므로 결국 지반공학 관련 모든 설계에 사용되고 있다고 하여도 과언이 아니다. 이 시험은 비교적 간단하고 비용이 저렴하여 사용 기간이 오래된 관계로 자료의 축적이 많으므로 사용하기에 유리하다. 그러나 이 방법을 사용함에는 다음의 두 가지 점에 특히 주의해야 할 것이다. 첫 번째는 시험이 간단하고 비용이 저렴한 만큼 신뢰성이 낮다고 하는 점이다. 두 번째는 자료의 축적이 많다고 하나 우리나라 지반에 이러한 자료의 축적을 확인하고 적용되고 있지는 않다는 점이다. 따라서 이 방법은 구조물의 중량과 중요도가 낮은 경우에 국한하여 충분한 현장 판단하에 적용되어야 할 것이다.

아래에 설명되는 허용지지력 추정식도 이러한 판단하에 사용되기를 기대하는 바이다. N치로 허용지지력을 추정하는 방법은 Terzaghi와 Peck(1967)의 저서에 처음으로 소개되면서 시작된다. 그러나 이 추정법에 의하여 추정된 허용지지력은 너무 낮게 안정측으로 밝혀짐으로써 현재는 거의 사용되고 있지 못하다.

그 후 Meyerhof(1974)는 2.54cm 침하 시의 허용지지력을 N치로부터 추정하는 경험식을 다음과 같이 제안하였다.

$$q_a = 12NK_d(\text{kPa}) \quad (B \le 1.2\text{m}) \tag{5.84a}$$

$$= 1.33NK_d(\text{t/m}^2)$$

$$q_a = 8N\left(\frac{B+0.3}{B}\right)K_d(\text{kPa}) \quad (B > 1.2\text{m}) \tag{5.84b}$$

$$= 0.82N\left(\frac{B+0.3}{B}\right)K_d(\text{t/m}^2)$$

$$\text{여기서,}\ K_d 1 + 0.33\left(\frac{D}{B}\right) \le 1.33 \tag{5.85}$$

그러나 Bowles(1982)은 그의 저서에서 위의 Meyerhof에 의한 허용지지력도 여전히 실제지지력을 과소평가하고 있다고 하여 위의 식을 50%까지 증가시켜 다음과 같이 수정·제시하였다.

$$q_a = 20NK_d(\text{kPa}) \quad (B \le 1.2\text{m}) \tag{5.86a}$$

$$= 2.04NK_d(\text{t/m}^2)$$

$$q_a = 12.5N\left(\frac{B+0.3}{B}\right)^2 K_d(\text{kPa}) \quad (B > 1.2\text{m}) \tag{5.86b}$$

$$= 1.28N\left(\frac{B+0.3}{B}\right)^2 K_d(\mathrm{t/m^2})$$

이들 식의 사용 시 N치는 후팅저면 상부 $0.5B$ 위치에서 하부 $2B$ 사이의 N치의 평균치를 적용한다. 만약 허용침하량이 2.54m가 아닐 경우는 다음 식으로 앞에서 구한 허용지지력을 수정하여 사용한다.

$$q_{a(sj)} = \frac{S_j}{S_0} q_a \tag{5.87}$$

여기서, S_0 : 2.54cm

S_j : 허용침하량

q_a =2.54cm (S_0) 침하 시의 허용지지력(식 (5.84) 및 식 (5.86)의 산정치)

$q_{a(st)}$ =허용침하량 S_j 침하 시의 허용지지력

한편, Parry(1977)는 이와 별도로 N치로 극한지지력 q_u를 다음과 같이 구하도록 제시하였다.[32]

$$q_u(\mathrm{kPa}) = 30N \quad (D_f \le B) \tag{5.88}$$

이 식이 적용되는 N치는 후팅 저면 아래 $0.75B$ 깊이의 평균치이다. Cernica(1995)[9]는 N치로 지지력을 산정하는 방법은 모래, 실트질 모래 또는 모래, 실트 및 잔자갈이 섞여 있는 지반과 같은 사질토지반에서만 가능하다고 하였다. 점성토 지반의 경우는 함수비에 따라 강도가 차이가 심하므로 N치 조사 시와 구조물 축조 후의 N치 및 지반강도가 다를 수 있음을 경험을 토대로 설명하였다. 또한 굵은 자갈이 섞여 있는 경우는 N치의 신뢰도가 떨어지므로 적용하지 않음이 현명할 것이다.

5.6.4 콘관입시험 활용법

Bowles(1982)[5]은 콘관입저항치 q_c값으로 후팅의 극한지지력 q_u를 추정하는 방법으로

Schmertmann(1978)의 식을 소개하였다.[34] 우선 Terzaghi의 지지력공식 중 지지력계수를 다음과 같은 관계로 제시하였다.

$$0.8N_q \simeq 0.8N_\gamma \simeq q_c \quad (D_f/B \le 1.5) \tag{5.89}$$

여기서, q_c는 후팅저면 상부 $0.5B$에서 하부 $1.1B$ 이하의 평균치를 적용한다. 또한 사질토 지반의 경우,

$$\text{띠후팅} : q_u = 28 - 0.0052(300 - q_c)^{3/2}(\text{kg/cm}^2) \tag{5.90}$$

$$\text{정방형 후팅} : q_u = 48 - 0.009(300 - q_c)^{3/2}(\text{kg/cm}^2) \tag{5.91}$$

점토지반의 경우,

$$\text{띠후팅} : q_u = 2 + 0.28q_c(\text{kg/cm}^2) \tag{5.92}$$

$$\text{정방형 후팅} : q_u = 5 + 0.34q_c(\text{kg/cm}^2) \tag{5.93}$$

한편, Meyerhof(1956)는 q_c와 N치 관계를 다음과 같이 하여, SPT법 식에 N 대신 q_c를 대입하여 허용지지력을 구할 수 있다.[27]

$$N = \frac{q_c}{4} \tag{5.94}$$

여기서, q_c의 단위는 kg/cm^{2}로 하였다. 만약 다른 단위를 사용 시에는 이에 대한 단위환산을 한 후 적용하여야 한다.

콘관입저항치 q_c로 기초의 지지력을 경험적으로 구하는 경우에 있어서의 문제점도 SPT법에 대하여 제시된 방법과 동일하다. 따라서 이 방법도 사용 시 충분한 공학적·경험적 판단이 있어야 할 것이다.

5.6.5 경험치 활용법

표 5.7은 여러 시방서에 제시되어 있는 지지력값을 정리한 값이다. 이들 값을 사용하여 대략적인 지지력값을 추정하여 기초의 설계를 할 수 있다. 구조물의 중요성이 크지 않거나 소규모의 건설, 특히 소규모 건물 축조 시에 많이 사용되고 있다. 그 밖에도 건물, 교량, 댐 등의 구조물 축조를 위한 시방서나 핸드북 등에는 지반의 종류에 따른 대략적인 지지력을 정리하여 놓은 표가 수록되어 있다. 따라서 실험에 의한 토질정수나 현장시험의 정보가 전혀 없을 경우 활용할 수 있다. 이들 값은 현장에서 얻은 정보의 축적에 의하여 정리된 값이다. 그러나 지반

표 5.7 지지력 대푯값

	지반의 종류	지지력 kN/m²(t/m²)	비고
암반	절편과 결함이 없는 암 예) 화강암, 화성암, 섬록암	3,240(330)	
	절편이 있는 암 예) 견고한 상태의 사암, 석회암	1,620(165)	
	조각 나고 깨진 기반암과 견고한 혈암의 잉여퇴적물, 고결화된 물질	880(90)	
	연암	440(45)	
사질 지반	자갈, 다져지고 굴착 시 관입저항이 큰 모래자갈	440(45)	건조는 기초의 바닥에서 기초폭보다 더 깊은 곳에 지하수위가 있음을 의미한다.
	다져지고 건조된 굵은 모래	440(45)	
	다져지고 건조된 중간 모래	245(25)	
	세립질 모래, 실트(손으로 쉽게 부서지는 건조된 흙덩어리)	150(15)	
	느슨한 자갈 또는 모래-자갈 혼합물, 건조된 느슨한 굵은 모래~중간 모래	245(25)	
	건조되고 느슨한 세립질 모래	100(10)	
점성 지반	연약한 혈암, 건조된 견고한 점토	400(45)	장기압밀침하가 가능하다.
	엄지손톱으로 쉽게 찌그러지는 중간 점토	245(25)	
	강한 엄지손가락 힘으로 찌그러질 수 있는 습윤 점토와 모래점토	150(15)	
	보통의 엄지손가락 힘으로 찌그러지는 연약점토	100(10)	
	엄지손가락으로 쉽게 패어지는 매우 연약한 점토	50(5)	조사 후 결정
	Black cotton soil 또는 건조 상태(포화도 50%)에서 수축·팽창하는 점토	-	
기타 지반	이토	-	조사 후 결정
	성토지반	-	

은 지역에 따라 특성을 달리하고 있으며, 여러 가지 요소에 의하여 영향을 많이 받는다. 따라서 국가와 지역이 다른 곳의 자료를 사용하거나 지반의 토질 및 암반의 특성을 잘못 판단하고 이들 자료를 사용할 경우 대단히 위험한 피해가 발생될 가능성이 항상 존재하게 된다.

이러한 표를 활용하여 지지력을 결정할 경우 이 방법이 가지는 문제점이 다음과 같음을 생각하고 설계에 임하여야 한다.

① 지지력의 값과 범위가 지나치게 간략화되어 있다.
② 허용지지력이 지반 종류에만 의존하고 있다고 가정되어 있다.
③ 지지력에 영향을 미치는 많은 토질 특성이 무시되어 있다.
④ 이들 표값에는 지지력이 어떤 방법에 의하여 구해졌는지가 알려져 있지 않다.
⑤ 이들 지지력은 기초의 크기, 형상 및 깊이에 무관하게 제시되어 있다.

그러나 이 방법은 기초 설계 시 사전 설계 등과 같은 계획 수준에서는 유익하게 사용될 수 있는 방법이다.

5.7 지지력에 영향을 미치는 기타요소

5.7.1 편심하중

(1) 기둥모멘트의 영향

후팅에 연직하중만 작용하면 후팅과 지반 사이에는 평균접지압이 등분포의 상태로 작용할 것이다. 지금까지 제5장에서 취급된 지반의 지지력은 이런 경우의 지지력에 해당된다. 그러나 일반적인 경우에는 기둥이나 내력벽에는 모멘트가 작용하므로 후팅에도 이 모멘트하중이 연직하중에 추가되어 작용하게 된다. 이런 경우 후팅은 이 모멘트의 영향으로 회전을 하게 되고 편심이 작용하게 되며, 이 후팅의 회전은 접지압의 부등분포를 유발한다.

그림 5.18은 기둥의 모멘트로 인하여 사다리꼴의 부등접지압이 작용하는 상태를 나타내고 있다. 이 경우에도 후팅의 중심축에서는 평균압과 평균침하가 발생한다. 이 그림에서 보는 바와 같이 기둥모멘트에 의한 후팅회전은 평균압 P_{avg}에는 영향을 미치지 않으나 최대압 $P_{\max}$

에는 영향을 미치고 있다.

따라서 지반의 전단강도에 의하여 지지력이 결정되는 경우에는 최대압 $P_{\max}$가 허용지지력 P_a를 넘지 않아야 한다.

침하에 의하여 지지력이 결정되는 곳에서도 마찬가지이다. 즉, 후팅의 한쪽 모서리부에서의 침하량이 허용침하량을 넘지 않도록 해야 한다. 중심에서 평균침하 S_{avg}는 평균압 P_{avg}에 비례하므로 기둥의 침하가 25mm를 넘지 않으면 평균압 P_{avg}도 허용지지력을 넘지 말아야 한다.

콘크리트기둥이나 내력벽이 콘크리트후팅과 연결되어 있고 모멘트를 받을 경우 후팅과 지반은 통상적으로 다음과 같은 두 가지 특성으로 거동한다(French, 1989).[18]

① 기둥(또는 내력벽)과 후팅 사이의 구속 조건은 힌지구속 상태로 거동한다(고정구속 상태의 범위를 넘는다).

② 지반은 후팅의 회전에 충분히 저항하지 못한다(결국 부등분포의 접지압을 유발한다).

이와 같은 거동 특성에 의거하여 기둥모멘트 및 후팅회전의 영향을 검토하면 다음과 같다. 그림 5.18에서 도시된 바와 같이 기둥 하부지지점에서의 회전각은 후팅의 회전각이기도 하다.

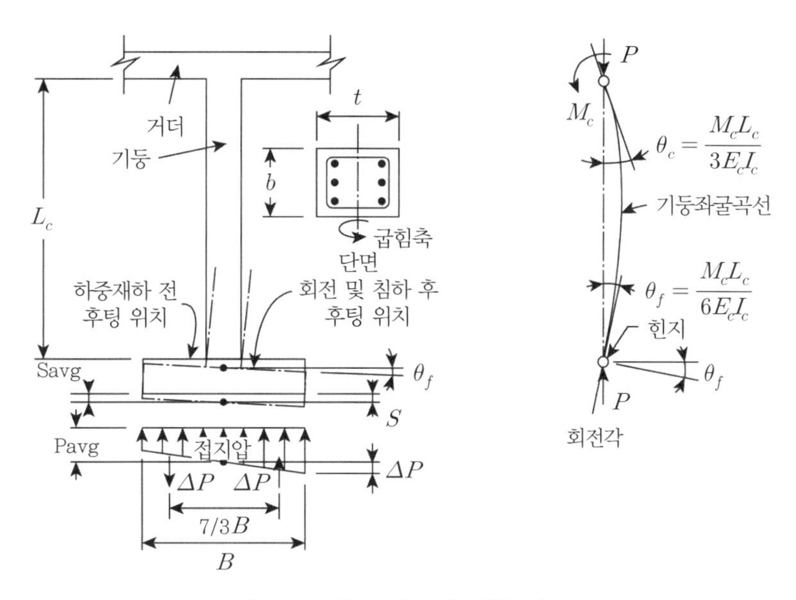

그림 5.18 기둥모멘트에 의한 편심

$$\theta_f = \frac{M_c L_c}{6 E_c I_c} \tag{5.95}$$

여기서, M_c : 기둥 상부 지지점에서의 모멘트

$E_c I_c$: 기둥의 강성

L_c : 기둥의 길이

일반적으로 발생할 수 있는 최대회전각은 0.005radian으로 후팅의 허용회전각 이내가 된다. 따라서 그림 5.18의 접지압에 대해서는 다음 식이 성립될 수 있다.

$$\frac{P_{avg}}{S_a} = \frac{P_{avg} + \Delta P}{S_a + B\theta/2} \tag{5.96}$$

여기서, S_a : 허용침하량(통상 25mm)

P_{avg} : S_a 침하 시의 접지압

B : 후팅폭(S_a와 동일한 단위)

θ : 회전각(radian)

ΔP : 중심축과 모서리 사이의 접지압 차

후팅회전으로 인한 접지압의 증가율 $\Delta P / P_{avg}$는 식 (5.96)에서 다음과 같이 된다.

$$\frac{\Delta P}{P_{avg}} = \left(1 + \frac{B\theta}{2S_a}\right) - 1 \tag{5.97}$$

최대허용회전각 0.005rad 및 허용침하량 25mm에 대한 접지압 증가율은 콘크리트기둥의 경우 6~25%가 되며 철골기둥의 경우 35%까지도 증가한다.

후팅회전 시 지반으로부터 받는 저항모멘트 M_r과 기둥의 모멘트 M_c는 다음과 같다(σ_c = 극한강도의 반, 정방형기초의 경우).

$$M_r = \frac{1}{2}\Delta P \cdot \frac{1}{2}B^2\left(\frac{2B}{3}\right) = \Delta P\frac{B^3}{6} \tag{5.98}$$

$$M_c = \sigma_c S_c = \frac{1}{2}\sigma_u \frac{b\,t^2}{6} \fallingdotseq \frac{\sigma_u t^3}{12}$$

후팅저항모멘트와 기둥모멘트의 비 M_r/M_c는

$$\frac{M_r}{M_c} = 2\frac{\Delta P}{\sigma_u}\left(\frac{B}{t}\right)^3 \tag{5.99}$$

이 값은 통상 10% 이하이고 최대치도 20%를 넘지 못한다. 따라서 앞에서 설명한 후팅과 지반의 두 가지 특성이 옳음을 알 수 있다.

(2) 유효후팅면적

후팅중심축에 연직하중 이외에 기둥이나 내력벽으로부터 모멘트를 추가로 받게 되면 일반적으로 편심 e만큼 이동한 위치에 연직하중이 작용하는 경우와 같게 취급한다. 즉, 그림 5.19(a)에서와 같이 연직하중 V와 모멘트 M이 작용하는 경우는 그림 5.19(b)에서와 같이 중심축에서 e만큼 이동한 위치에 연직하중 V가 작용하는 경우로 등치시킬 수 있다. 여기서 편심 e는 모멘트와 연직하중의 크기에 따라 다음과 같이 결정된다.

$$B\text{변 축에 모멘트 } M_y \text{ 작용 시 } e_x = \frac{M_y}{V} \tag{5.110}$$

$$L\text{변 축에 모멘트 } M_x \text{ 작용 시 } e_y = \frac{M_\gamma}{V}$$

경사하중이 작용하거나 편심하중이 작용하는 경우 후팅 하부 지반의 파괴 형태는 그림 5.20과 같이 다소 복잡하게 된다. 편심의 정도가 심할수록 파괴영역이 감소한다. 그림 5.20 중 ABC영역 I은 탄성쐐기부분으로 편심이 작용하지 않을 경우는 이등변삼각형이었으나 편심작용에 의하여 쐐기모양의 한 변 AC가 곡선으로 변한다.

이 곡선은 원형으로 가정되며 원호 AC의 중심은 후팅의 회전중심과 일치한다. 하중편심 e

가 $B/4$보다 작으면 회전중심은 편심반대편 후팅단 외측에 존재하며 편심 e가 $B/4$와 같을 경우 회전중심은 후팅단 바로 아래 존재하게 된다. 여기서 편심이 더욱 증가하면 회전중심이 후팅중심축 방향으로 그림 5.20(b)와 같이 이동하면서 후팅면이 들리게 된다. 일반적으로 후팅 설계 시 편심은 $B/6$ 아래가 되도록 설계하여야 한다.

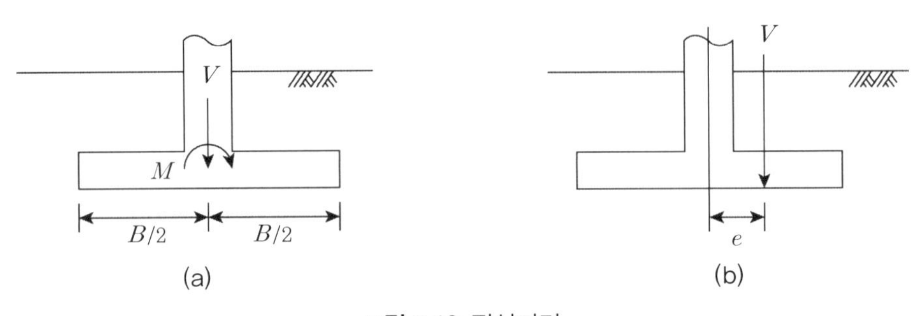

그림 5.19 편심거리

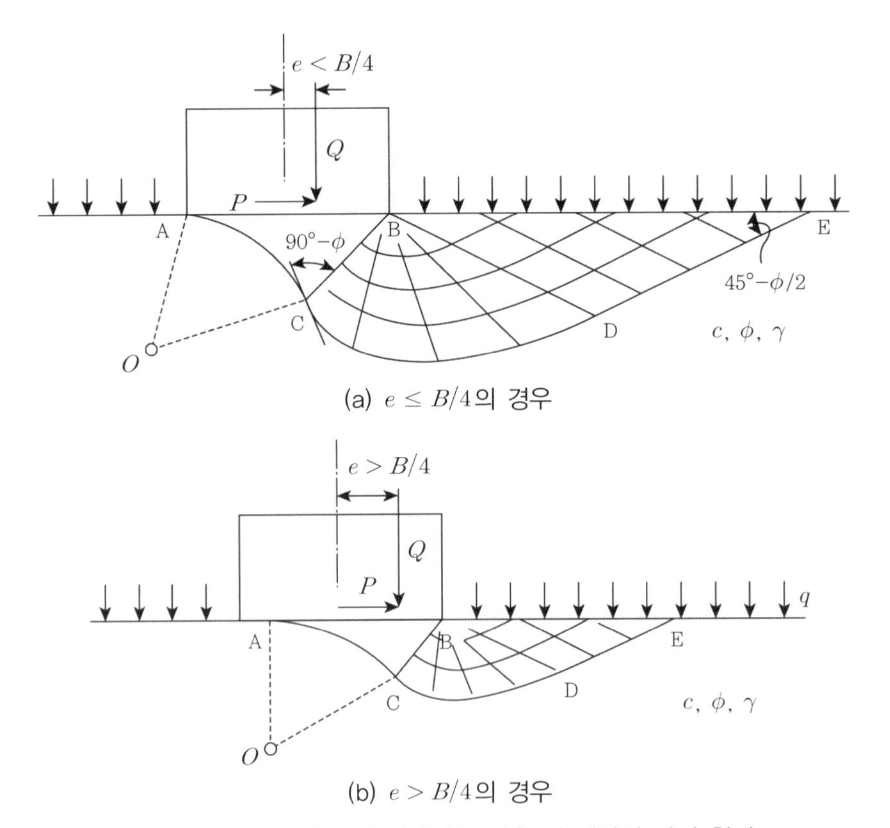

그림 5.20 편심하중 및 경사하중 작용 시 지반의 파괴 형태

편심을 받는 후팅의 지지력을 산정할 경우는 그림 5.21(b) 및 (c)에 도시된 바와 같이 후팅의 면적을 감소시켜 지지력을 감소시키는 경험적 방법을 일반적으로 활용하고 있다. 사각형 이외의 형상을 가지는 후팅의 경우는 그림 5.22와 같이 유효기초면적을 사각형으로 등치시켜 취급한다. 이때 유효기초면적의 중심은 기하학적 중심과 일치하도록 실제 후팅저부면적의 사각형 형상을 결정해야 한다.

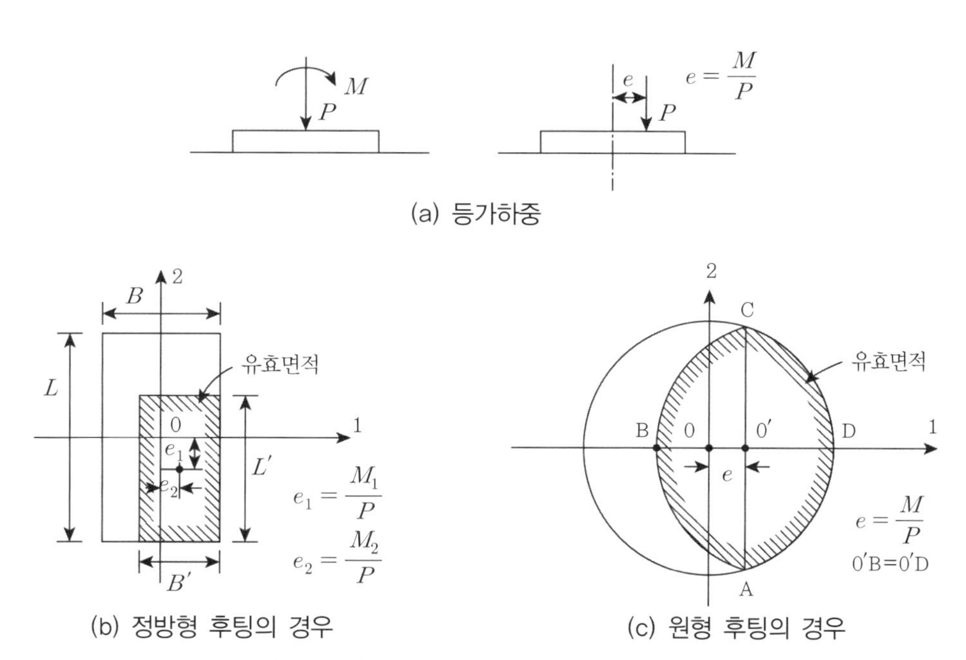

그림 5.21 편심하중 작용 시 후팅 면적의 감소

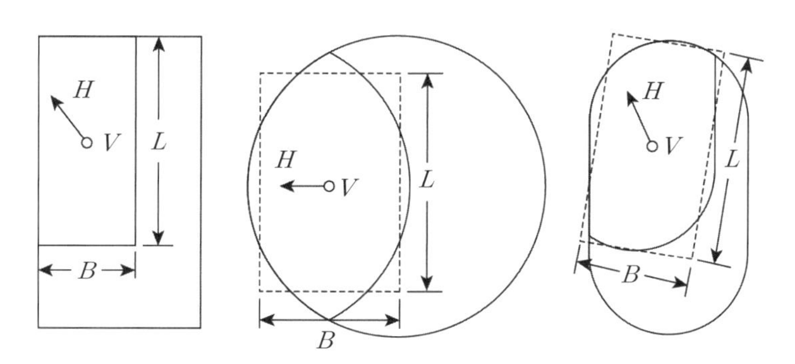

그림 5.22 등가유효기초면적(Brinch Hanshen, 1981)

우선 사각형 후팅의 유효기초면적은 다음과 같이 Meyerhof의 시험 결과와 경험을 근거로 산정한다.

$$B' = B - 2e_x \tag{5.101a}$$

$$L' = L - 2e_y \tag{5.101b}$$

$$A' = B'L' \tag{5.102}$$

원형 후팅의 유효기초면적은 그림 5.21(c)와 같이 정하고 다음 식으로 산정한다.

$$A' = 2S = B'L' \tag{5.103}$$

$$L' = \left[2S\left(\frac{R+e}{R-e}\right)^{\frac{1}{2}}\right]^{\frac{1}{2}} \tag{5.104}$$

$$B' = L'\left(\frac{R+e}{R-e}\right)^{\frac{1}{2}} \tag{5.105}$$

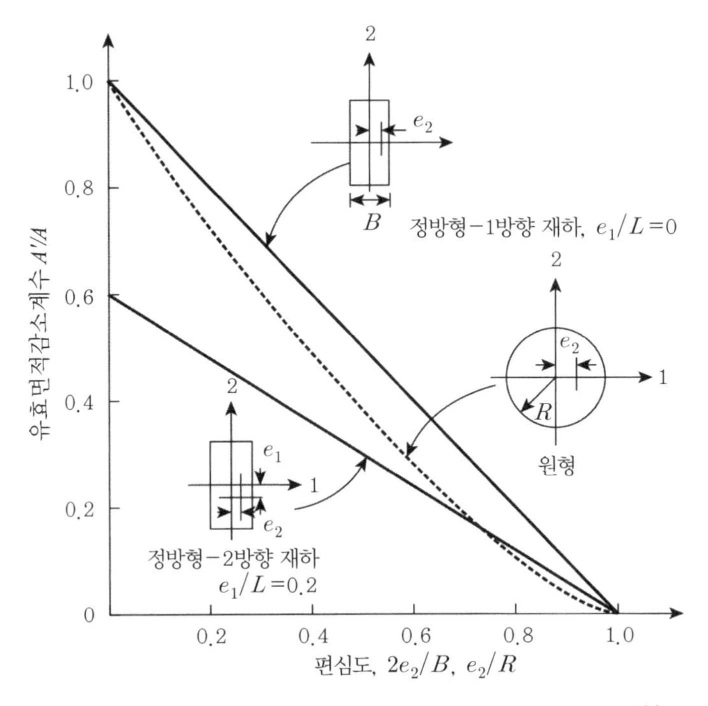

그림 5.23 편심하중 작용 후팅의 면적감소계수(API, 1987)[2]

여기서, $S = \frac{\pi R^2}{2} - \left[e\sqrt{R^2 - e^2} \sin^{-1}\left(\frac{e}{R}\right)\right]$ (5.106)

R = 원형 후팅 반경

이들 식에 의하여 구한 면적감소계수 A'/A는 그림 5.23에 도시된 것과 같다. 식 (5.102)와 같은 유효기초면적 감소 방법은 이론 및 실험 연구 결과 안전측의 결과를 나타내고 있다(De Beer, 1949; Meyerhof, 1953).[13,25]

5.7.2 지하수위

지하수위는 얕은기초의 지지력에 상당한 영향을 미칠 수 있다. 지반이 침수되면 흙 속의 모관응력 또는 결합력이 약화되어 겉보기점착력이 상실된다. 또한 지하수위 하부지반의 수중유효단위중량은 지하수위 상부 지반의 단위중량의 반 정도로 감소하게 된다. 따라서 지반침수가 발생하면 지지력공식의 세 항 모두 상당히 감소하게 된다. 따라서 설계 대상이 되는 기초가 설치된 위치에 지하수위변화를 예상하여 영향을 미칠 상황이 예상되면 이에 대한 지지력 감소를 고려해야 한다. 이러한 높은 지하수위는 폭우나 홍수 시 일시적으로 발생할 수도 있으며 주변의 댐 건설로도 인근 지역에서 발생할 수 있다.

(1) 지하수위 영향 고려 방법(Vesic 방법)

① $Z_w \le B$인 경우(그림 5.24 참조)

기초저면 하부지반의 단위중량은

$$\gamma = \gamma' + \left(\frac{Z_w}{B}\right)(\gamma_t - \gamma') \tag{5.107}$$

여기서, γ' : 수중단위중량

γ_t : 습윤단위중량(지하수위 상부 지반의 최소함수비에 대응한 값)

(Meyerhof, 1955)[26]

② $Z_w > B$인 경우(그림 5.24 참조)

$$\gamma = \gamma_t \tag{5.108}$$

③ 지하수위가 기초저면 이상에 존재하는 경우

$$\gamma = \gamma' \tag{5.109}$$

이 방법에서는 지지력공식의 두 번째 항과 세 번째 항만 수정하게 된다. 따라서 첫 번째 항인 cN_c는 지하수위의 영향을 받지 않는 것으로 되어 있다. 실제로 침수에 의한 점착력 변화가 있으나 이는 통상 무시한다.

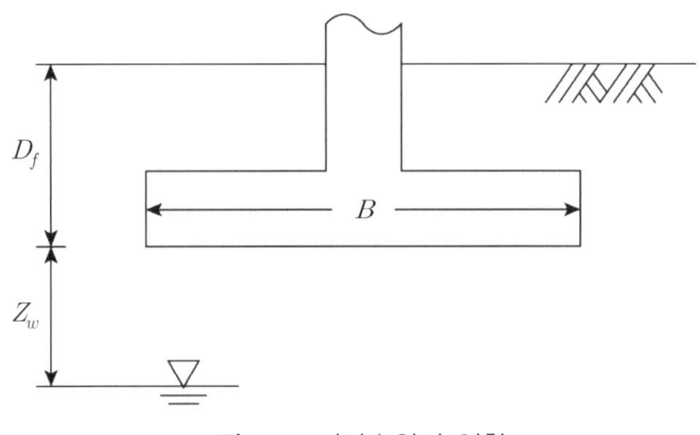

그림 5.24 지하수위의 영향

5.7.3 이층지반의 지지력

지반은 형성 과정에서 균일층만으로 이루어지지 못하는 경우가 많다. 결국, 실제 현장은 다층지반으로 구성되어 있어 단일층의 지반을 대상으로 지지력을 구한 경우가 실제와는 차이가 생기게 된다. 만약 하부지반의 강도가 후팅이 설치된 위치의 지반보다 크면 안전설계로 될 수 있으나 그 반대의 경우는 불안전설계가 된다. 따라서 이 경우는 하부지반의 영향을 고려하여 기초의 지지력을 결정해야 한다.

실제지반은 다층으로 구성되어 있으나 얕은기초의 지지력에 영향을 미치는 범위를 대상으로 하면 대부분이 두 개 층의 강도만이 고려 대상이 된다. 따라서 실제는 이층지반을 대상으로 검토해도 충분하다. 이러한 이층지반 중에서 현재 주변에 가장 많이 볼 수 있는 경우는 다음과 같은 세 가지 경우의 구성지반일 것이다.

(1) 상부점토지반 - 하부점토지반

점토퇴적층에서 퇴적 시기, 상재압, 건조 등의 영향으로 상하부 점토지반의 강도가 다른 경우에 해당한다. Reddy & Srinivasan(1967)[33]은 한계평형법을 사용하여 강도이방성을 가지는 이층점토지반에 띠후팅이 설치되어 있는 경우의 지지력을 유도하였고 Chen(1975)[10]은 상계법의 한계해석으로 동일한 결과를 얻었다. 한편 Vesic(1975)[43]은 하부지반이 상부지반보다 강도가 큰 점토지반의 경우 지지력계수를 구할 수 있는 도표를 제시하였다.

(2) 상부모래지반 - 하부점토지반

해안 매립 시 하부는 연약점토지반이고 상부는 그 위에 매립지반으로 형성된 경우에 해당한다. Meyerhof & Hanna(1978),[30] Hanna & Meyerhof(1978)[19]는 이 경우의 해석을 실시하여 띠후팅에 대한 지지력을 정리하였다.

(3) 상부점토지반 - 하부암반

점토층이 비교적 두껍지 못하여 하부의 암반이 기초의 지지력 발생기구에 영향을 미치는 경우에 해당한다. Suklje(1954)는 암반 위에 연약점토가 얇게 분포되어 있는 경우 지지력을 실험과 이론으로 구하였다.

홍원표(1999)는 이들 이층지반의 지지력계수를 잘 정리하였으므로 참조하여 설계 시공에 반영할 수 있다.[1]

그 밖에 후팅지지력에 영향을 미치는 요소로는 인접후팅의 간섭효과를 들 수 있다.[36,44] 이에 대하여는 제6장에서 자세히 설명한다.

참고문헌

1. 홍원표(1999), 기초공학특론(I) 얕은기초, 중앙대학교 출판부.
2. API(1987), API-RP 2A "Recommended practice for planning, design and construction fixed offshore platforms", American Petroleum Institute, Washington D.C.
3. Andersen, K.H.(1972), "Bearing capacity of shallow foundation on cohesionless soils", Internal Report 51404-1, Norwegian Geotechnical Institute.
4. Atkinson, H.F.(1993), "Structural Foundation Manual for Low Rise Buildings", E & FN Spon, London.
5. Bowles, J.E.(1988), Foundation Analysis and Design, 4th ed., McGraw-Hill Book Co., New York.
6. Brinch Hansen, J.(1961), "A general formular for bearing capacity", Bulltin No.11, Danish Tech. Inst. Copenhagen, Denmark, pp.38~46.
7. Brinch Hansen, J. and Christensen, N.H.(1969), "Discussion on theoretical bearing capacity of very shallow footings", J. SMFD, ASCE, Vol.95, No.SM6, pp.1568~1572.
8. Brinch Hansen, J.(1970), "A revised and extended formula for bearing capacity", Danish Geotechnical Institute, Copenhagen, Denmark, Bulltin. No.28.
9. Cernica, J.H.(1995), Geotechnical Engineering Foundation Design, John Wiley & Sons, pp.113~118.
10. Chen, W.F.(1975), Limit Analysis and Soil Plasticity, Elsevier, Amsterdam.
11. Chen, W.F. and Liu, X.L.(1990), Limit Analysis in Soil Mechanics, Elsevier, Amsterdam.
12. Chen, W.F. and McCarron, W.O.(1991), Bearing Capacity of Shallow Foundation, Foundation Engineering Handbook, eds by Fang & Winterkorn, 2nd ed, pp.144~165.
13. De Beer, E.E.(1949), "Grondmechanica", Deel II, Funderingen N.V. Standard Boekhandel, Antwerpen, pp.41~51.
14. De Beer, E.E. and Vesic, A.S.(1958), "Etude experimentale de la capacite portante du sable sous des foundation directes etablies en surface", Annales des Travaux Publics de Belique 59, No.3, pp.5~58.
15. De Beer, E.E. and Ladanyi, B.(1961), "Etude experimentale de la capacite portante du sable sous des foundations circulaires estabiles en surface", Proc., 5th ICSMFE, Paris, Vol.1, pp.577~581.

16. De Beer, E.E.(1987), Ch.16 Bearing Capacity, Ground Engineer's Reference Book, ed by F.G. Bell, Butterworths.
17. Drucker, D.C., Greensberg, H.J. and Prager, W.(1952), "Extended limit design theorems for continuous media, Quarterly of Applied Mathematics", Vol.9, pp.381~389.
18. French, E.E.(1989), Introduction to Soil Mechanics and Shallow Foundation Design, Prentice Hall, Inc.
19. Hanna, A.M. and Meyerhof, G.G.(1978), "Design charts for ultimate bearing capacity of foundations on sand overlying soft clay", Canadian Geotech. Journal, Vol.18, pp.599~603.
20. Hansbo, S.(1994), Foundation Engineering, Elsevier, pp.105~154.
21. Jumikis, A.R.(1962), Soil Mechanics, Van Nostrand, NJ.
22. Jumikis, A.R.(1984), Soil Mechanics, Robert E. Krieger Publishing Company, Malabar, Florida, pp.413~462.
23. Koerner, R.M.(1984), Construction and Geotechnical Methods in Foundation Engineering, McGraw0Hill Book Co.
24. Mandel, J.(1966), "Interference plastique de smelles filantes", Proc., 6th ICSMFE, Montreal, Vol.II, pp.127~131.
25. Meyerhof, G.G.(1953), "The bearing capacity of foundations under eccentric and inclined loads", 3rd ICSMFE, Vol.1, pp.440~445.
26. Meyerhof, G.G.(1955), "Influnce of roughness of base and groundwater conditions on the ultimate bearing capacity of foundations", Geotechnique, Vol.5, No.3, pp.227~242.
27. Meyerhof, G.G.(1956), "Penetration test and bearing capacity of cohesionless soils", J., SMFD, ASCE, Vol.82, No.SM1, pp.1~19.
28. Meyerhof, G.G.(1961), Discussion, 5th ICSMFE, Paris, Vol.3, p.193.
29. Meyerhof, G.G.(1963), "Some recent research on the bearing capacity of foundations", Canadian Geotech. J., Vol.1, No.1.
30. Meyerhof, G.G. and Hanna, A.M.(1978), "Ultimate bearing capacity of foundations on layered soil under inclined load", Canadian Geotechnical Journal, Vol.15, pp.1083~1094.
31. Meyerhof, G.G.(1984), "Safety factors and limit states analysis in geotechnical engineering", Geotechnique, Vol.21, pp.1~7.
32. Parry, R.H.G.(1977), "Estimating bearing capacity of sand from SPT values", J. GED, ASCE,

Vol.103, No.GT9, pp.1014~1019.

33. Reedy, A.S. and Srinivasan, R.J.(1967), "Bearing capacity of footings on layered elays", J. SMFD, ASCE, Vol.93, No.SM2, pp.83~99.
34. Schmertmann, J.H.(1978), "Guidelined for cone penetration test : performance and design", FHWA-TS-78-209, US Dept. of Transportation, p.145.
35. Sokolovski, V.V.(1965), Statics of Granular Material, Pergamon Press, New York.
36. Stuart, J.G.(1962), "Influence between foundations with special reference to surface footings in sand", Geotechnique, Vol.12, No.1, pp.15~22.
37. Tayor, D.W.(1948), Fundamentals of Soil Mechanics, John Wiley & Sons, New York.
38. Terzaghi, K.(1943), Theoretical Soil Mechanics, John Wiley and Sons Inc.
39. Terzaghi, K. and Peck, R.B.(1967), Soil Mechanics in Engineering Practice, John Wiley and Sons Inc.,
40. Venkatramaiah, C.(1993), Geotechnical Engineering, John Wiley & Sons, pp.683~701.
41. Vesic, A.S.(1963), "Bearing capacity of deep foundations in sand", Normal Academy of Sciences, National Research Council, Highway Research Record, Vol.39, pp.112~153.
42. Vesic, A.S.(1973), "Analysis of ultimate loads of shallow foundations", J. SMFED, ASCE, Vol.99, No.SM1, pp.45~73.
43. Vesic, A.S.(1975), Bearing Capacity of Shallow Foundation, Ch.3 in Foundation Engineering Handbook, ed. by Winterkorn, H.F. and Fang, H.Y., Van Nostrand Reinhold, New York, pp.121~147.
44. West, J.M. and Stuart, J.G.(1965), "Oblique loading resulting from interference between surface footings on sand", Proc., 6th ICSMFE, Montreal Vol.II, pp.214~217.

C·H·A·P·T·E·R

06

인접 후팅의 지지력

C·H·A·P·T·E·R

06 인접 후팅의 지지력

일반적으로 무리말뚝이나 후팅의 해석에서 무리효과에 대한 효율은 단순히 단독일 때와 같은, 즉 효율 1을 그대로 취하거나 또는 그 이하로 계산되어져 왔다. 그러나 실제의 말뚝이나 후팅은 단독이 아닌 여러 개가 서로 인접하여 설치하며 파괴메커니즘 역시 단독과는 다른 형태를 가지게 된다. 일반적으로 후팅 및 말뚝의 간섭효과를 다룬 대부분의 연구에서 지지력의 변화에 대한 견해는 대개 '증가 또는 감소할지도 모른다'는 조심스런 예측만 있을 뿐 현상에 대한 자세한 원인규명이나 해석은 다루지 못한 것이 사실이다.

그러나 모래지반에서는 무리말뚝이나 인접 후팅 사이에 발생하게 되는 간섭효과가 단일말뚝이나 단일 후팅일 경우와 비교하여 효율이 1 이상인 지지력을 갖게 된다는 연구 결과가 있다.

무리말뚝에 대한 예를 들면 Kezdi(1957)[6]와 Whitaker(1957, 1960)[14,15]는 무리말뚝의 거동을 조사한 결과 파괴 시 하중과 침하 특성 차이로 인하여 단일말뚝과는 다른 간섭효과가 발생된다고 하였다. 그리고 Vesic(1969)은 실험을 통해 무리말뚝의 지지력 증가를 확인하였다.[12] 그러나 Meyerhof(1959)는 점착력이 없는 지반에서 말뚝 관입은 지반 특성을 변화시키는 원인이 된다고 하였다.[8]

한편 무리 후팅 또는 인접 후팅에 대한 연구로는 Stuart(1962)의 연구와 구운배(2001)의 연구를 들 수 있다. 먼저 Stuart(1962)는 인접 후팅 하부 지반에서 발달하는 파괴구간의 확장은 지반의 특성을 변화시키게 되며 이로 인해 인접한 두 후팅이 서로 접근함에 따라 어느 일정한 거리까지는 지지력이 증가한다는 결과를 이론 및 실험을 통해 검증한 바 있다.[9]

구운배(2001)는 연속후팅의 간섭효과를 인접 후팅 사이에 발달하는 지반아칭의 개념을 도입하여 연구하였다.[1] 먼저 사질토 지반에 위치한 2열 및 4열의 연속후팅(continuous footing)의 모형실험을 통해 인접한 연속후팅 사이에 발달하는 지반아칭의 형상을 관찰하고 지지력 증가현상을 확인하였다. 또한 이러한 지반아칭현상을 구공동확장이론을 도입하여 해석함으로써 인접 후팅의 지지력에 대한 새로운 접근방법을 제안하였다.

6.1 인접 후팅의 간섭효과

여러 개의 후팅이 무리지어 설치되어 있는 경우 단일 후팅일 때와는 다른 파괴메커니즘이 발생한다. 즉, 두 후팅의 지중파괴영역이 한 영역에 겹치게 되면서 이들 후팅의 지지력에는 상호 간섭효과가 나타나게 된다.

그림 6.1(a)는 하나의 후팅기초가 상부로부터 하중을 받을 때 지반에 고르게 형성되는 압력구근을 나타낸 것이다. 반면에 그림 6.1(b)는 4개의 작은 후팅이 서로 인접하여 설치되어 있을 때 상부하중으로 인한 각 후팅의 압력구근의 확장현상을 나타낸 것으로 후팅에서 일정 심도부터는 압력구근이 그림 6.1(a)와 비슷한 형상을 이루게 됨을 알 수 있다. 즉, 각 후팅 바로 아랫부분에서의 형태만 다를 뿐 일정한 깊이 아래에서는 압력구근의 형상이 비슷하다.

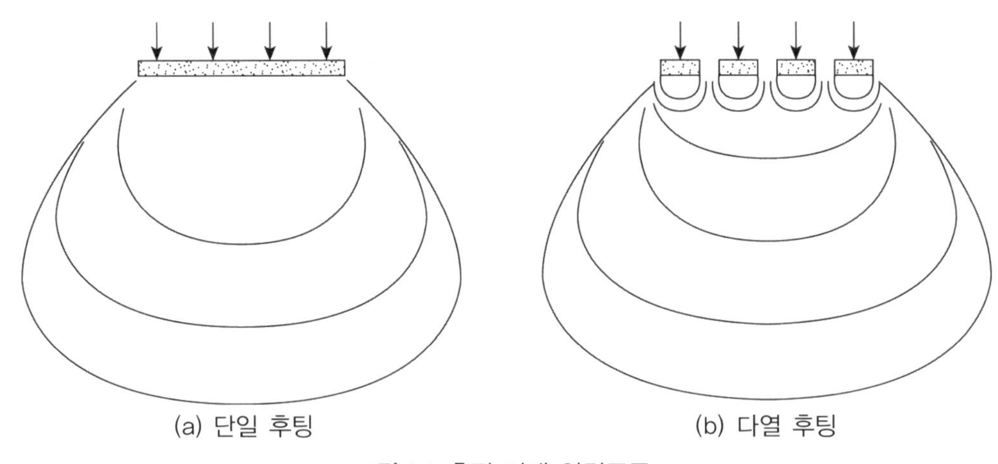

그림 6.1 후팅 아래 압력구근

또한 Stuart의 연구에서도 다루었듯이 후팅이 매우 가까이 인접하게 되면 각 후팅 사이의 공간이 메워지게 되는 폐색(blocking)현상이 발생하게 되어 두 후팅의 양 끝에 위치한 길이를 폭으로 하는 하나의 후팅처럼 거동하게 된다.[9]

제6.1절에서는 인접 후팅에 대한 Bowles(1975)의 연구[4]를 소개하며 Terzaghi의 지지력공식[3,10]을 응용하여 후팅의 간섭효과해석 및 지지력공식을 제안한 Stuart(1962)의 인접 후팅 지지력 이론[9] 및 인접 후팅과 침하에 대한 French(1989)의 연구에[5] 대해 설명한다.

6.1.1 인접 후팅의 설치 위치

Bowles(1975)은 후팅의 설치 위치를 정할 때는 다음의 요소를 고려해야 한다고 하였다.[4]

① 동결심도
② 계절적 함수비변화에 의한 체적변화를 받는 깊이
③ 표토 또는 기타 유기질 토사 깊이
④ 불량토사 깊이; 예를 들면 이토, 쓰레기, 생활폐기물
⑤ 연약토층 또는 개량토층 위치
⑥ 지하수위
⑦ 교량기초나 교대에 인접한 후팅의 위치

그림 6.2는 인접건물의 기초를 설치할 때의 유의 사항과 기준을 도시한 그림이다. 먼저 그림 6.2(a)는 시방서에 규정된 인접기초의 위치이다. 즉, 새로운 기초는 기존의 기초 심도와 동일한 심도에 설치하는 것이 안전하다. 만약 그림 6.2(b)에서 보는 바와 같이 기존 기초보다 깊은 심도에 새로운 기초를 설치할 경우는 지반굴착 시 굴착안전에 세심하게 신경을 써야 한다. 만약 부득이하게 새로운 기초를 기존 기초보다 깊은 심도에 설치할 경우에는 기존 기초의 모서리에서 그린 45° 선 위에 오도록 새로운 기초의 위치를 이격시켜 결정해야 한다. 즉, 그림 6.2(c)에서 보는 바와 같이 응력의 중첩을 피하기 위해 θ를 45° 이상이 되도록 해야 한다.

다시 말하면 건설공사로 인하여 기존 인접건물 및 그 건물의 기초에 피해가 발생해서는 안 된다. 새롭게 축조하는 후팅은 인접 후팅과 동일한 심도에 설치해야 안전하다. 또한 인접 건물에 근접하거나 하부를 굴착할 경우는 굴착으로 인한 지반의 측방지지력이나 상재압의 상실로 인한 불안정을 제거하거나 보호할 수 있어야 한다. 만약 다른 심도에 후팅을 설치해야 할 경우는 적절히 간격을 떼어서 설치해야 한다.

또한 하천이나 해안에 후팅을 설치하거나 파도 및 세굴의 영향권 내에서 후팅을 설치할 때는 세굴이 발생하지 않도록 조치를 취해야 한다.

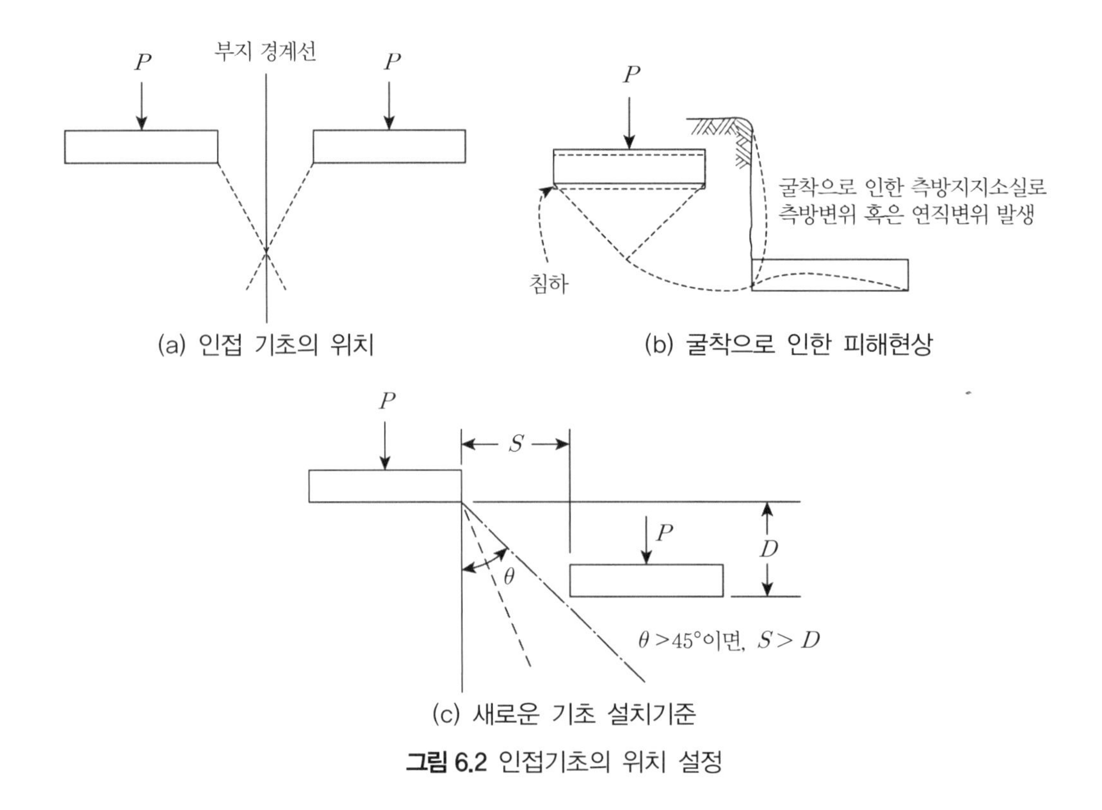

그림 6.2 인접기초의 위치 설정

6.1.2 Stuart의 연구

두 개의 후팅이 서로 인접하여 설치될 경우 서로 상호작용을 하게 된다. 이때 후팅 아래 지중에 발생하는 지반파괴영역은 두 후팅이 서로 근접함에 따라 변하게 된다. 지반파괴메커니즘은 두 개의 단일 후팅 각각의 파괴 메커니즘으로부터 시작된다. 즉, 두 후팅이 근접할 때 지반의 파괴영역은 기하학적으로 각각 단일 후팅의 경우와 유사한 형태로 발달하게 된다. 작용하중도 각각 독립적으로 작용한다.

우선 그림 6.3(a)에서 보는 것처럼 두 후팅 사이의 간격이 충분히 넓은 경우는 후팅 간의 간섭효과는 없고 한 쌍의 후팅에 작용하는 총하중은 단순히 하나의 후팅이 받는 하중의 두 배가 된다.

다음으로 두 후팅 사이의 간격이 그림 6.3(b)에 도시된 것처럼 조금 좁아지면 두 후팅 사이 지반의 수동영역은 서로 중복된다. 그림 6.3(b)에 표시된 d점은 원래 각 후팅의 중심 아래 위치부터 좌우 양방향으로 그려지는 대수나선의 접촉점에 해당한다. 이때 두 후팅 사이의 중앙 연직면 qe에서의 지중응력은 단일 후팅의 경우와 동일하게 존재하기 때문에 파괴 시 극한하중은 변하지 않는다. 다만 이런 상태에서 무리 후팅의 침하 특성은 단일 후팅의 침하 특성과 다르게 된다.

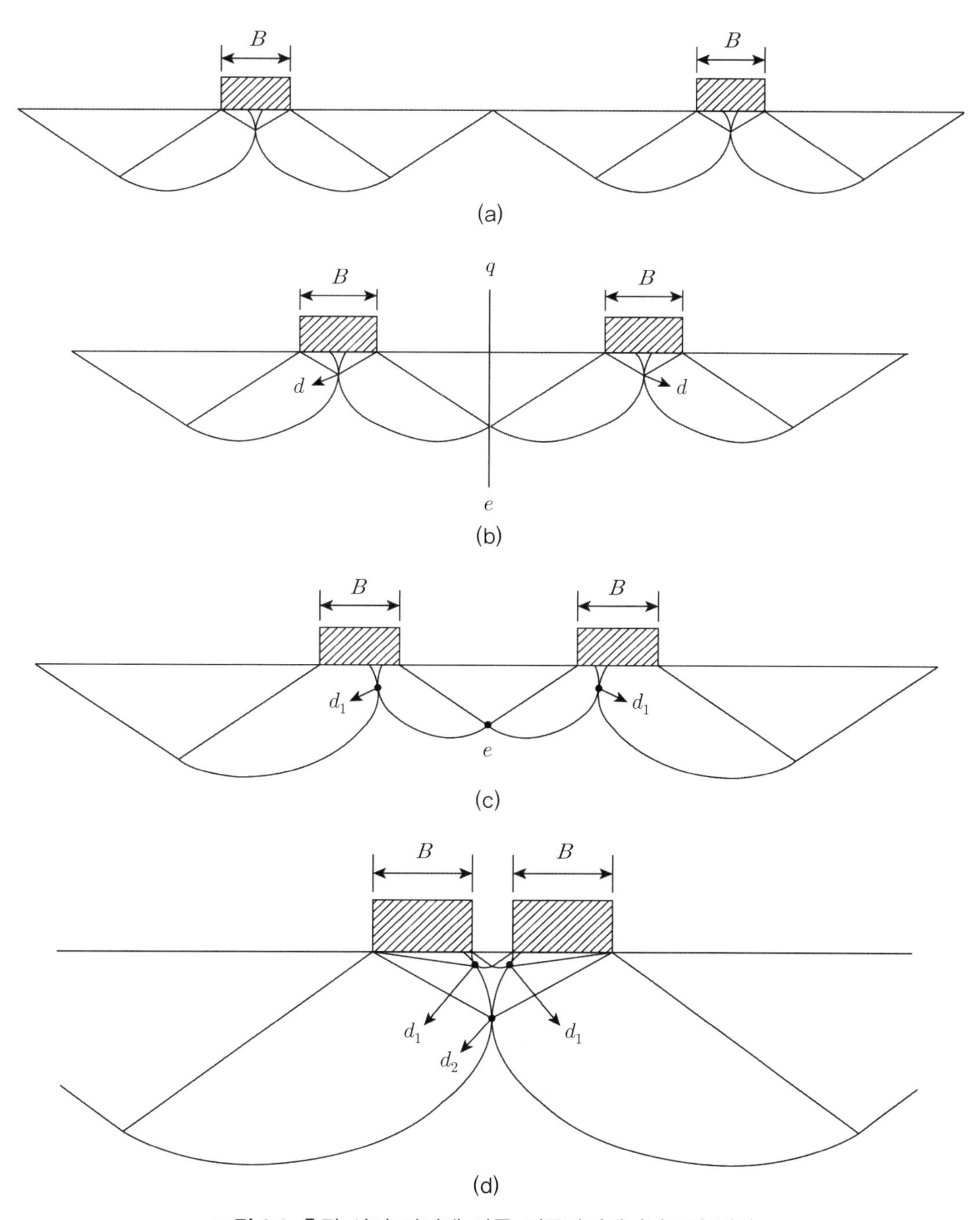

그림 6.3 후팅 사이 간격에 따른 지중파괴메커니즘의 변화

두 후팅 사이의 간격이 더욱 가까워지면 두 후팅 사이 지반에 발생하는 수동영역의 규모는 그림 6.3(c)에 도시한 것처럼 작아진다. 이와 같은 수동영역의 제약으로 인하여 e 점에서 발달하는 대수나선의 반지름은 초기 반지름보다 점차 작아지게 된다. 결국 후팅의 외측모서리를 중심으로 시작되는 대수나선은 자유롭게 발달할 수 있으나 후팅의 내측모서리를 중심으로 시작되는 대수나선은 제약을 받게 된다. 그림 6.3(c)에 표시된 d_1 점은 두 대수나선의 접촉점에 해당한다. 여기서 두 대수나선의 접촉점은 후팅의 중심부 아래인 d 위치로부터 d_1 위치로 이동하게 된다.

두 후팅 사이의 간격이 더 가까워지면 그림 6.3(d)에 도시된 것처럼 두 후팅의 대수나선은 결국 그림 6.3(d)에 도시된 것처럼 d_2 점에서 만나게 된다. 이러한 현상은 두 후팅이 만나기 전까지 일어난다. 더욱이 이러한 후팅 간격에서는 두 후팅 사이의 지반에 간격이 없는 것 같은 폐색(blocking)현상이 발생하며 한 쌍의 후팅은 단일 후팅처럼 거동하여 하중이 작용함에 따라 후팅과 후팅 사이의 지반은 아래로 함께 이동한다. 이때 후팅의 폭은 두 후팅의 외각 모서리 사이 길이가 된다. 즉, 두 후팅이 서로 접하게 되면 두 후팅이 마치 폭이 $2B$인 단일 후팅으로 거동하게 된다.

한편 후팅바닥의 마찰조건 및 지반의 내부마찰각에 따른 파괴메커니즘을 도시하면 그림 6.4와 같다.

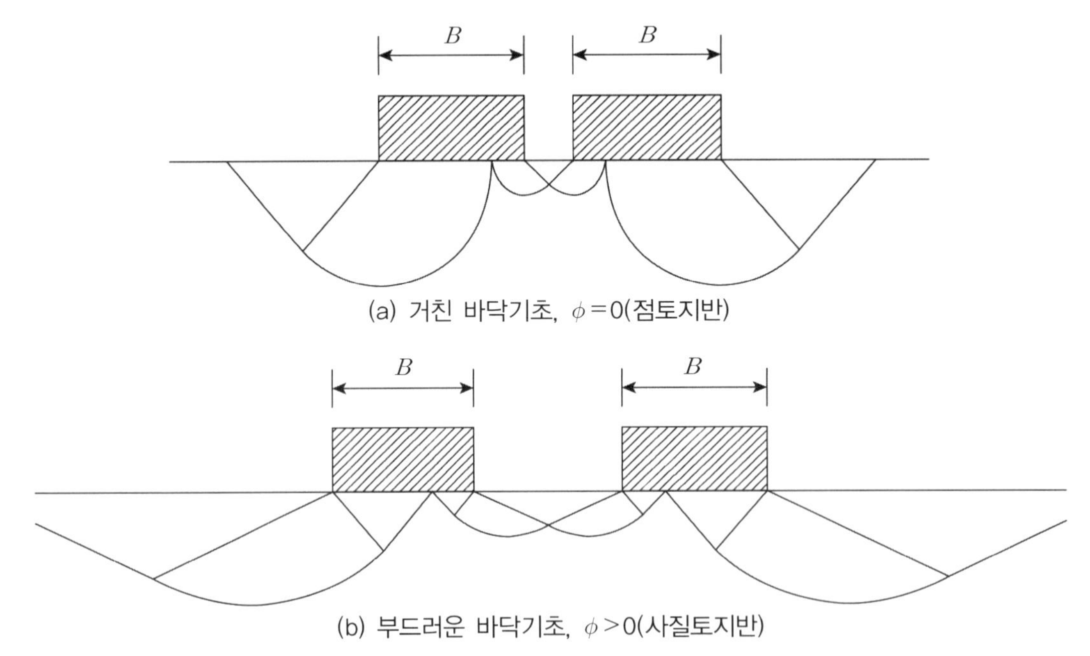

그림 6.4 후팅바닥의 마찰조건 및 지반의 내부마찰각에 따른 파괴메커니즘

먼저 $\phi=0$인 점토지반에 설치된 바닥면이 거친 경우의 파괴메커니즘은 그림 6.4(a)에서 보는 바와 같이 발달한다. 이 경우 두 후팅 사이 지반 속에 발달하는 파괴선은 두 후팅의 내측모서리를 중심으로 하는 원호로 발달하여 그림 6.3(d)에 도시된 상태와 같은 파괴선은 일어나지 않는다. 결과적으로 점토지반 위의 두 후팅은 서로 근접함에 따라 지지력의 변화는 생기지 않는다.

그러나 $\phi>0$인 사질토지반에 기초바닥면이 부드러운 경우의 파괴메커니즘은 그림 6.4(b)에 도시된 바와 같이 발달한다. 이 경우 파괴 시 총하중은 거친바닥기초면과 같이 두 후팅이 접하기 전에 최댓값에 도달하지 않고 후팅 간격이 감소함에 따라 점차적으로 증가하여 두 후팅이 접할 때 최댓값에 이를 것이다.

6.1.3 French의 연구

후팅의 상호작용문제는 Stuart(1962),[9] Mandel(1965)[7] 및 West & Stuart(1965)[13]에 의하여 연구되었다. 인접 후팅의 영향은 지반의 내부마찰각 ϕ에 따라 상당히 변한다. ϕ값이 낮은 지반의 경우는 무시할 수 있으나 높은 지반의 경우는 특히 심각하다.

그러나 L/B가 1인 정방형 후팅에 가까울수록 이 영향은 상당히 감소된다. 또한 지반의 압축성은 이러한 간섭효과를 상당히 소멸시키거나 완전히 제거하기도 한다. 특히 편칭전단파괴의 경우는 실질적으로 이 영향이 발생하지 않는다. 따라서 통상적으로는 지지력 계산에 이 간

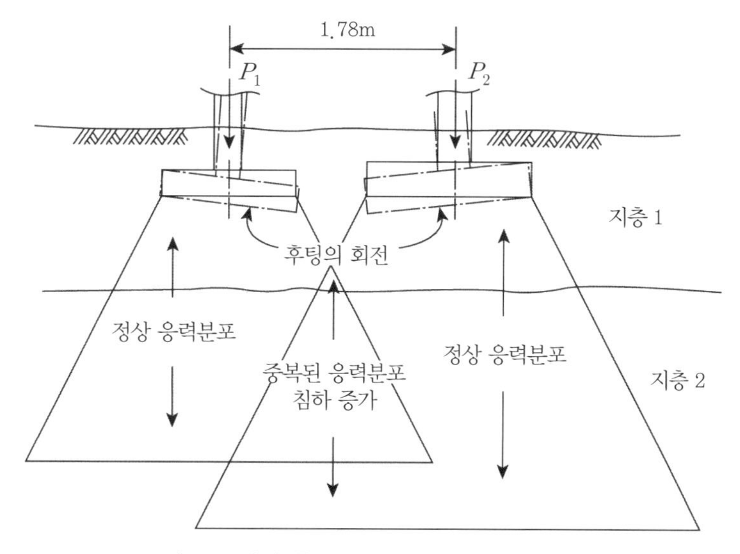

그림 6.5 인접 후팅 영향에 의한 후팅의 회전

섭영향을 고려하지 않는다. 그러나 설계자는 주변 상태에 따라서는 간섭의 영향이 발생할 가능성이 있음을 염두에 두어야 한다.

인접 후팅의 영향에 대한 간섭영향을 이론적으로 검토하면 다음과 같다. 두 개의 후팅이 너무 인접하여 있으면 각각의 후팅의 지중응력이 중첩되는 부분이 생기게 된다(그림 6.5 참조). 이 지중응력 중첩부분에서의 침하는 다른 부분에 비하여 크게 될 것이다. 이렇게 되면 그림 6.5에서 보는 바와 같이 두 후팅은 서로 마주보는 방향으로 기울게 된다. 이 문제의 해결방법은 그림 6.6과 같이 두 개의 후팅을 하나의 후팅으로 연결시킨 복합후팅(combined footing)으로 설치함으로써 각 후팅의 회전 현상을 방지할 수 있다. 이때 복합후팅의 폭은 두 개의 기둥하중의 합력 작용점이 후팅의 중심이 되도록 결정한다.

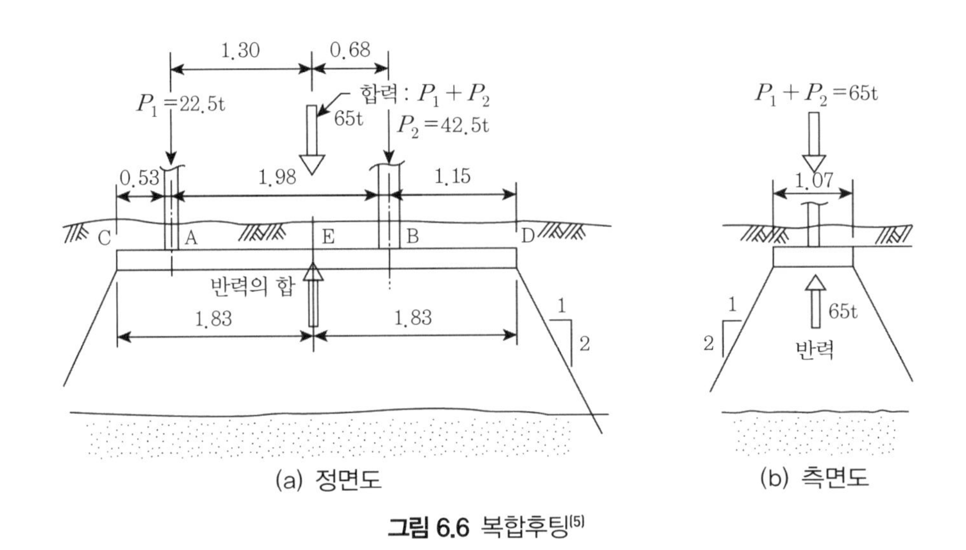

그림 6.6 복합후팅[5]

6.2 모형실험

구운배(2001)는 인접 후팅 사이의 간격에 따른 간섭효과를 조사하기 위해 모래지반 위에 단일 후팅, 2열 후팅 및 4열 후팅을 설치하고 하중을 재하하면서 모형실험을 실시하였다.[1] 모형실험에 사용한 모형 후팅은 길이 방향으로 길게 축조한 연속후팅 형태의 후팅이다. 이런 연속후팅을 사용함으로써 후팅의 간섭효과를 2차원 평면변형률 상태에서 조사할 수 있게 하였다.

6.2.1 모형지반 및 모형 후팅

모형실험에서 모형지반의 재료로 사용한 모래시료는 한강모래이며 한강모래의 물리적 특성은 표 6.1과 같다(이광우, 1999).[2] 물성시험 결과 파악한 물리적 특성은 균등계수 $C_u=2.1$이고 곡률계수 $C_c=1.00$이며 비중 $G_s=2.67$이다. 또한 이 모래시료의 건조 상태에서의 최대건조단위중량 γ_{dmax}과 최소건조단위중량 γ_{dmin}은 각각 1.62g/cm^{3}과 1.36g/cm^{3}이다.

표 6.1 한강모래의 물리적 특성(이광우, 1999)[2]

물성		
체분석	D_{10}	0.2
	D_{30}	0.29
	D_{60}	0.42
	C_u	2.1
	C_c	1.00
비중(G_s)		2.67
최대건조밀도(g/cm^3)		1.62
최소건조밀도(g/cm^3)		1.36

이 모래시료에 대한 배수삼축압축시험(CD 시험)을 실시하여 내부마찰각을 조사하였다. 배수삼축압축시험(CD 시험)은 직경 50mm이고 높이가 100mm인 공시체를 제작하여 상대밀도가 40%, 60%, 80%인 경우에 대하여 실시하였다. 이 삼축시험에 적용된 구속압은 100kPa, 200kPa, 400kPa(1.02kg/cm^2, 2.04kg/cm^2, 4.08kg/cm^2)로 하였다. 이 삼축압축시험 결과 구한 유효내부마찰각은 표 6.2와 같다.

이 표에 정리된 내부마찰각은 최대주응력비($(\sigma_1'/\sigma_3')_{\max}$)를 이용하는 방법, $p-q$도를 이용한 방법 및 Mohr원을 이용한 방법으로 산정된 결과이다. 시험 결과 유효내부마찰각은 상대밀도와 정리방법에 따라 약간의 차이는 있으나 대략 36.6°에서 44.7° 사이로 조사되었다. 이들 유효내부마찰각 중 $p-q$도를 이용한 방법에 의한 내부마찰각은 표 6.2에서 보는 바와 같이 상대밀도가 40%, 60%, 80%인 시료에 대하여 내부마찰각이 각각 36.9°, 40.8° 및 43.0°으로 나타났다. 이후로는 $p-q$도를 이용해 산정한 값을 모형지반의 유효내부마찰각(ϕ')으로 사용하여 지지력의 예측치를 산정하기로 한다.

표 6.2 한강모래의 유효내부마찰각(ϕ')(이광우, 1999)[2]

상대밀도(%)		40	60	80
최대주응력비 $(\sigma_1'/\sigma_3')_{max}$를 이용한 방법	σ_c=1.02kg/cm^2	39.4°	43.7°	44.7°
	σ_c=2.04kg/cm^2	37.3°	41.2°	43.9°
	σ_c=4.08kg/cm^2	36.6°	40.2°	42.3°
	평균	37.8°	41.7°	43.6°
$p-q$도를 이용한 방법		36.9°	40.8°	43.0°
Mohr원을 이용한 방법		37.1°	40.9°	42.9°

인접 후팅의 지지력은 후팅의 근입깊이, 간격비, 흙의 내부마찰각 등의 변화에 큰 영향을 받게 된다. 따라서 이와 같은 영향요소들이 인접 후팅의 지지력에 미치는 영향을 조사하고 제 6.4절에서 설명할 이론식의 타당성을 검토하기 위해 인접 후팅의 파괴형상 관찰 및 지지력 계측을 위한 실내 모형실험을 계획·수행하였다.

모형실험장치는 크게 토조, 재하장치, 모형 후팅, 인접 후팅의 간격조절판, 모래살포장치, 하중측정장치로 구성된다.

하중측정장치가 부착된 모형 후팅을 일정한 간격으로 간격조절판에 매달고 이를 푸르빙링 하단에 있는 프레임에 고정시킨다. 모형 후팅이 설치되어 있는 토조를 상부로 일정한 속도로 밀어 올림에 따라 모형지반을 통하여 후팅에 압축력이 작용하게 하였다.

이때 각 후팅에 부착된 하중계로 작용하중을 측정하고 그 값을 컴퓨터에 저장한다. 이는 삼축압축시험에서 공시체를 안치한 재하판을 변형률제어장치로 일정한 속도로 들어 올리는 원리와 일치한다.

토조는 내부치수를 11.5×24×118.5cm로 하여 모형 후팅 간의 간격과 파괴형상을 관찰할 수 있게 하였다. 토조 안의 지반거동을 관측할 수 있도록 1.5cm 두께의 투명아크릴판으로 토조를 제작하였다.

이와 같이 제작된 토조 내부에 일정한 상대밀도로 모형지반을 조성하여 채운다. 일정한 상대밀도는 모래살포장치를 활용하여 조성할 수 있다. 모래살포장치에 대한 자세한 설명은 참고문헌을 참조하기로 한다.[2]

변형률제어를 통해 하중이 작용하게 되는 본 모형실험의 재하장치는 고정된 후팅에 대해 모형지반이 상부로 올라감으로써 하중이 가하여지게 되는 원리로 재하한다. 1마력 모터에서의 회전운동은 스크류를 통해 상하 수직운동으로 바뀌게 된다. 모형실험에서 변형률속도는

1mm/min로 하였다.

모형 후팅은 그림 6.7에서 보는 바와 같이 폭 3cm, 길이 11cm의 연속후팅 형태로 제작하였다. 이와 같이 연속후팅으로 제작하여 모형실험을 수행함으로써 후팅의 거동을 길이 방향으로 2차원 평면변형률거동이 가능하도록 유도하였으며 나중에 평면변형률의 2차원 지지력해석 결과와 비교할 수 있게 하였다.

또한 모형 후팅 속에는 그림 6.7에서 보는 바와 같이 하중계(load cell)를 삽입 설치하여 후팅에 작용하게 되는 하중을 측정하였다.

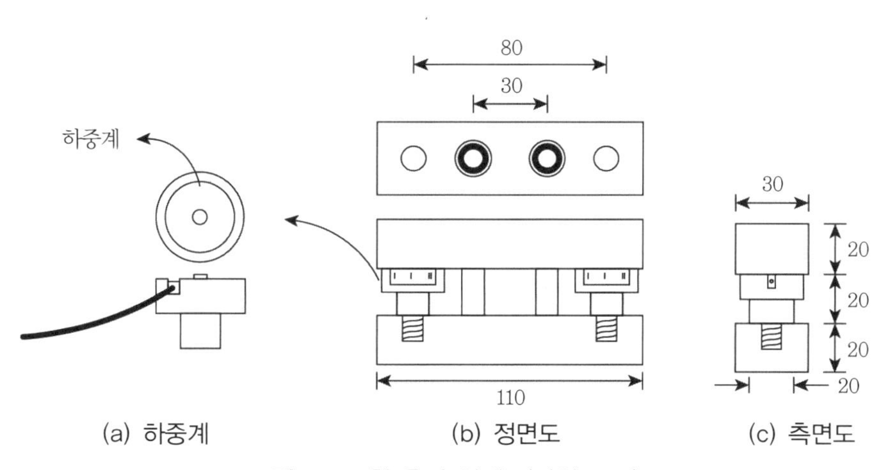

그림 6.7 모형 후팅 상세도(단위 : mm)

인접 후팅 사이의 간격을 조절하기 위해 폭 11cm, 길이 48cm의 후팅간격조절판을 제작하여 후팅을 지지할 수 있게 하였다. 후팅간격조절판의 평면도, 정면도 및 측면도는 그림 6.8에 도시된 바와 같다. 여기서 그림 6.8은 4열 후팅의 설치개략도를 예시한 그림이다. 변형률제어 방식으로 모형실험을 실시할 때 후팅과 이를 지지하고 있는 후팅간격조절판에 높은 하중이 작용하게 되므로 이로 인하여 발생할 수 있는 높은 휨모멘트에 저항하기 위해 후팅간격조절판을 3cm 두께의 강판을 사용하여 제작하였다.

그림 6.8(a)의 평면도에서 보는 바와 같이 간격 8cm를 가지는 두 홈을 길이 방향으로 뚫어 여기에 후팅을 볼트로 매달아 밀어서 간격을 조절 설치하여 놓음으로써 이를 통해 후팅의 간격 조절을 용이하게 하였다.

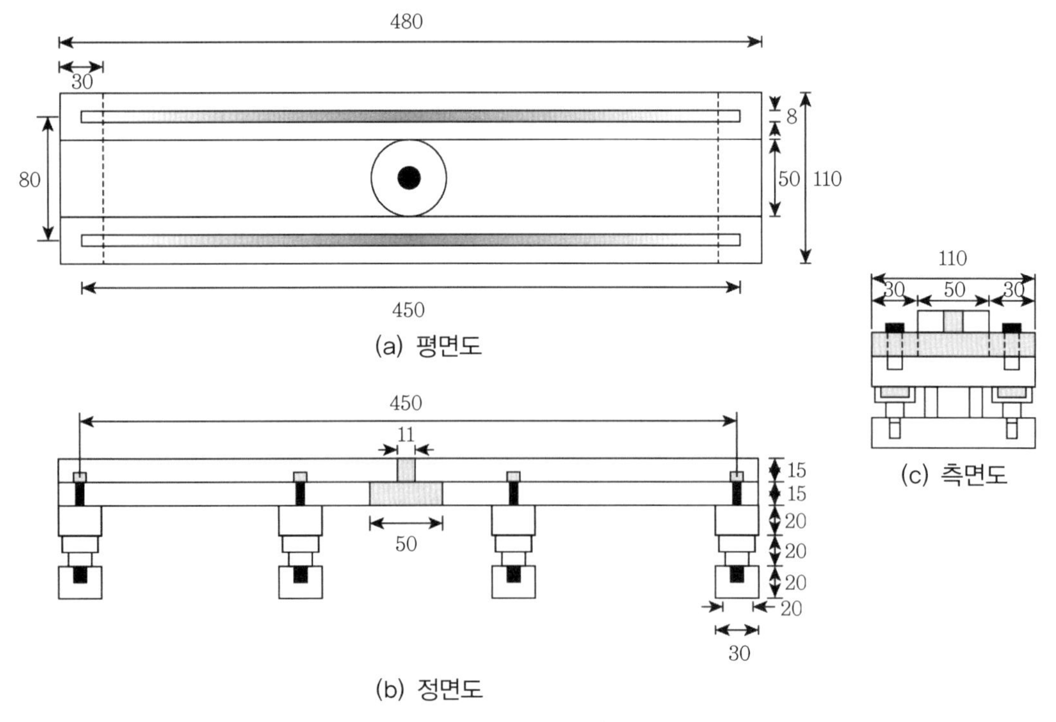

그림 6.8 후팅간격조절판(단위 : mm)

6.2.2 재하장치 및 하중측정장치

모형 후팅 재하징치는 그림 6.9와 같이 강재연결부, 하중계연결부, 아크릴후팅부로 나누어 제작하여 후팅간격비에 따라 조립식으로 쉽게 설치할 수 있도록 한다. 먼저 강재연결부는 간격조절판과 연결되는 부분으로 가로 3cm, 세로 11cm, 두께 2cm인 형태로 제작한다.

하중계위치부는 상부의 강재연결부를 제거한 후 안쪽의 공간에 하중계를 삽입하게 되어 있으며 전선이 빠져 나올 수 있게 측면에 홈을 파 놓았다. 모형 후팅을 원하는 간격에 맞춰 후팅간격조절판에 연결한다. 그림 6.7(b) 및 그림 6.8(a)에서 보는 바와 같이 후팅간격조절판에 간격 8cm를 가지는 두 홈에 후팅간격조절판의 상부에서부터 내려오는 나사로 연결하여 이를 조임으로써 설치할 수 있다.

지반과 접하는 모형 후팅의 바닥면에는 지반의 내부마찰각과 같은 마찰각을 얻기 위해 모형 후팅 바닥에 접착제를 바른 후 모형지반 사용재료와 동일한 모래를 접착시켜 후팅바닥면의 마찰을 조성하였다.

하중측정장치는 하중계(load cell), 연결판(connection board) 및 컴퓨터로 구성되며 이 장치는 모형 후팅에 설치되어 있는 하중계를 통해 측정된 하중값을 컴퓨터에 입력 저장시키는 시스템을 총칭한다. 하중계의 최대용량은 500lb인 전기저항방식이며 지름이 19.05mm, 높이는 6.35mm이다.

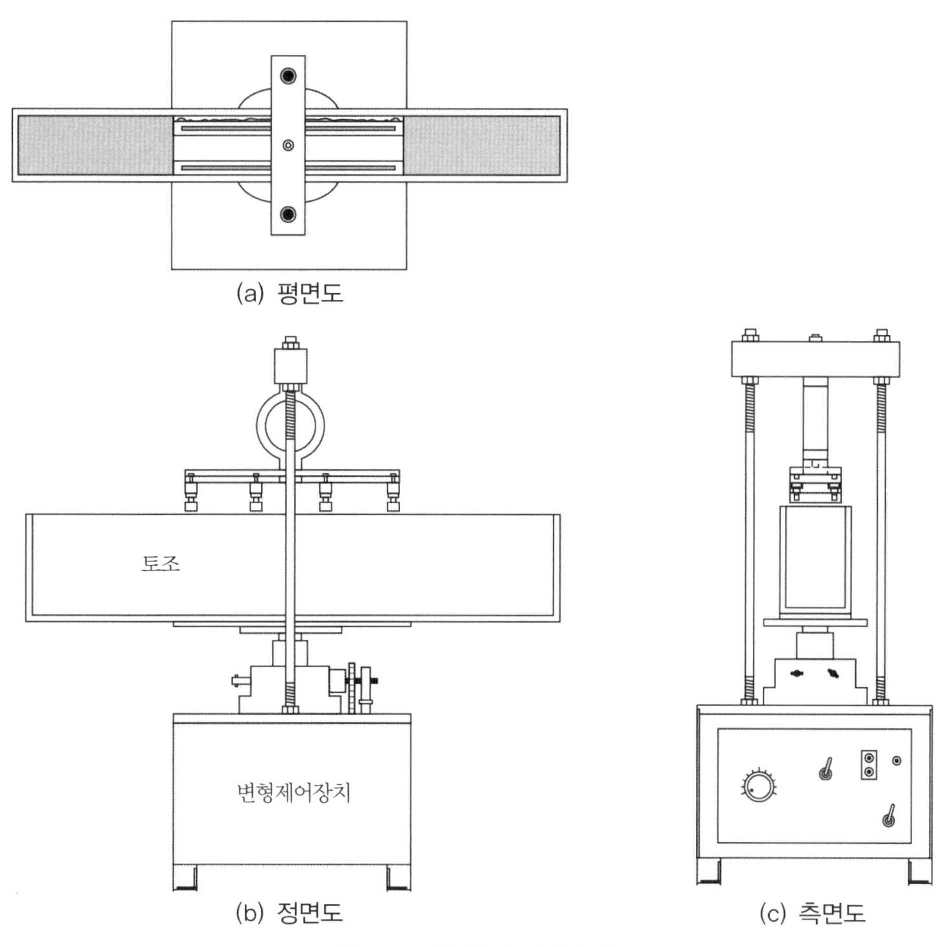

그림 6.9 모형 후팅 재하장치

6.2.3 모형실험계획

인접 후팅의 지지력에 영향을 미치는 요소는 크게 후팅에 관한 요소와 지반에 관한 요소로 구분할 수 있다. 후팅에 관한 요소는 후팅의 설치 간격이며 지반에 관한 요소는 관입 깊이와 지반의 강도정수(c, ϕ)이다. 따라서 본 모형실험에서는 이와 같은 세 가지의 영향요소를 변화시키면서 후팅에 작용하는 하중을 계측하는 것으로 계획하였다.

우선 후팅 사이 간격에 대하여는 2열 후팅 및 4열 후팅에 대하여 표 6.3과 같이 실시한다. 그림 6.10은 4열 후팅의 설치개략도를 도시한 그림이다. 모형실험은 후팅폭 B와 후팅 간 순간격 D_2의 비인 후팅간격비 D_2/B를 0에서부터 3까지의 값을 0.5씩 변화시킨 경우에 대하여 모형실험을 수행한다. 또한 인접 후팅의 실험 결과를 단일 후팅의 경우와 비교하기 위해 단일 후팅 실험도 실시한다. 모든 실험은 3회씩 수행하여 표 6.3에 정리한 바와 같이 총 90회 실시한다.

표 6.3 모형실험계획

후팅간격비(D_2/B)	후팅열 수	상대밀도 D_r(%)	
		40%	80%
0	2열	3회	3회
	4열	3회	3회
0.5	2열	3회	3회
	4열	3회	3회
1.0	2열	3회	3회
	4열	3회	3회
1.5	2열	3회	3회
	4열	3회	3회
2.0	2열	3회	3회
	4열	3회	3회
2.5	2열	3회	3회
	4열	3회	3회
3.0	2열	3회	3회
	4열	3회	3회
단일 후팅		3회	3회
합계		45회	45회
		90회	

모형실험에 적용된 모래지반의 상대밀도는 40%와 80%의 두 경우에 대하여 실시하였다. 이 경우의 유효내부마찰각은 표 6.2에 의하면 36.9°와 43°로 밝혀진 바 있다.

한편 후팅의 관입 깊이가 깊을수록 후팅은 보다 큰 하중을 받게 된다. 본모형실험에서는 지표면에 놓인 후팅을 변형률속도가 1mm/min의 속도로 깊이 3cm가 될 때까지 관입시키며 각 깊이에 대해 후팅에 작용하중을 계측한다.

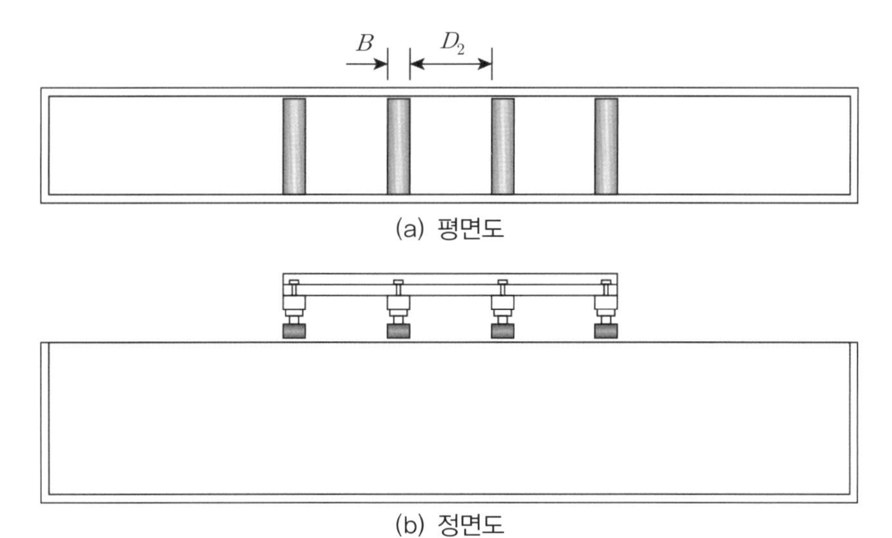

그림 6.10 4열 후팅의 모형실험 개략도

모형실험의 순서는 다음과 같다.

① 각 모형 후팅에 2개의 하중계를 각각 설치한다.
② 모래살포기를 설치하여 정해진 상대밀도에 부합하는 낙하고에 맞춰 토조에 모래를 낙하 살포한다.
③ 일정한 후팅간격비에 따라 모형 후팅을 후팅간격조절관에 부착한 후 이를 푸르빙링 하단에 고정시킨다.
④ 하중계를 통해 후팅에 작용하는 하중을 측정하고 이를 컴퓨터에 저장한다.
⑤ 재하장치를 가동하여 변형률제어방식으로 토조를 들어 올리므로 후팅을 모형지반에 관입시키는 효과를 거둔다.
⑥ 후팅이 지면으로부터 3cm 관입될 때까지 후팅을 관입시킨 후 재하장치를 정지시킨다.

위와 같은 과정을 계획된 후팅간격비 D_2/B에 따라 반복 수행한다.

6.3 모형실험 결과

제6.3절에서는 모형실험 결과를 통해 인접 후팅이 설치된 지반 속의 지반파괴형상을 고찰하며 인접 후팅에 작용하는 하중을 정리한다.

6.3.1 지반파괴 형태

구운배(2001)는 연속후팅이 인접해 있는 경우의 모형실험 관찰을 통해 두 열의 연속후팅 사이의 간섭효과에 의한 지반의 변형 형태를 관찰하였다.[1] 사진 6.1은 후팅간격비 D_2/B이 2인 경우의 지반의 소성변형 상태를 관찰한 결과이다.

(a) 초기 상태

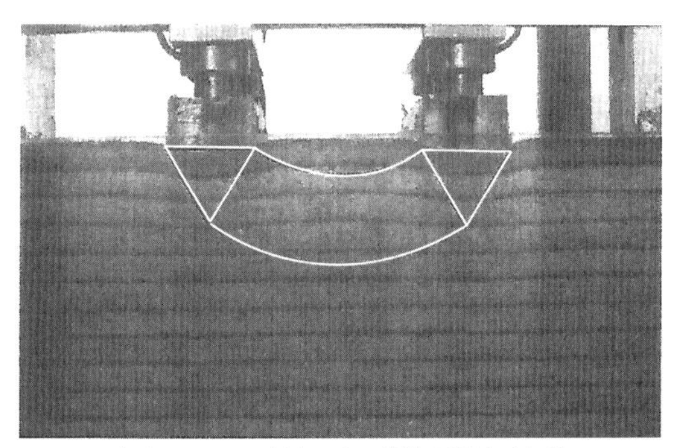

(b) 5mm 관입 시 지반 변형 상태

사진 6.1 모형실험 결과 1

먼저 사진 6.1(a)는 후팅을 설치하고 재하하기 전의 초기 상태이며 사진 6.1(b)는 변형 초기 단계로 후팅이 5mm 관입되었을 때의 지반변형 상태이다. 본 사진을 통해 미미하지만 전체적으로 지반 내의 소성변형영역이 발달하였음을 알 수 있다. 후팅 바닥면 바로 아래 부분에서는 지반의 움직임이 거의 없는 쐐기영역이 존재하며 이 쐐기영역의 정점에서 좌우 두 개의 외부아치가 서로 교차하게 된다. 즉, 이 쐐기영역은 후팅 좌우의 지반아칭에 의한 영향을 동시에 받으므로 지반변형이 발생되지 않고 쐐기 모양으로 남아 있게 되는 것으로 사료된다.

사진에 흰색 보조선으로 나타낸 외부아치 내의 지반은 후팅 사이 중심 방향으로 소성변형하고 있음을 분명하게 알 수 있다. 이 외부아치는 중심이 양 후팅 사이의 중앙, 후팅 바닥보다 상단에 위치하며, 쐐기의 방향과 평행하고 쐐기정점 부분과 원점을 반지름으로 하는 부채꼴 형태를 취하게 된다.

한편 사진 6.1(b)에서 후팅 사이에 보조선을 이용하여 내부아치로 나타낸 영역으로 외부아치와 동일한 중심을 가지며 쐐기 끝부분과 중심을 반지름으로 하는 부채꼴 형태로 나타낼 수 있다. 결국 두 개의 원호형 아치로 도시되는 지반아칭은 쐐기의 폭과 같은 두께를 가지는 원호 형태의 아칭밴드로 지반 속에 발생된다.

사진 6.2(a)는 후팅이 15mm 관입되었을 때의 지반변형 상태를 나타낸 것이다. 이때에도 사진 6.1(b)의 결과와 동일한 지반변형 형상을 나타내고 있다. 그러나 5mm 관입 때보다 지반변형거동이 보다 명확하게 나타나고 있으며 여전히 쐐기영역 내의 지반변형은 거의 없음을 알 수 있다. 이와 같은 쐐기의 형성은 후팅 간의 중심에서의 활발한 지반변형에 비해 후팅 바닥면에서는 지반 내에 전단응력이 발생되기 때문일 것이라 사료된다.

사진 6.2(b)는 후팅이 20mm 관입되었을 때의 지반변형 상태를 나타낸 것이다. 사진에서 보는 바와 같이 지반 속에 흰색 보조선으로 표시된 내외부 아치 모양의 지반아칭 파괴면이 뚜렷하게 발생한 것을 확인할 수 있다.

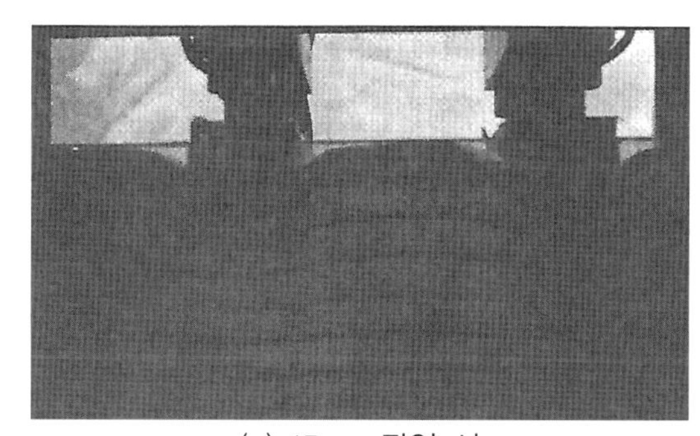

(a) 15mm 관입 시

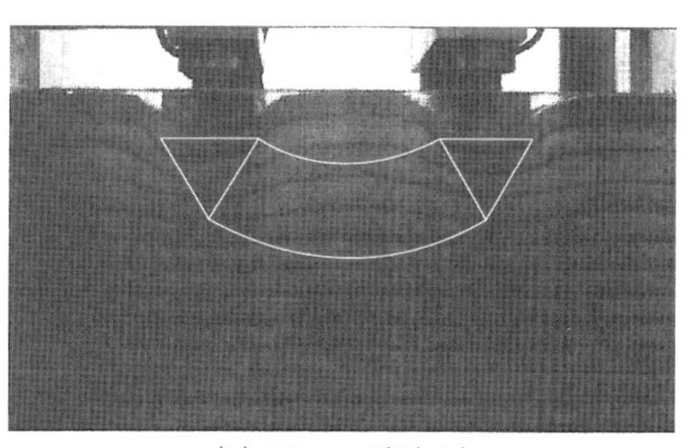

(b) 20mm 관입 시

사진 6.2 모형실험 결과 2

사진 6.1 및 사진 6.2의 아칭 형상을 비교해볼 때 후팅의 관입이 진행됨에 따라 아칭의 중심은 점차 아래로 이동하게 된다는 것을 알 수 있다. 즉, 사진 6.1(b), 사진 6.2(a), 사진 6.2(b)에서와 같이 초기의 내부아치원호는 지반변형과 더불어 사진 6.2(b)의 내부아치의 위치까지 발달하여 결국 아칭파괴에 이르렀음을 의미한다. 그러므로 지반아칭영역은 사진 6.1(b)와 사진 6.2(b)에 도시된 흰색 보조선의 내부아치선으로 결정될 수 있을 것이다. 또한 후팅의 관입 깊이가 깊어짐에 따라 외부아치 내 소성변형량도 사진 6.1(b) 및 사진 6.2(a)에서 관찰한 것보

다 커졌음을 알 수 있다.

한편 사진 6.2(b)의 쐐기영역은 5mm와 15mm 관입에서 보다 뚜렷하게 관찰할 수 있다. 즉, 후팅바닥면 하부에 형성된 쐐기 내의 색사는 변형되지 않은 상태로 존재하며 이 쐐기면을 기준으로 이 영역외곽의 색사만 변형하고 있음을 알 수 있다.

사진 6.2(b)에서 나타난 지반변형 형상은 각 후팅 사이의 지반변형량이 상당히 커서 이 사이의 지반이 완전히 파괴된 경우에 발생한 것이다. 그러나 실제의 지반에서는 이와 같이 큰 변형을 동반하는 파괴는 일어나지 않을 것이다. 따라서 인접 후팅의 간섭으로 지반아칭거동은 후팅의 관입 깊이 15mm 이내인 사진 6.1(b)와 사진 6.2(a)의 결과로 고찰하는 것이 타당할 것이다.

사진 6.1과 사진 6.2의 관찰로부터 두 열의 연속후팅 사이의 간섭효과에 의한 지반의 파괴형태는 그림 6.11과 같이 정리할 수 있다. 이 간섭효과에 의해 두 열의 연속후팅 사이에는 지반아칭현상이 발달한다.

즉, 두 열의 연속후팅이 지중에 동시에 관입될 때 두 후팅의 하부 지반 속에는 그림 6.11에 도시된 지반파괴형상이 발생한다. 이 지반파괴면 형상은 두 개의 영역으로 구성되어 있다. 하나는 일반적으로 후팅과 바로 인접한 지반에 발달하는 쐐기영역이고 다른 하나는 두 후팅 사이의 지반 속에 발달하는 지반아칭현상에 의한 영역이다.

그림 6.11에 도시된 바와 같이 먼저 후팅에 바로 접해 있는 지반에는 바닥면에서 $\omega = \pi/4 + \phi/2$의 사잇각과 길이 r_0를 갖는 이등변 삼각형 형태의 쐐기영역이 존재한다. 이 쐐기는 후팅이 강체운동을 할 때 함께 이동한다. 다른 하나는 쐐기 한 변의 길이 r_0와 같은 두께를

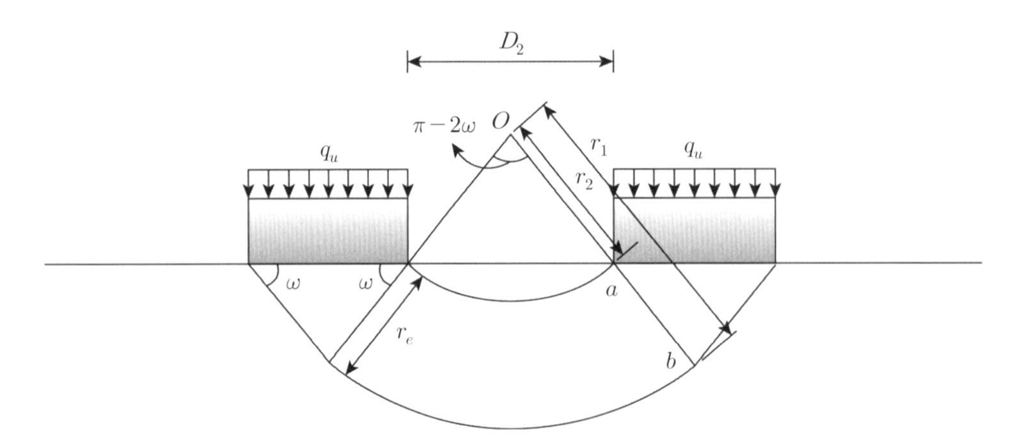

그림 6.11 인접 후팅 아래 지반파괴면의 기하학적 형상

갖는 두 개의 원호로 이루어진 지반아칭현상에 의한 영역이다. 이 중 내부아치는 두 후팅 간의 순간격이 D_2일 때 중심각 $(\pi - 2\omega)$ 반지름이 $r_2 = D_2/2\cos\omega$를 갖는 원호이다. 반면에 외부아치는 내부아치와 같은 중심각에 반지름이 $r_1 = r_2 + r_0$을 갖는 원호이다. 물론 이 두 아치의 중심은 동일하다.

6.3.2 단일 후팅의 지지력

단일 후팅을 지중에 관입한 실험 결과를 후팅의 작용하중과 관입 깊이의 관계로 도시하면 그림 6.12와 같다. 여기서 단일 후팅이라 함은 2차원 해석이 가능한 한 열의 연속후팅(continuous footing, strip footing 또는 wall footing)을 대상으로 한다. 이 실험에 사용된 기초지반의 상대밀도는 40%와 80%였으며 내부마찰각은 각각 36.9°와 43.0°였다.

이 그림에서 보는 바와 같이 지반의 상대밀도에 상관없이 관입 깊이가 증가할수록 작용하중은 거의 선형적으로 증가하였다. 상대밀도 80%인 경우에서 보면 관입깊이가 증가할수록 작용하중이 수렴하는 경향을 보이고 있다. 이 결과는 2열 후팅 및 다열 후팅의 경우의 후팅에 작용하는 하중과의 비교에 사용될 수 있다.

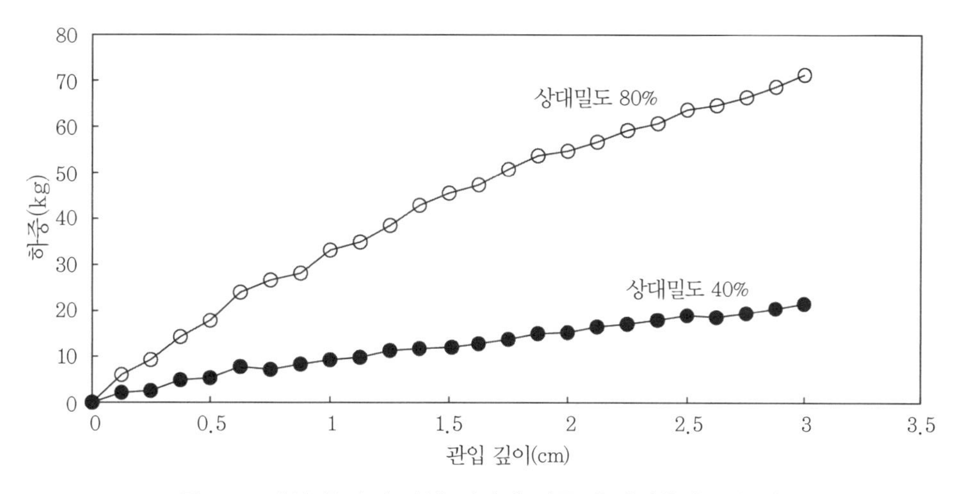

그림 6.12 단일 후팅의 관입 깊이에 따른 후팅작용하중의 거동

6.3.3 2열 후팅의 지지력

2열 후팅을 지중에 관입한 모형실험 결과를 후팅작용하중과 관입 깊이의 관계로 도시하면

그림 6.13과 같다. 이 모형실험에서는 모형지반을 상대밀도가 40%인 모래시료로 조성하였다. 2열 후팅의 경우에서도 그림 6.12에 도시된 단일 후팅의 경우와 동일하게 관입 깊이가 증가할수록 후팅작용하중이 거의 선형적으로 증가하면서 수렴하는 경향을 보인다.

후팅간격비가 0인 경우를 제외한 나머지 후팅간격비에서는 후팅간격비가 3에서 0.5로 작아질수록 하중이 크게 작용하였음을 알 수 있다. 여기서 특이한 경우는 후팅간격비가 0인 경우, 즉 두 후팅이 서로 접해 있는 경우의 작용하중이다.

후팅간격비가 0인 경우에서는 후팅작용하중이 단일 후팅일 때의 2배 정도에 해당하는 하중이 작용하였다. 즉, 이 경우는 단일 후팅을 단순히 두 개 겹쳐 설치한 경우와 동일하므로 작용하중도 단일 후팅의 두 배가 될 것이므로 예상대로의 결과라 할 수 있다.

그러나 두 개의 후팅을 후팅간격비가 0.5가 되도록 띠어서 설치한 경우는 후팅작용하중이 단일 후팅일 때의 약 3배의 하중이 작용하였다. 이는 두 후팅 사이의 간격이 점차 좁아짐에 따라 어느 일정 거리에서부터는 두 후팅의 양 끝 사이 길이를 폭으로 하는 하나의 후팅으로서 거동하게 되는 것이다. 이러한 결과는 Stuart의 연구에서도 제시된 후팅 사이 지반에서의 폐색효과, 즉 'blocking 효과'가 그 이유일 것이라 사료된다.

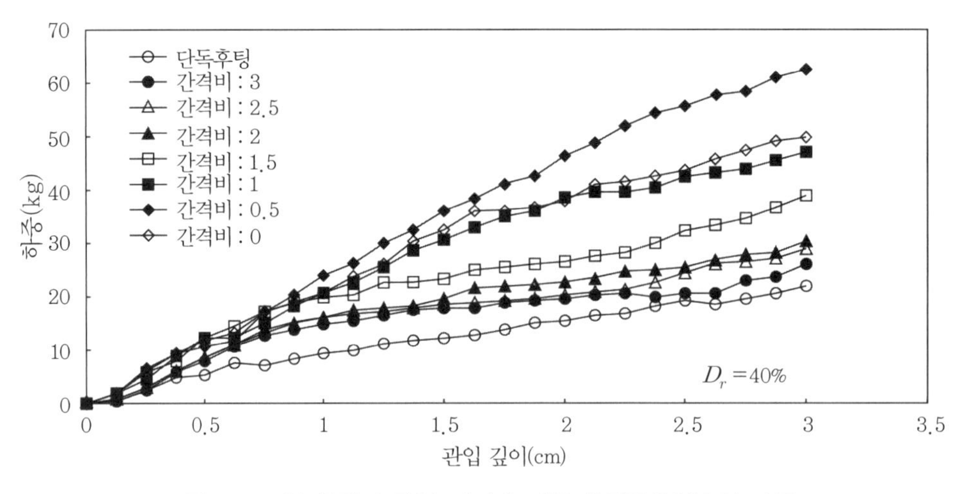

그림 6.13 2열 후팅의 관입 깊이에 따른 후팅작용하중의 거동

폐쇄효과는 두 후팅 사이의 공간이 메워지게 되는 현상으로 두 후팅이 서로 만나는 후팅간격비 0에서의 후팅폭 $2B$가 아닌 후팅간격비가 0.5인 경우는 $2B$ 이상의 폭을 가지는(예를 들어, $2.5B$ 폭을 하나의 후팅으로) 거동하게 됨을 의미한다. 이와 같은 메커니즘에 의해 후팅간

격비가 0.5일 경우는 폐색효과가 존재하므로 이 경우의 후팅은 후팅간격비가 0인 때보다 더 큰 하중을 받게 되는 것이다.

즉, 폐색현상에 의해 후팅간격비 0.5까지는 후팅작용하중이 증가하지만 후팅간격비 0.5 이상으로 간격이 넓어지면 후팅작용하중은 점차 작아졌다. 이는 후팅간격비가 3인 경우의 작용하중은 단일 후팅에 작용하는 하중의 크기와 동일하게 접근하고 있음을 알 수 있다. 이와 같이 후팅 간격이 아주 커지면 인접 후팅 사이의 간섭효과가 없어져서 후팅은 단일 후팅으로 거동하게 됨을 의미한다.

6.3.4 다열 후팅의 지지력

그림 6.14는 상대밀도가 40%인 지반에서 4열 후팅과 같은 다열 후팅에 대하여 실시한 모형실험 결과를 후팅의 관입 깊이에 따른 후팅 작용하중으로 정리한 그림이다. 다열 후팅에서도 2열 후팅에서와 마찬가지로 관입 깊이가 증가할수록 후팅작용하중이 선형적으로 증가하면서 점차 수렴하는 경향을 보인다.

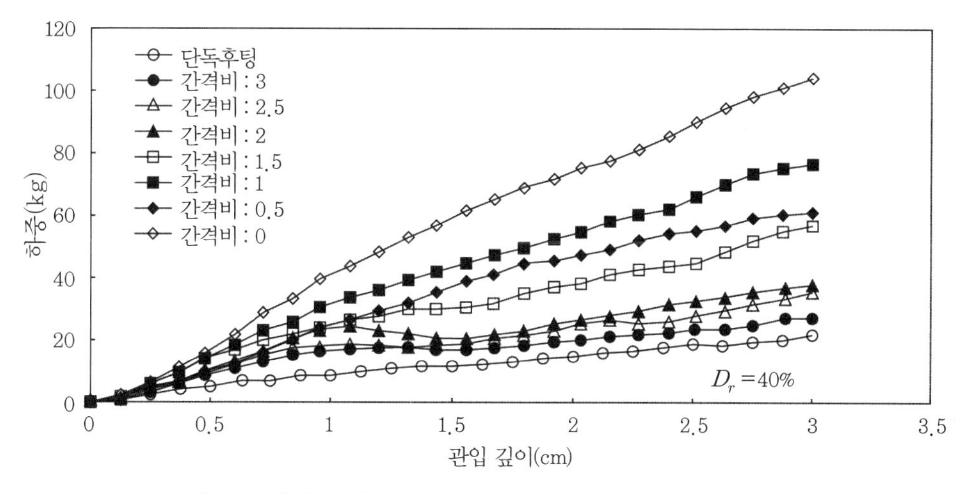

그림 6.14 다열 후팅의 관입 깊이에 따른 후팅작용하중의 거동

다열 후팅을 후팅간격비가 0.5가 되도록 띠어서 설치한 경우 후팅 작용하중은 단일 후팅일 때의 5배 정도의 하중이 작용하였다. 이는 4개의 후팅 사이의 간격이 점차 좁아짐에 따라 어느 일정 거리에서부터는 2열 후팅에서와 같이 다열 후팅 사이 지반에 폐색현상(blocking 현

상)이 발생하였기 때문으로 사료된다.

후팅간격비가 0인 경우를 제외한 나머지 후팅간격비에서 후팅간격비가 0.5에서 3으로 커질수록 후팅작용하중이 작아짐을 알 수 있다. 종국적으로 후팅간격비가 3인 경우의 작용하중은 단일 후팅에 작용하는 하중의 크기와 거의 동일하게 나타나고 있음을 알 수 있다. 이와 같이 후팅 간격이 아주 커지면 인접 후팅 사이의 간섭효과가 없어져서 다열 후팅은 2열 후팅에서와 같이 단일 후팅으로 거동하게 됨을 의미한다.

6.4 인접 후팅의 지지력

모형실험 결과 후팅의 간격이 좁아짐에 따라 어느 일정 간격 이후부터 각 후팅 사이에 지반아칭이 발생한다는 것을 확인할 수 있었다. 이 모형실험 결과 관찰된 지반파괴형상의 기하학적 해석 모델을 이용하여 인접 후팅이 받는 연직하중 산정식을 유도하고자 한다.

6.4.1 원주공동확장이론

Timoshenko & Goodier(1970)는 원형의 링, 원반, 원형 축을 가진 기다란 장방향 단면의 만곡된 막대 등 응력에 대한 해석을 위해 극좌표를 사용하였다.[11] 평면 중앙면에서 한 점의 위치는 그림 6.15에서 보는 바와 같이 원점에서의 거리 r과 그 면에 고정된 축 x와 이루는 각 θ에 의해 결정된다.

그림 6.15의 반경 방향 2번과 4번 변 및 원주 방향 1번과 3번 변으로 구성된 평면미소요소 A에 수직으로 작용하는 수직응력으로는 반경 방향의 수직응력성분 σ_r과 원주 방향 수직응력성분 σ_θ가 있고 전단응력으로는 $\tau_{r\theta}$가 있다.

먼저 1번 변에 작용하는 반경 방향 힘은 $\sigma_{r_1} r_1 d\theta$이고 3번 변에 작용하는 반경 방향 힘은 $\sigma_{r_3} r_3 d\theta$이다. 한편 2번 변에 작용하는 수직력은 요소 A를 지나는 반경에 따른 성분은 $\sigma_{\theta_2}(r_1 - r_3)\sin\frac{d\theta}{2}$이 된다. 이것은 다시 $\sigma_{\theta_2} dr \sin\frac{d\theta}{2}$라고 쓸 수 있다. 4번 변에서도 이와 마찬가지로 나타내면 $\sigma_{\theta_1} dr \sin\frac{d\theta}{2}$이 되며 이때의 전단력은 $(\tau_{r\theta_2} - \tau_{r\theta_1})dr$이 된다.

반경 방향의 단위체적당의 물체력 γ를 포함한 반경 방향의 힘을 합하면 다음과 같은 평형방정식을 얻는다.

$$\sigma_{r_1} r_1 d\theta - \sigma_{r_3} r_3 d\theta - \sigma_{\theta_2} dr \frac{d\theta}{2} - \sigma_{\theta_4} dr \frac{d\theta}{2} + (\tau_{r\theta_2} - \tau_{r\theta_4}) dr - \gamma r d\theta dr = 0 \tag{6.1}$$

식 (6.1)을 $drd\theta$로 나누면 식 (6.2)가 된다.

$$\frac{\sigma_{r_1} r_1 - \sigma_{r_3} r_3}{dr} - \frac{1}{2}(\sigma_{\theta 2} + \sigma_{\theta 4}) + \frac{\tau_{r\theta_2} - \tau_{r\theta_4}}{d\theta} = - r\gamma \tag{6.2}$$

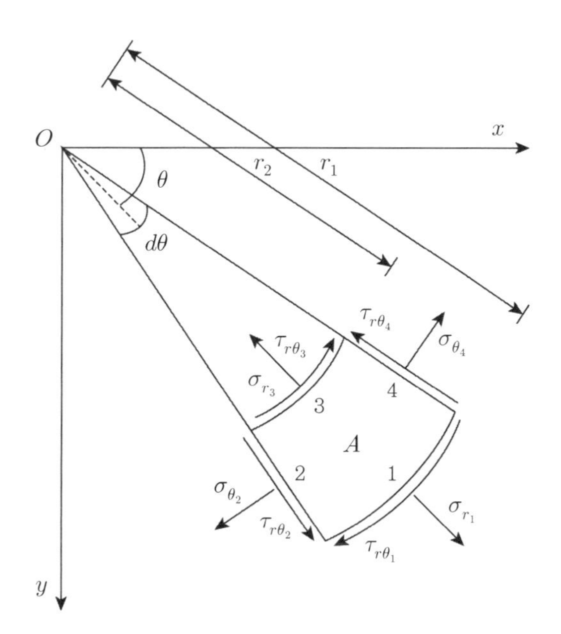

그림 6.15 2차원 극좌표에서의 미소요소

만약 미소요소 A의 치수를 점차 작게 잡아 0에 수렴시키면 식 (6.2)의 제1항은 극한값 $\frac{\partial \sigma_r r}{\partial r}$이 되고 제2항은 σ_θ 제3항은 $\frac{\partial \tau_{r\theta}}{\partial \theta}$이 된다. 따라서 식 (6.2)는 최종적으로 식 (6.3)과 같이 된다.

$$\frac{\partial \sigma_r}{\partial r} + \frac{1}{r}\frac{\partial \tau_{r\theta}}{\partial \theta} + \frac{\sigma_r - \sigma_\theta}{r} = \gamma \tag{6.3}$$

6.4.2 인접 후팅의 지지력 산정식

그림 6.16은 인접 후팅의 지지력 산정식을 유도하기 위한 지반파괴면의 기하학적 해석 모델을 나타낸 것이다. 여기서 취급하는 후팅은 길이와 폭의 비가 3 이상인 연속후팅이므로 평면변형률 상태의 2차원 해석이 가능한 경우이다. 지반아칭영역 내 한 미소요소에 작용하는 응력 σ_r을 구하기 위해 앞 절에서 설명한 원주공동확장이론에 근거한 극좌표평형방정식(Timoshenko & Goodier, 1970)을 이용한다.[11]

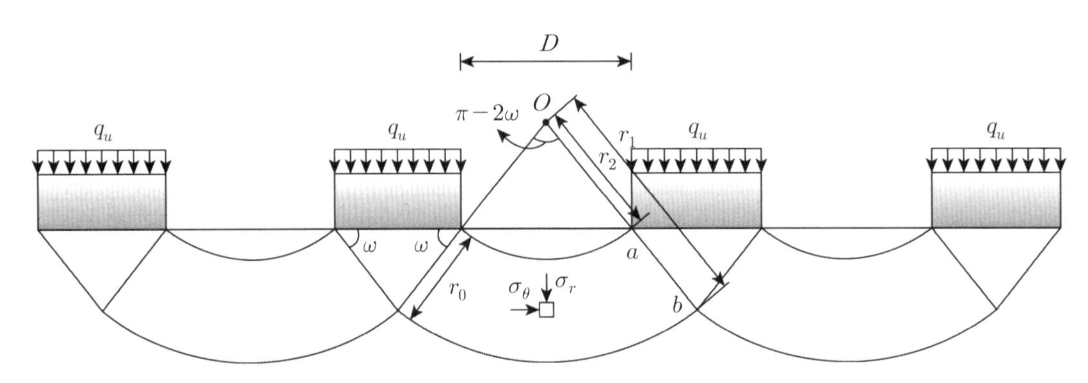

그림 6.16 2차원 다열 후팅의 지반파괴면(지반아칭 발달 시)

일반적인 지지력 산정식에서와 같이 후팅 바닥면에 형성되는 쐐기에서의 응력은 정수압적으로 모든 방향으로 전달되는 등방압으로 가정한다. 아칭정점에서는 전단응력 없이 수직응력만을 고려하며 아칭벨트 내의 응력을 모두 동일하다고 하면 $\tau_\theta = 0$으로 간주할 수 있다.

이런 가정으로 미소요소에 작용하는 응력들을 반경 방향에 대한 힘의 평형 원리에 의해 정리하면 식 (6.3)은 식 (6.4)와 같이 수정할 수 있다.

$$\frac{\partial \sigma_r}{\partial r} + \frac{\sigma_r - \sigma_\theta}{r} = \gamma \tag{6.4}$$

여기서, σ_r : 반경 방향의 수직응력성분

σ_θ : 원주 방향 수직응력성분

γ : 단위물체력

식 (6.4)에 Mohr의 소성이론에 근거하여 $\sigma_\theta = N_\phi \sigma_r + 2cN_\phi^{1/2}$를 대입하면 식 (6.5)가 구해진다. 여기서 $N_\phi = \tan^2(\pi/4 + \phi/2) = (1+\sin\phi)/(1-\sin\phi)$이다.

$$\frac{\partial \sigma_r}{\partial r} + \frac{\sigma_r(1-N_\phi) - 2cN_\phi^{1/2}}{r} = \gamma \tag{6.5}$$

식 (6.5)의 일반해는 다음과 같다.

$$\sigma_r = Ar^{(N_\phi - 1)} - \gamma\frac{r}{N_\phi - 2} - \frac{2cN_\phi^{1/2}}{N_\phi - 1} \tag{6.6}$$

모래지반에서는 $c=0$이므로 식 (6.6)은 식 (6.7)과 같이 정리된다.

$$\sigma_r = Ar^{(N_\phi - 1)} - \gamma\frac{r}{N_\phi - 2} \tag{6.7}$$

경계조건으로 $r = r_2$일 때 식 (6.7)에서 σ_{r_2}를 구하여 $\sigma_{r_2} = \gamma[r_2(1-\sin\omega) + D_f]$과 같게 놓으면 적분상수 A를 식 (6.8)과 같이 구할 수 있다.

$$A = \gamma\left[\frac{r_2(1-\sin\upsilon) + D_f + \dfrac{r_2}{N_\phi - 2}}{r_2^{(N_\phi - 1)}}\right] \tag{6.8}$$

식 (6.8)을 식 (6.7)에 대입하면 식 (6.9)가 구해진다.

$$\sigma_r = \gamma\left[\frac{r_2(1-\sin\omega) + D_f + \dfrac{r_2}{N_\phi - 2}}{r_2^{(N_\phi - 1)}}\right]r^{(N_\phi - 1)} - \frac{\gamma r}{N_\phi - 2} \tag{6.9}$$

아칭 내부의 같은 반경에 작용하는 수직응력은 모두 같다는 가정에 의해 아칭 내부의 한 요소에 작용하는 수평 방향 응력 σ_θ는 아칭중심으로부터 그와 같은 반경을 갖는 쐐기 안쪽의 한 요소에 수직 방향 응력으로 동일하게 작용하게 된다.

반경 방향 응력 σ_r과 접선 방향 응력 σ_θ의 관계로부터

$$\sigma_\theta = N_\phi \sigma_r \tag{6.10}$$

후팅이 받는 극한지지력 q_u는 쐐기의 수직 방향, 즉 아칭의 접선 방향이므로 결국 q_u는 다음과 같이 구한다.

$$q_u = \sigma_\theta = N_\phi \sigma_r \tag{6.11}$$

식 (6.11)에 식 (6.9)를 대입하면 지지력 산정식은 식 (6.12)와 같이 된다.

$$q_u = \gamma N^\phi \left[\frac{r_2(1-\sin\omega) + D_f + \dfrac{r_2}{N_\phi - 2}}{r_2^{(N_\phi - 1)}} \right] r^{(N_\phi - 1)} - \frac{\gamma r N_\phi}{N_\phi - 2} \tag{6.12}$$

6.4.3 폐색(blocking)현상에 대한 수정

후팅이 서로 인접함에 따라 여러 개의 후팅이 하나의 폭을 갖는 후팅으로 거동하는 폐색((blocking)현상은 앞 절에서 유도한 이론산정식의 한계로 인해 이에 대한 결과치를 얻기 어렵다. 그러므로 폐색현상에 의한 지지력을 반영할 수 있는 수정이론곡선이 필요하다.

그림 6.17은 인접 후팅의 이론산정식에 폐색효과를 고려할 경우의 이론산정치와 수정방법을 도시한 그림이다. 이 그림에 도시한 바와 같은 폐색효과곡선을 작도하는 순서는 다음과 같다.

① 앞 절에서 유도한 이론식을 이용하여 주어진 조건(지반정수, 후팅간격)에 대한 후팅간격비－지지력($D_2/B - q_u$)곡선을 작성한다.

② 후팅의 폭을 B라고 할 때 $2B$의 폭을 갖는 후팅에 대한 단일 후팅의 지지력을 구한다. (단, 단일 후팅의 지지력을 구하는 데 사용되는 지지력공식은 아칭의 쐐기각과 같은 $\omega = \pi/4 + \phi/2$을 이용하는 공식이어야 한다. 예를 들면 Meyerhof, Brinch Hansen의

지지력공식 등. 이 과정을 통해 얻어진 값이 바로 q_u축의 절편인 a값이 된다.)

③ 사용한 지지력공식의 $\frac{1}{2}\gamma N_\gamma$를 기울기로 하고 ②과정에서 구한 a값을 절편으로 하는 일차함수를 구한다. 즉, $q_u = \frac{1}{2}\gamma N_\gamma (X_B - 2B) + a$이다(여기서 X_B는 두 후팅 사이의 길이이며 $X_B = 2B +$ 후팅순간격 D_2에 해당한다).

④ ③의 과정을 통해 얻은 직선을 후팅간격-지지력 도면에 작성하면 그것이 바로 폐색효과선(blocking line)이 된다.

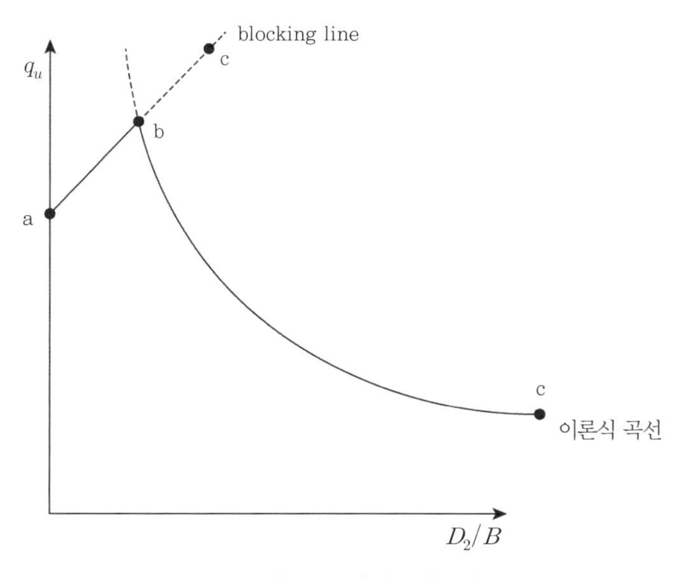

그림 6.17 폐쇄효과곡선

위의 과정을 거쳐 그림 6.17의 새로운 수정곡선 abc를 구하게 된다. 수정곡선에 의한 지지력은 폐색(blocking)현상이 발생하는 후팅간격을 기준으로 그보다 클 경우는 앞 절에서 유도한 이론식을 이용하여, 그리고 그보다 적은 경우는 폐색효과를 이용하여 얻는다,

6.5 실험치와 이론예측치의 비교

그림 6.18은 지반의 상대밀도가 40%이고 후팅간격비 D_2/B가 각각 0.0~ 3.0인 경우 후팅

관입 깊이에 따른 다열후팅의 작용하중을 도시한 결과이다. 그림 중 실선은 이론예측치를 나타내고 있으며 검은 원은 모형실험치이다. 또한 점선은 폐색효과선으로 이 선을 따라 다열 후팅은 제일 외곽 두 후팅의 양 끝을 폭으로 하는 하나의 후팅으로 거동하게 된다.

이 폐색효과선과 이론곡선이 만나는 점이 최대하중을 갖는 점이 되며 이때의 후팅간격비는 이론해석에서는 대략 0.67이 된다. 그러나 모형실험에서는 이와는 약간 차이가 나는 0.5 부근에서 최댓값을 보인다.

즉, 후팅간격비가 감소함에 따라 후팅에 작용하는 하중은 점차 커지다가 후팅간격비가 0.5일 때 최대가 된다. 그러나 후팅간격비가 0.5보다 더 감소하게 되면 후팅하중은 다시 감소하게 된다. 그림 6.18(a)와 (b)에서 이론예측치가 모형실험치보다 다소 큰 값을 가지긴 하나 비교적 잘 일치하고 있다.

그림 6.18의 작용하중을 효율로 도시하면 그림 6.19와 같다. 이들 그림에 의하면 인접 후팅의 근접에 의한 후팅의 효율은 후팅간격비가 0.5~0.67에서 최대효율을 보이고 있다.

그림 6.19에는 효율이 1인 선도 참고로 표시하였다. 이는 후팅간격이 넓으면 인접 후팅 간의 간섭효과가 없는 효율=1 선에 근접(그림 6.19(b) 참조)함을 의미한다.

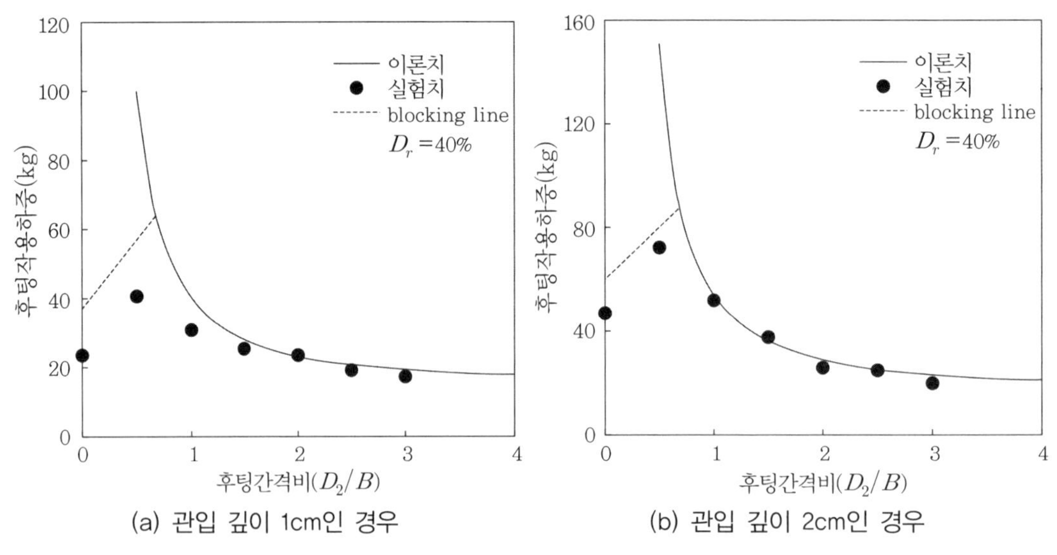

(a) 관입 깊이 1cm인 경우 (b) 관입 깊이 2cm인 경우

그림 6.18 후팅간격비와 후팅지지력의 관계(다열후팅)

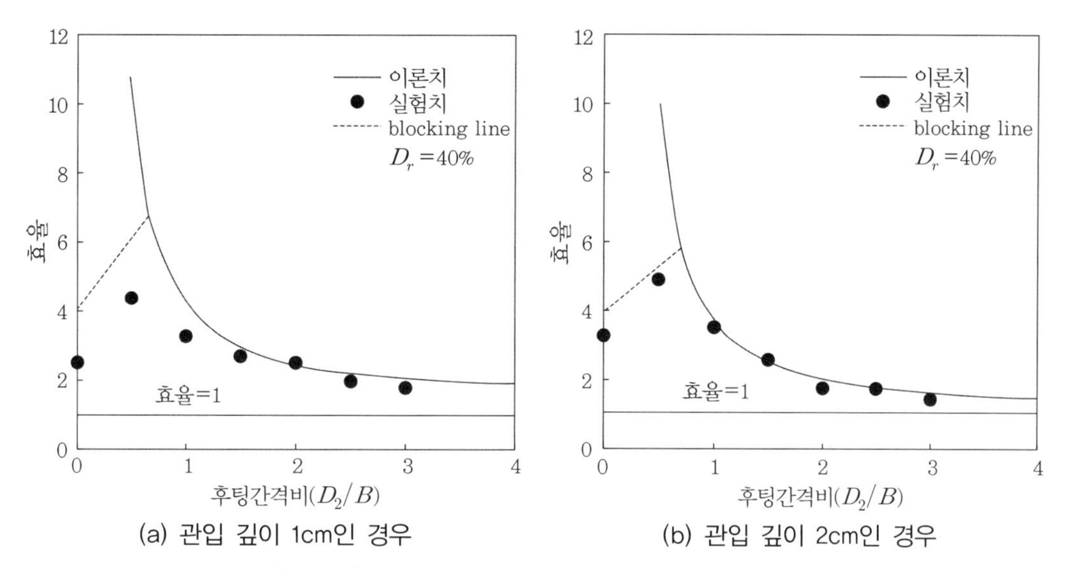

(a) 관입 깊이 1cm인 경우

(b) 관입 깊이 2cm인 경우

그림 6.19 후팅간격비와 후팅지지력효율의 관계(다열후팅)

참고문헌

1. 구운배(2001), 간섭효과에 의한 인접 후팅의 지지력변화에 관한 연구, 중앙대학교대학원, 공학석사학위논문.
2. 이광우(1999), 딘독캡을 사용한 성토지지말뚝의 하중분담효과에 관한 연구, 중앙대학교대학원 박사학위논문.
3. 홍원표(1999), 기초공학특론(I) 얕은기초, 중앙대학교 출판부.
4. Bowles, J.E.(1975), Spread Footings, Foundation Engineering Handbook edited by H.F. Winterkorn and H.-Y. Fang, Van Nostrand Reinhold Co. New York.
5. French, S.E.(1989), Introduction to Soil Mechanics and Shallow Foundation Design, Prentice-Hall, Inc.
6. Kezdi, A.(1957), "The bearing capacity of piles and pile groups", Proc., 4th ICSMFE, Vol.2, pp.46~51.
7. Mandel, j.(1965), "Interference plastique de smelles filantes", Proc., 6th ICSMFE, Montreal, Vol.II, pp.127~131.
8. Meyerhof, G.G.(1959), "Compaction of sands and bearing capacity of piles", J., SMFD, ASCE, Vol.85, No.SM6, pp.1~29.
9. Stuart, J.G.(1962), "Influence between foundations with special reference to surface footings in sand", Geotechnique, Vol.12, No.1, pp.15~22.
10. Terzaghi, K.(1943), Theoretical Soil Mechanics, John Wiley and Sons Inc.
11. Timoshenko, S.P. and Goodier, J.N.(1970), Theory of Elasticity, McGraw-Hill Book Comany, pp.65~68.
12. Vesic, A.S.(1969), "Experiments with instrumented pile groups in sand", ASTM, STP, No.444, pp.177~222.
13. West, J.M. and Stuart, J.G.(1965), "Oblique loading resulting from interference between footings on sand", Proc., 6th ICSMFE, Montreal, Vol.II, pp.214~217.
14. Whitaker, T.(1957), "Experiments with model piles in groups", Geotecknique, Vol.7, pp.147~167.
15. Whitaker, T.(1960), "Some experiments on model piled foundations in clay", Proc., Symp. on Pile Foundations, 6th Conf. Int. Asso. Bridge and Strut. Eng., Stockholm, pp.124~139.

C·H·A·P·T·E·R

07

기초침하

C·H·A·P·T·E·R

07 기초침하

7.1 개 설

7.1.1 접지압과 침하분포

기초하중이 지반에 작용할 경우 기초와 지반 사이의 접지면에 발생되는 접지압과 침하의 분포 형태는 그림 7.1에서 보는 바와 같이 지반과 기초의 강성에 크게 영향을 받는다. 즉, 강성기초의 경우는 그림 7.1(a)에 도시되어 있는 바와 같이 접지면에서의 변위 s는 일정하나 접지압은 등분포로 발생되지 않는다. 반면에 연성기초의 경우는 그림 7.1(b)에 도시되어 있는 바와 같이 접지압은 등분포로 작용하게 되나 침하는 일정하게 발생되지 않는다.

강성기초의 접지압 분포에 대하여는 그림 7.2 및 그림 7.3에 추가적으로 설명되어 있다. 먼저 Sadowsky와 Boussinesq는 각각 2차원 3차원 반무한지반을 대상으로 접지압을 식 (7.1) 및 식 (7.2)로 제시하였다.[21]

$$p_0 = \frac{P}{\pi\sqrt{a^2 - x^2}} \quad \text{(Sadowsky)} \tag{7.1}$$

$$p_0 = \frac{P}{2\pi a\sqrt{a^2 - r^2}} \quad \text{(Boussinesq)}^{[2]} \tag{7.2}$$

여기서 P는 기초의 전하중이고 a는 재하반경(또는 반폭), x와 r은 기초 중심축에서부터의 수평거리이다.

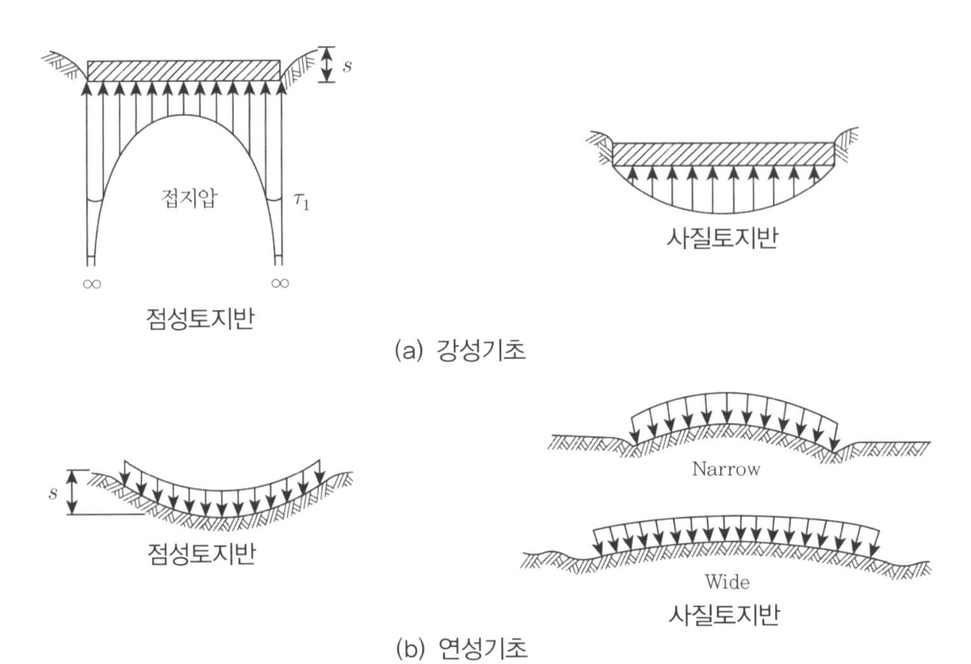

그림 7.1 접지압과 침하의 분포[22]

이들 식에 의하면 그림 7.2(a)에 도시된 바와 같이 이론적으로는 기초단부(모서리)에서 접지압이 무한대로 된다. 그러나 실제는 기초단부에서 전단응력이 항복되어 점차 중앙부로 하

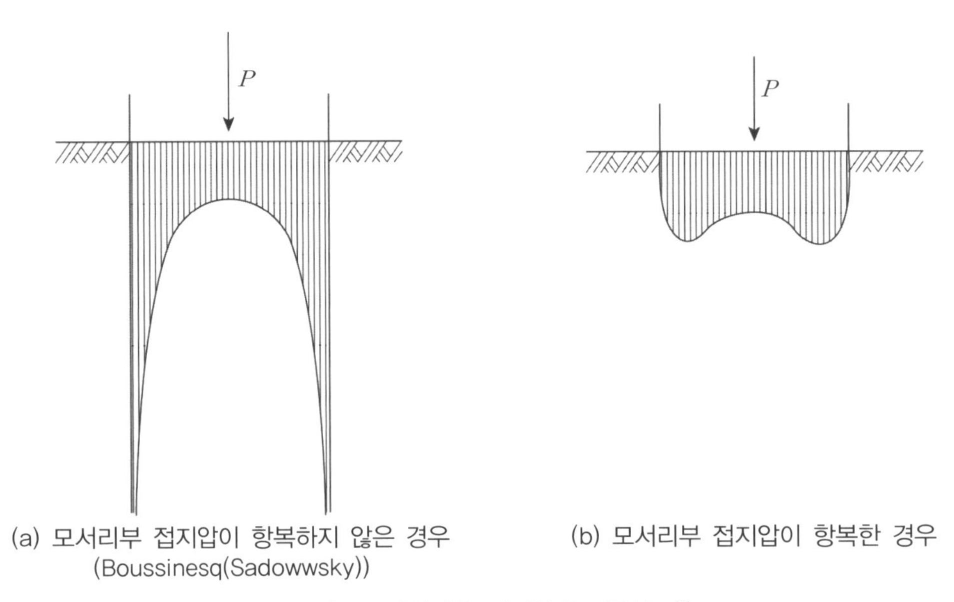

그림 7.2 강성기초 접지압의 이론분포[1]

중이 옮겨가 그림 7.2(b)와 같은 등분포 형태에 근접하는 경향이 있다.

Faber(1933)는 모래지반과 점토지반에서의 강성기초에 대한 실험 결과, 모래지반에서의 접지압은 단부 부근에서의 측방유동이 발생되기 쉬워 Kögler et al.(1936)이 발표한 회전포물면 형상으로 나타나나, 측방유동을 구속하게 되면 분포 형태가 그림 7.3(a)의 좌측 그림에 도시된 바와 같이 변하게 됨을 발견하였다.[7]

한편 연약지반에서는 접지압이 그림 7.3(b)와 같이 일반적으로 종모양의 분포가 발생되나 고결점토와 같이 인장강도가 큰 경우는 단부에서의 접지압이 크게 되어 Sadowsky[1] 및 Boussinesq[2]의 이론 접지압분포에 유사하게 됨을 확인하였다.

이에 반하여 연성기초의 경우는 기초의 강성이 적어 접지면의 변형으로 응력분포를 크게 변화시키지 못한다. 그러나 접지압은 등분포 형태로 생각하여도 무방하다. 차량하중이 이러한 종류의 대표적 사례가 되며 얇은 슬래브를 통하여 전달되는 하중의 경우도 이 경우에 해당된다고 할 수 있다.

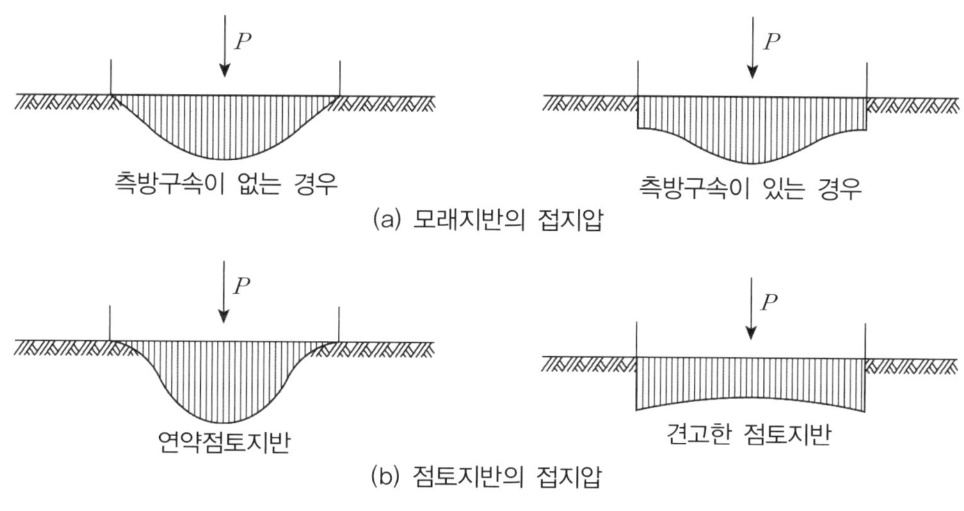

그림 7.3 지반 종류별 강성기초의 접지압 분포[1]

그림 7.1(b)에 도시된 바와 같이 점성토지반(포화점토 및 암도 포함)에서 연성기초의 접지압은 위로 오목한 형태로 변형된다. 그러나 사질토지반의 경우는 기초단부의 구속응력이 중앙부보다 적으므로 침하 형태가 아래로 오목한 형태가 된다. 중앙부의 모래는 구속된 상태에 있게 되므로 모서리부보다 중앙부가 큰 접지압을 가지게 되며 결과적으로 중앙부의 침하량이 단부보다 작게 된다. 만약 연성기초의 재하면적이 매우 크면 중앙부 부근 침하는 비교적 균일

하게 되어 단부에서의 침하가 감소하게 된다.

7.1.2 침하유발요인

지반의 변형은 기본적으로 유효응력의 변화에 의해 발생한다. 기초를 설치하고 상부구조물의 하중이 기초를 통하여 지반에 작용하게 될 때 이 하중으로 인하여 지중에 응력이 증가하게 된다. 이 지중응력 증가에 대하여 기초지반이 안전성을 계속 유지할 수 있도록 설계해야 할 것이다.

기초지반의 안전성은 지반의 강도 측면과 변형 측면에서 모두 검토되어야 한다. 이 중 변형 측면 안전성 검토는 유효응력 변화로 지중에 발생되는 지반요소 변형의 외부현상인 침하를 대상으로 한다. 침하를 유발하는 가장 직접적인 요인으로는 구조물하중의 재하를 들 수 있을 것이다. 이 외에도 침하를 유발하는 요인은 여러 가지를 들 수 있을 것이다. 이들 요인을 열거하면 다음과 같다.[18]

① 상부구조물 하중재하
② 지하수 저하
③ 습윤 시 입자구조의 붕괴
④ 팽창성지반의 히빙
⑤ 인근 수목의 신속한 성장(점토지반)
⑥ 기초의 부식(콘크리트의 황산피해, 강말뚝의 부식, 나무말뚝 부식)
⑦ 광산갱의 침하
⑧ 공동
⑨ 진동(모래지반)
⑩ 수목 제거 후 점토지반의 히빙
⑪ 계절적 수분이동
⑫ 동결작용

Sowers and Sowers(1970)는 이들 침하유인을 구조물 하중 관련 요인, 환경 관련 요인 및 하중비 관련 요인의 3가지로 크게 구분하여 표 7.1과 같이 정리하였다.[19] 이들 요인 중 구조물

하중재하 및 지하수저하에 의한 침하만 사전에 산정 가능하다. 환경 관련 요인 또는 하중비 관련 요인에 의한 침하의 경우는 일반적 현상론적인 기술밖에는 이루어지지 못하고 있다. 이러한 경우의 침하량의 침하속도는 계산이 불가능하다.

표 7.1 침하유발요인[19]

요인	역학적 현상		침하량	침하 속도
구조물 하중 관련 요인	토괴 형상의 변화		탄성론 또는 경험적 방법에 의거 산정	순간
	압밀 : 응력하의 간극비 변화	즉시	응력–간극비 곡선	시간곡선에서 산출
		1차압밀	응력–간극비 곡선	Terzaghi 이론으로 산출
		2차압밀	log 시간–침하량 관계로 계산	log 시간–침하량 관계로 계산
환경 관련 요인	건조에 의한 수축		응력–간극비 또는 함수비–간극비와 함수비손실한계–수축한계로 산정	건조속도와 동일. 간혹 계산 가능
	지하수위강하에 의한 압밀		응력–간극비와 응력 변화로 산정	Terzaghi 이론으로 산정
하중비 관련 요인	입자재배열–충격 및 진동		상대밀도로 한계치 산정 (60~70%까지)	불규칙 충격과 상대밀도에 의존
	구조붕괴–결합력 상실(포화, 융해 등)		민감도와 한계치 산정	환경 변화에 따라 시작
	도로포장박리, 침식(공동, 동굴 등에)		민감도 산정 양판정 불가능	불규칙, 점진적 또는 돌발적 이따금 증가
	생화학적 부식		민감도 산정	불규칙 시간에 따라 감소
	화학작용 토괴붕괴–하수도, 광산, 공동		민감도 산정 민감도 산정	불규칙 돌발적으로 되기 쉬움
	토괴 형상 변화, 전단크리프 또는 산사태		사면안정해석으로 민감도 계산	불규칙 돌발적~완만
	팽창–동결 점토 팽창, 화학작용(침하와 유사)		민감도 산정 이따금 한계량 계산	불규칙 습윤기후 시 증가

7.1.3 침하성분

포화지반상 기초의 침하성분으로는 그림 7.4에 도시된 바와 같이 다음과 같은 세 가지를 생각할 수 있다.

① 즉시침하(S_i) : 탄성침하 또는 초기침하라고도 하며 하중재하 시 체적변화가 없는 상태

에서 순간적으로 발생되는 침하(모래지반의 경우는 체적변화가 발생됨)

② 1차압밀침하(S_c) : 과잉간극수압 소멸에 의한 체적변화로 발생되는 침하

③ 2차압밀침하(S_s) : 과잉간극수압이 없는 상태에서 발생되는 크리프성 침하

따라서 전침하량 S는 이들 세 성분의 합으로 식 (7.3)과 같이 표현된다.

$$S = S_i + S_c + S_s \tag{7.3}$$

이 중 즉시침하 S_i는 하중재하와 동시에 발생되는 초기침하량으로 대부분이 공사 기간 중에 발생한다. 이 침하량은 탄성론에 의해 계산되고 있으나 실제 이 침하량은 탄성적이 아니다. 특히 점성토지반에서는 더욱 그러하다.

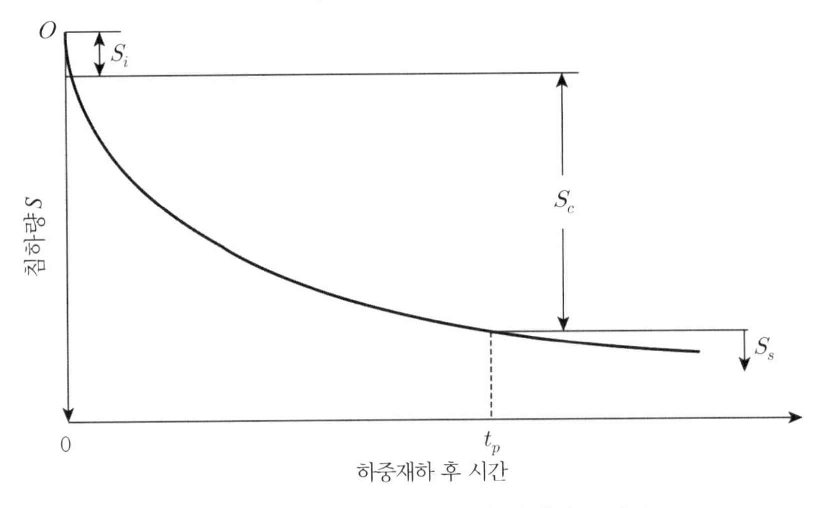

그림 7.4 얕은기초의 시간-침하량 압밀거동 개략도

1차압밀침하 S_c와 2차압밀침하 S_s는 각각 흙 속의 간극으로부터 물의 점진적 배수와 입자구조의 압축변형에 의한 침하다. 이들 침하는 침하속도를 제어하는 물리적 현상에 의거하여 구분된다. 즉, 1차압밀침하는 침하속도가 지반의 간극으로부터 간극수가 배제되는 속도에 의존하는 침하이며 2차압밀침하는 과잉간극수압이 전부 소멸된 후 흙입자구조 자체가 항복압축 크리프되는 속도에 의존하는 침하이다. 따라서 이들 두 침하의 변환시점은 과잉간극수압 Δu

가 영이 되는 t_p(그림 7.4 참조)가 된다.

지반의 거동은 작용하중에 대하여 선형적이 아니기 때문에 식 (7.3)과 같이 단순히 침하량 성분을 중첩시키는 것은 엄밀히 말하면 정확하지 못하다. 그러나 현재의 기술 수준으로서는 아직 이 식을 대신할 만한 것이 제시되지 않고 있으며 또한 여러 종류의 침하량 예측에 비교적 잘 일치하고 있어 계속 사용하여도 무방할 것이다.

그림 7.4에 도시된 시간-침하량 관계는 모든 지반에 적용 가능하다. 그러나 세 침하량 성분의 시간스케일과 상대크기는 지반에 따라 다르게 됨을 주의해야 한다. 예를 들면 입상체 토사지반에서는 투수성이 크므로 간극수의 배수가 매우 빠르게 이루어질 것이다. 따라서 이러한 지반에서는 침하가 매우 신속히 완료되므로 즉시침하의 중요성이 크게 부각될 것이다.

지반의 종류에 따른 침하량성분 중요도는 표 7.2와 같다. 이 표에서 보는 바와 같이 모래지반에서는 즉시침하성분이 주 관심대상 침하가 되며 점토지반에서는 1차압밀침하가 주 관심대상 침하가 될 것이다. 그러나 유기질성분이 많이 함유된 지반에서는 2차압밀침하성분이 주 관심대상침하가 되어야 할 것이다.

표 7.2 지반의 종류에 따른 주 침하성분

지반	즉시침하	1차압밀침하	2차압밀침하
모래	⊙	×	×
점토	○	⊙	○
유기질토	○	×	⊙

⊙ : 주 대상　○ : 검토 대상　× : 불고려 대상

7.2 지중응력

기초지반의 지표면이나 지중에 외력이 가하여 질 때 지반이 어느 정도 변형할 것인가를 아는 것은 기초 설계에서 가장 중요한 사항 중에 하나이다. 왜냐하면 지반의 변형이 상부구조물에 심각한 피해를 줄 정도가 되어서는 안 되기 때문이다. 이러한 지반변형은 항상 지중응력과 밀접한 관계가 있다. 따라서 지중응력 자체의 평가도 지반의 거동을 예측하는 데 대단히 중요한 사항이 된다.

홍원표(1999)는 여러 종류의 하중, 기초의 형상, 지반의 불균일성 등을 고려하여 기초 하부 지중에 발생하는 응력을 자세히 정리한 바 있다.[1] 그러나 기초 설계에서 하중은 통상적으로 집중하중으로 작용하기보다는 임의의 접지면적을 통하여 분포하중으로 작용하는 경우가 많다. 이러한 경우의 지중응력해석은 집중하중 작용 시보다 복잡하게 된다.

등분포하중이 작용하는 지반 속에 전달되는 지중응력산정법으로 현재까지 일반적으로 사용되는 방법은 간편법, 탄성해석법, 도해법의 세 가지를 들 수 있다. 본 절에서는 이들 방법에 대하여 설명한다. 특히 탄성해석법에 관하여는 기초의 형상에 따라 띠기초, 원형기초, 사각형 기초에 대하여 설명한다.

7.2.1 간편법

하중을 받는 면적이 그림 7.5에 도시된 바와 같이 기초 위치에서부터 깊이 방향으로 선형적으로 응력이 증가한다고 가정한다. 즉, 기초의 양변 B와 L은 깊이 방향으로 2:1 경사로 증가하여 기초 위치에서는 $B \times L$의 기초면적이 하중 P를 부담하고 있으나 깊이 z 위치에서는 $(B+z)\times(L+z)$의 면적이 하중 P를 부담하도록 하여 깊이 z 위치에서는 지중응력(연직응력)의 증가량 σ_z는 식 (7.4)와 같이 표현된다.

$$\sigma_z = \frac{P}{(B+z)(L+z)} \tag{7.4}$$

다만 지중응력의 증가 비율은 2:1 경사뿐만 아니라 3:1 경사 등도 적용할 수 있다. 이 방법은 어디까지나 간편법이므로 후팅의 사전 안전해석 등의 개략적 검토에는 사용하여도 무방하

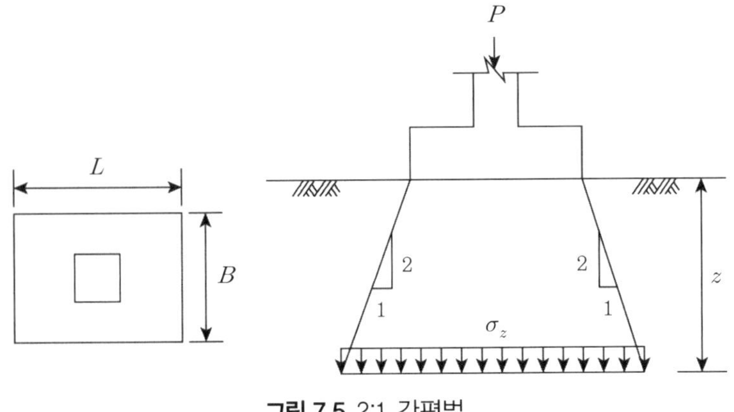

그림 7.5 2:1 간편법

나 침하해석 시에 사용하면 엄밀한 결과를 얻기가 힘들다. 따라서 침하해석 시에는 간편법에 의거하기보다 정확한 해석법에 의거함이 바람직하다.

연습문제 3 × 4m 사각형 후팅에 200kg/m²의 등분포하중이 지표면에 작용할 경우 6m 깊이에서 전달되는 지중응력을 구하라. 단 지중응력 증가 비율은 2:1 경사로 한다.

풀이 전체 하중 P는

$$P = pBL = (200\text{kg/m}^2)(3\text{m})(4\text{m}) = 2{,}400\text{kg}$$

6m 깊이에서 전달되는 지중응력 σ_z는

$$\sigma_z = \frac{P}{(B+z)(L+z)}$$

$$= \frac{2400}{(3+6)(4+6)} = 26.7\text{kg/m}^2$$

7.2.2 탄성해석법

지중의 응력과 변형의 문제를 취급하는 데 선형 또는 비선형 탄성론이 많이 적용되어왔다. 그러나 탄성론에 의거하여 지반의 침하를 계산한 결과는 현장에서의 실측치와 차이를 보인다. 탄성론에 의한 예측치가 실측치와 차이가 나는 이유는 탄성론 해석에서는 지반을 반무한 등방·균일 탄성지반으로 가정하여 해석을 실시하였기 때문이다. 최근에는 탄소성론에 의거한 해석으로 지반의 이방성을 고려하여 해석을 실시하고 있다.

그럼에도 불구하고 탄성론을 적용하면 비교적 간단히 응력과 변형의 해를 구할 수 있다. 경우에 따라서는 상당히 정도가 좋은 예측치를 구할 수도 있는 이유 때문에 여전히 탄성론이 많이 적용되고 있다. 특히 연직응력은 이론치와 예측치가 비교적 잘 일치하는 결과가 많이 알려져 있다. 그 이유는 연직응력을 산출하는 식 속에는 탄성계수가 포함되어 있지 않기 때문이다.

지반의 침하 특성을 설명할 경우 탄성론의 근사도가 높다고 이야기하기는 어렵지만 지중응력분포에 한해서는 탄성론에 의한 해석값이 상당히 신뢰성이 있으므로 탄성해석이 기초지반의 역학적 거동을 해명하는 하나의 유력한 방법임을 부정할 수 없다.

(1) 띠기초

그림 7.6에서 보는 바와 같이 연직 방향 등분포하중 p_0를 받는 폭이 $2B$인 띠기초 하부지반 속 임의점 $A(x,z)$에 전달되는 지중연직응력 σ_z는 탄성론에 의거 식 (7.5)와 같이 제시되었다.

$$\sigma_z = \frac{p_0}{\pi}[\alpha_1 + \sin\alpha_1 \cos(\alpha_1 + 2\alpha_2)] \tag{7.5}$$

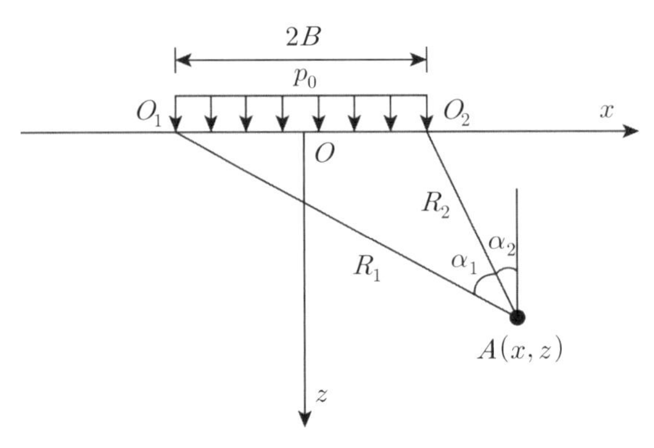

그림 7.6 등분포하중 띠기초

식 (7.5)로 산정된 지중연직응력 σ_z를 등분포하중 p_0와 비교 표시하면 그림 7.7과 같이 된다. 이 그림 속에는 동일한 σ_z/p_0 값을 갖는 지중위치를 표시한 궤적이 도시되어 있다. 이런 그림을 압력구근(pressure bulb)이라 부르며 이 그림을 사용해서도 지중응력을 구할 수 있다.

(2) 원형기초와 사각형기초

그림 7.8(a)는 등분포하중 p_0를 받는 원형기초(반경$=a$)와 사각형기초($B\times L$)의 도면이다. 이런 기초에 등분포하중이 작용할 때 기초 하부 지중의 임의의 위치에 전달되는 지중연직응력 σ_z을 탄성론에 의거하여 산정식을 유도한 결과는 식 (7.6) 및 식 (7.7)과 같다.

우선 반경이 a인 원형기초의 경우 중심축 아래($r=0$) 임의점 $A(0, z)$에서의 지반 속에 발생하는 지중연직응력 σ_z는 탄성론에 의거하여 식 (7.6)과 같이 제시되었다.

$$(\sigma_z)_{r=0} = p_0\left[1-\left\{\frac{1}{1+(a/z)^2}\right\}^{3/2}\right] \tag{7.6}$$

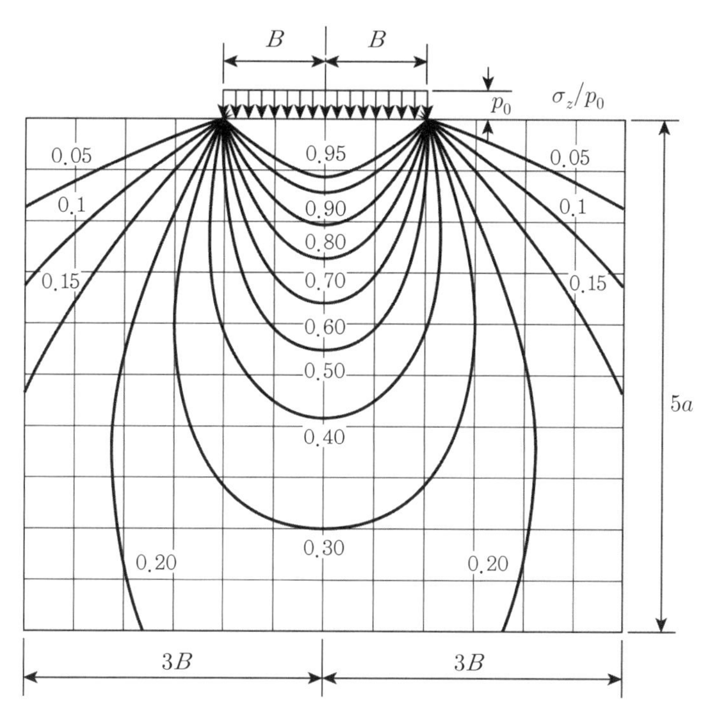

그림 7.7 띠기초 연직응력 압력구근

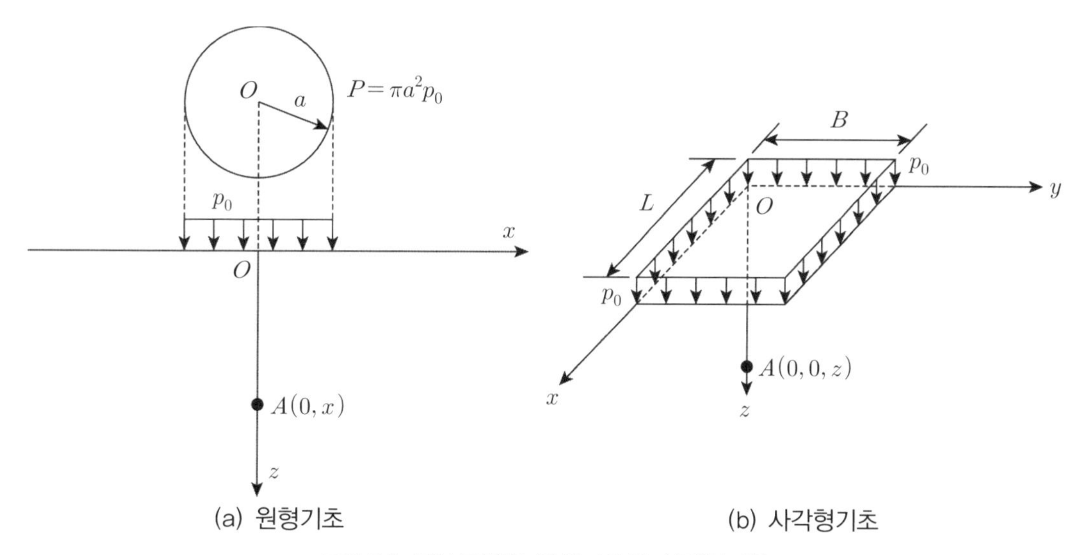

(a) 원형기초 (b) 사각형기초

그림 7.8 등분포하중 원형기초와 사각형기초

한편 그림 7.8(b)는 $B \times L$ 크기의 사각형기초에 등분포하중 p_0가 재하되었을 때 이 분포하중의 재하로 인해 이 사각형기초의 모서리에 해당하는 O점 아래 임의의 점 $A(0, 0, z)$에서의 지반 속에 발생하는 지중연직응력 σ_z는 탄성론에 의거하여 식 (7.7)과 같이 제시되었다.

$$\sigma_z = \frac{p_0}{2\pi}\left[\tan^{-1}\frac{BL}{zR_3} + \frac{BLz}{R_3}\left(\frac{1}{R_1^2} + \frac{1}{R_2^2}\right)\right] \tag{7.7}$$

여기서, $R_1 = \sqrt{L^2 + z^2}$

$R_2 = \sqrt{B^2 + z^2}$

$R_3 = \sqrt{B^2 + L^2 + z^2}$

지중 깊이 z를 기초 크기 $B \times L$과 대비시켜 다시 정리하면 식 (7.8)과 같다.

$$\sigma_z = \frac{p_0}{2\pi}\left[\frac{mn(1+m^2+2n^2)}{(1+n^2)(m^2+n^2)\sqrt{1+m^2+n^2}} + \tan^{-1}\frac{m}{n\sqrt{1+m^2+n^2}}\right] = p_0 I_z \tag{7.8}$$

여기서, I_z : 영향계수

$m = L/z$

$n = B/z$

영향계수 I_z는 표나 그림으로 제시되는 경우가 많다.[11,16] 그림 7.9는 영향계수 I_z를 도시한 그림이다.

한편 사각형기초의 모서리 이외 부분 아래 지반 속의 지중응력을 구할 경우는 중첩의 원리를 적용하여 산출한다. 즉, 그림 7.10에 도시한 바와 같이 구하고자 하는 지중위치 A를 기초 저면위치까지 투영시킨 후 그 점 A'가 모서리가 되는 4개의 사각형 기초를 가상하여 각 사각형 기초하중에 의한 영향을 중첩시켜 구한다.

이때 지표 투영점 A'가 지표면 어디에 위치하느냐에 따라 두 가지 경우를 생각할 수 있다.

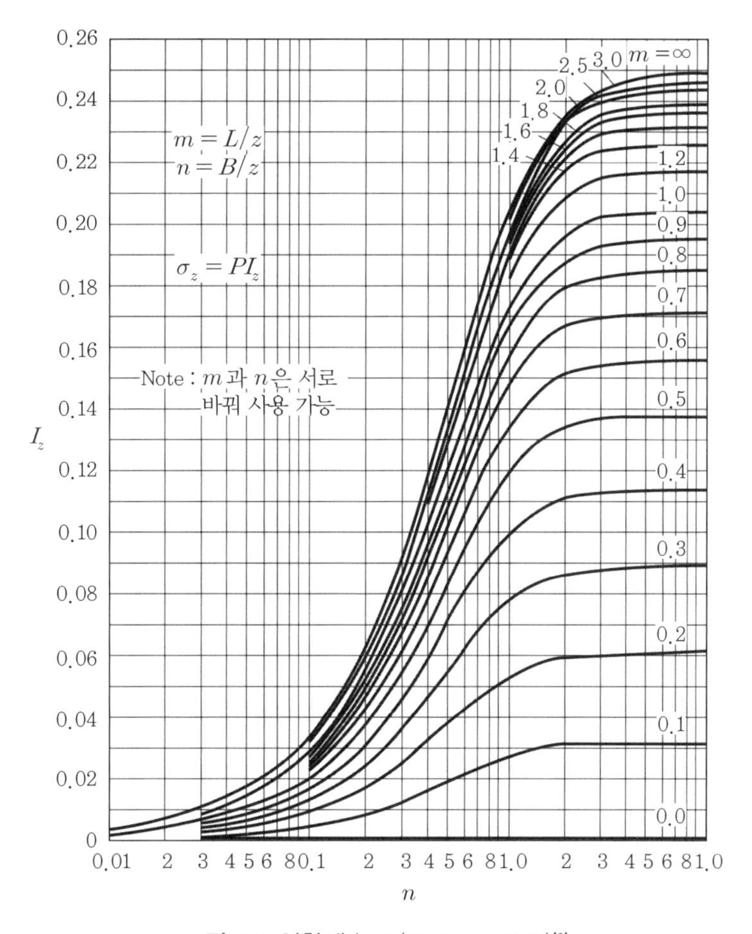

그림 7.9 영향계수 I_z(Fadum, 1948)[8]

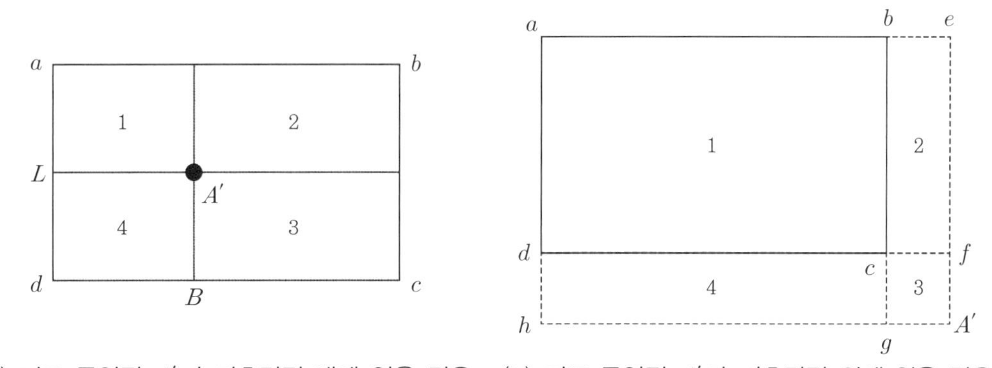

(a) 지표 투영점 A'가 기초면적 내에 있을 경우 (b) 지표 투영점 A'가 기초면적 외에 있을 경우

그림 7.10 사각형기초 아래 임의점에서의 응력 증가

하나는 투영점 A'가 그림 7.10(a)에 도시된 바와 같이 기초면적 $abcd$ 내에 위치하는 경우이고 다른 하나는 그림 7.10(b)에 도시된 바와 같이 기초면적 $abcd$ 외에 위치하는 경우이다. 우선 기초면적 $abcd$ 내에 위치하는 경우는 네 개의 사각형 1, 2, 3, 4에 A'점이 모두 공통으로 모서리가 된다. 이 네 개의 사각형기초에 대하여 식 (7.8)로 지중연직응력을 각각 구해 더하면 전체 기초에 대한 지중연직응력이 구해진다. 또는 그림 7.9로 네 사각형의 영향계수를 구해 모두 더하여 구할 수도 있다.

$$\sigma_z = p_0(I_{z(1)} + I_{z(2)} + I_{zs(3)} + I_{z(4)}) \tag{7.9}$$

여기서, $I_{z(1)}$, $I_{z(2)}$, $I_{z(3)}$, $I_{z(4)}$: 기초면적 1, 2, 3, 4부분의 영향계수

한편 투영점 A'가 그림 7.10(b)에 도시된 바와 같이 기초면적 $abcd$ 외에 위치하는 경우는 투영점 A'가 사각형 모서리가 되는 사각형을 모두 고려한다. 즉, 투영점 A'는 사각형 $aeA'h$(면적 1), 사각형 $beA'g$(면적 2), $dfA'h$(면적 4), 사각형 $cfA'g$(면적 3)에 모두 모서리가 된다. 따라서 네 사각형의 영향계수로부터 식 (7.10)으로 지중연직응력을 구할 수 있다.

$$\sigma_z = p_0(I_{z(1)} - I_{z(2)} - I_{z(3)} + I_{z(4)}) \tag{7.10}$$

여기서, $I_{z(1)}$, $I_{z(2)}$, $I_{z(3)}$, $I_{z(4)}$: 기초면적 1, 2, 3, 4부분의 영향계수

7.2.3 도해법

임의 형상을 가지는 기초 아래 지반 내의 지중응력을 구하고자 할 경우는 Newmark의 영향도[12]를 활용할 수 있다. Newmark는 지중응력을 산정하기 위하여 Boussinesq의 탄성해를 활용하여 그림 7.11과 같은 영향도(Influence chart)를 작성하였다.[16]

이 도면을 사용하여 지중응력 σ_z을 산정하는 순서는 다음과 같다.

① Newmark도의 영향치(Influence value) I를 구한다. 이 영향치(Influence value) I는 사용도면에 도시된 요소수의 역수로 구한다.

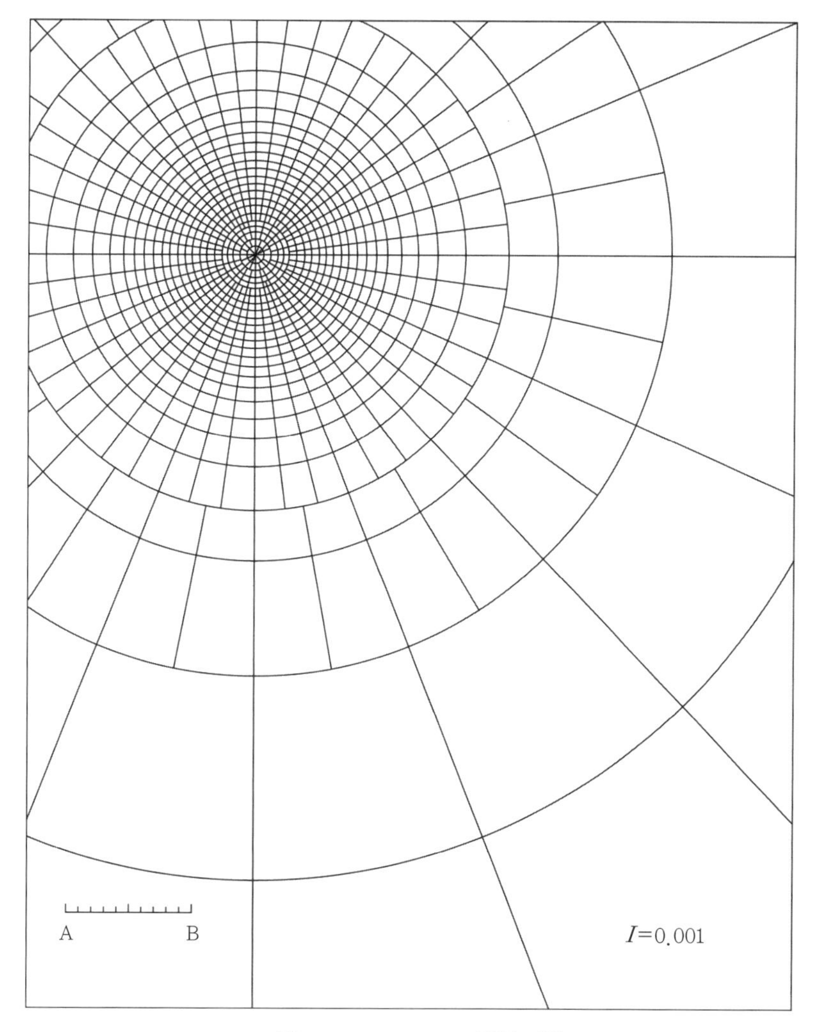

그림 7.11 Newmark 영향도[12]

② 그림 7.11 속 선분 AB와 연직응력을 산정하려는 지중 깊이 z를 같게 하여 축척을 정한다.

③ 이 축척으로 기초의 크기를 투명지 위에 그리고 지중응력을 구하고자 하는 위치도 지표면에 축척을 고려하여 투영시키고 이 위치도 동일 투명지상에 표시한다.

④ 이 위치가 표시된 투명지를 Newmark도 위에 겹치게 한다. 이때 지중응력 산출점을 Newmark도의 중심에 일치시켜야 한다.

⑤ 투명지상에 도시된 기초부분이 차지하는 요소수(N_e)를 센다.

⑥ 지중연직응력 σ_z를 식 (7.11)로 산정한다.

$$\sigma_z = N_e I p_0 \tag{7.11}$$

여기서 p_0는 등분포기초하중이다.

여러 개의 기초가 설치되어 있고 이에 의한 영향을 모두 고려할 경우는 그들 기초를 모두 위에서와 같은 축척으로 동일 투명지상에 도시하여 이들 기초가 차지하는 요소수를 단순히 합쳐서 식 (7.11)에 대입하면 최종 연직응력을 구할 수 있다. 이 이론은 결국 탄성론의 중첩 원리를 그대로 적용하게 되는 셈이 된다. 따라서 이 방법은 근본적으로는 탄성론에 의거한 해석법이라 할 수 있다.

7.3 즉시침하

7.3.1 탄성론

지반 내의 응력분포는 선형탄성론에 의거하여 주로 계산되고 있다. 지중변위 계산에서도 지반의 특성에 따라서는 탄성론이 적용되는 경우가 종종 발생된다. 제7.1.3절에서 설명한 바와 같이 사질토지반이나 견고한 점성토지반의 침하량계산에는 초기발생침하량을 탄성침하량으로 간주하여 탄성론이 많이 적용되고 있다. 그러나 실제지반은 선형탄성체와 같이 거동하지 않지만, 현장의 거동을 정확하게 예측할 수 있는 합리적 설계법이 아직 마련되지 않은 현재의 상태에서는 탄성론이 적용되는 경우가 많다. 실제 현재의 지반공학문제에서의 경계조건이 탄성론에서의 경계조건에 매우 유사하고 탄성론에 의한 해석 결과가 실용적인 범위 내에서 적용하는 데는 그다지 큰 모순이 없는 것으로 취급되고 있다.

Davis & Poulos(1968)는 다층지반에 발생하는 전침하량 S_i는 각 층에서 발생되는 연직변형률을 합하여 식 (7.12)로 구하였다.[6]

$$S_i = \sum \frac{1}{E_i}(\sigma_z - \nu_i \sigma_x - \nu_i \sigma_y)\Delta H_i \tag{7.12}$$

여기서, E_i와 ν_i : 각 층의 탄성정수

σ_x, σ_y, σ_z : 기초하중에 의해 발생된 지중응력

ΔH_i : 각 층의 두께

단일층으로 된 지반의 전침하량 S_i은 다음과 같다.

$$S_i = qB\frac{1-\nu^2}{E} \tag{7.13a}$$

또는

$$S_i = \frac{qB}{E}I_w \tag{7.13b}$$

여기서, q : 기초의 접지압

B : 기초폭

I_w : 영향계수

즉시침하량은 구조물의 안정에 영향을 미칠 정도로 심각하지 않으므로 전체 침하량에서 이 부분을 개략계산으로 실시하고 있다. 그러나 경우에 따라서는 즉시침하량이 중요 부분을 차지하게 되는 경우도 있다. 이러한 즉시침하량을 계산하기 위해서는 (비배수)탄성계수를 올바르게 정해야 한다.

기초 설계 시 지지력에 적절한 안전율을 마련하기 위해 후팅 크기를 증가시키거나 매트기초가 선정된다. 그러나 식 (7.13)에 의하면 즉시침하는 작용하중과 기초폭(크기)에 비례관계가 있음을 알 수 있다. 따라서 기초의 크기를 증가시키면 즉시침하량도 증가됨을 유념해야 한다. 즉, 후팅의 크기가 크거나 하중의 크기가 크면 연약지반에서는 특히 즉시침하량이 커지게 된다. 이러한 경향은 소성지수가 큰 지반이나 유기질성분이 많은 지반에서 두드러지게 나타나고 있다.[9]

Perloff & Baron(1976)은 전체 기초하중이 동일한 경우 정사각형 후팅의 크기를 증가시키면 후팅 증가량에 비례하여 즉시침하량이 감소함을 확인하였다.[15] 즉, 전체기초하중이 동일한 경우 동일한 탄성정수를 가지는 지반에서 작용응력 q가 감소하면 침하량이 증가하는 식

(7.13)의 정당성을 보였다. 또한 단위길이당 하중 $P(t/m)$가 일정한 상태에서 접지압 q를 줄이기 위해 폭 B를 증가시켜도 탄성침하량은 변하지 않음도 확인할 수 있었다. 이는 식 (7.13) 중 $P(=qB)$가 일정한 상태에서는 q와 B가 변하여도 qB값인 P가 일정하기 때문에 S_i에는 결국 변화가 없게 되는 정당성을 확인한 것이라 할 수 있다.

마지막으로 B와 nB를 가지는 두 개의 정사각형 후팅에 각각 동일한 접지압 q를 가한 실험에서 큰 후팅의 즉시침하량은 작은 후팅의 즉시침하량의 n배가 발생되었음을 보였다. 이도 또한 식 (7.13)에서 q가 일정한 상태에서 B를 증가시키면 S_i가 증가하는 식의 정당성을 보여준 것이라 할 수 있다.

7.3.2 점성토지반의 즉시침하

광범위한 영역에 분포되어 있는 점성토지반에 국부적으로 하중이 가하여질 경우 이에 따른 변형은 체적변화가 없는 상태에서 발생될 것이다. 즉, 포화점성토지반에 국부하중이 급히 작용할 경우 점성토의 투수성이 낮으므로 간극수의 배수가 불가능하게 될 것이다. 이는 결국 점성토지반이 비배수 상태 또는 체적불변의 상태에서 침하가 발생되게 됨을 의미한다.

이러한 점성토지반의 초기침하량을 계산하기 위해 선형탄성론이 적용되며 식 (7.13)을 약간 응용하여 식 (7.14)와 같이 구한다.

$$S_i = qB\frac{1-\nu^2}{E_u}I_w \tag{7.14}$$

여기서, E_u : 비배수 상태의 탄성계수

I_w : 기초의 강성과 지반의 구성 상태에 따라 제시된 영향계수[1]

이와 같이 이론적으로 즉시침하량을 산정하는 데는 근본적으로 지반을 균질성과 등방성을 가지는 이상적 지층으로 가정하고 있다. 특히 이 방법에는 지반의 특성을 단순히 탄성계수와 포아송비 두 개의 정수만으로 나타낼 수 있는 장점을 가지고 있다.

그러나 탄성론을 점성토지반에 적용시킬 수 있는 경우는 작용하중(응력)이 작은 경우에 국한된다. 즉, 파괴하중에 비하여 안전율이 충분히 커서 기초지반에 소성항복이 발생되지 않는 경우에만 가능할 것이다. 만약 지지력에 대한 안전율이 3 이하가 되면 즉시침하량 산정 시 비배수소성항복의 영향을 고려할 수 있도록 해야 한다.

작용응력이 선행압밀응력보다 큰 연약지반에서는 즉시침하량이 압밀침하량의 10% 정도가 된다.[14] 이러한 양은 비교적 그다지 중대한 분량이 되지 않는다. 그러나 작용응력이 선행압밀응력보다 크지 않은 견고한 점성토지반에서는 즉시침하량이 전체 침하량의 50~60%가 된다. 또한 이 값은 압축성 지층의 깊이가 감소할수록 감소한다. 과압밀점토 또는 견고한 점토층이 깊은 경우일지라도 즉시침하량은 전체 침하량의 70%를 넘는 경우가 드물다. 불균질 이방성지반에서는 25%까지 되는 경우도 있다. S_i/S의 평균치는 0.5~0.6이다.

현재 점성토지반의 즉시침하량을 구하는 방법으로는 식 (7.14)의 기본식을 약간씩 수정한 여러 방법이 사용되고 있다. 홍원표(1999)는 NAVFAC(DM-7)법, Janbe 등의 방법 및 Butler 법에 대하여 자세히 정리·설명하였다.[1]

7.3.3 사질토지반의 즉시침하

사질토지반의 즉시침하량을 산정하는 방법은 탄성론에 의한 방법과 경험적인 방법으로 크게 구분할 수 있다.

(1) 탄성론에 의한 방법

이 방법은 앞에서도 설명한 바와 같이 사질토지반을 이상적인 탄성체(균질, 등방, 반무한)로 가정하고 탄성론에 의거 지표면의 번형, 즉 침하를 계산한다. 그러나 지반은 이상적 탄성체가 아닌 관계로 이론해석값에는 경험에 의한 보정이 많이 제안되고 있다. 특히 구속압은 지반의 탄성계수와 압축성에 많은 영향을 미치는 것으로 밝혀져서 이에 대한 보정이 실시되어야 한다.

Oweis(1979)는 깊이별 재하시험에 의한 변형을 적용한 등가선형 모델로 침하를 산정하는 방법을 제안하였다.[13] Bowles(1987)은 Steinbrener가 Boussinesq식을 변형률 영향계수로 보정한 방법으로 모래지반상의 얕은기초 침하량을 계산할 것을 제안하였다.[3]

Hardin(1987)은 정규압밀사질토의 전단응력-변형률 거동을 나타낼 수 있는 일차원 변형률 모델을 제안하였다.[10] 이 모델은 적용될 수 있는 응력의 범위가 넓고 일차원 변형으로 근사 시킬 수 있는 구조물침하산정에 유용하게 사용될 수 있다.

(2) 경험적 방법

실제 사질토지반의 얕은기초 침하량을 정확하게 예측할 수 있는 합리적인 이론은 아직 마련되어 있지 못한 실정이다. 더욱이 침하량 계산에 필요한 제반 특성 계수를 얻기 위한 불교란 시료의 채취가 사질토지반에는 사실상 불가능하다. 현장에서와 동일한 밀도를 실내에서 재성형시켰다고 하여도 실내의 응력-변형률의 관계는 현장에서 흙 요소가 받고 있는 과압밀 상태 효과를 얻을 수 없기 때문에 현장에서의 거동을 나타낸다고 할 수 없다.

이러한 어려움 때문에 사질토지반의 침하량산정방법은 현장시험에서 얻은 경험에 의거하는 경우가 많다. 현재 활용되고 있는 현장시험으로는 평판재하시험, 표준관입시험, 콘관입시험, Pressuremeter 등이 있다.[1] 즉, Terzaghi & Peck(1967)[20] 및 Peck et al.(1974)[14]은 표준관입시험 결과를 이용하여 침하량을 산정하였으며 Schmertment(1970)[17]은 현장압축성을 구하기 위하여 콘관입시험 결과를 이용하였다. 한편 Burland의 연구팀은 사질토지반상의 얕은기초 침하에 대한 200여 사례를 연구·보고한 바 있다.[4,5]

7.4 1차압밀침하

7.4.1 Terzaghi 이론 압밀침하량

1차압밀침하량 S_c의 이론적 산정방법은 식 (7.15)의 세 식 중 어느 식으로든 가능하다.

$$S_c = \frac{e_0 - e}{1 + e_0} H \qquad (7.15a)$$

$$S_c = m_v \cdot \Delta p \cdot H \qquad (7.15b)$$

$$S_c = \frac{C_c}{1 + e_0} H \log \frac{p_v + \Delta p}{p_v} \qquad (7.15c)$$

여기서, e_0 : 재하 전 원지반의 초기간극비

e : 재하 후 간극비($e - \log p$ 곡선에서 구한다.)

H : 압밀층 두께(cm)

m_v : 체적압축계수(kgf/cm^2), 하중에 따라 변하기 때문에 타당한 값을 선택해야

한다. 일반적으로 $p_v + \Delta p/2$ 하중에 대응하는 값을 선택한다.

p_v : 재하 전의 유효토피압(kgf/cm^2)

Δp : 재하 후의 연직응력(kgf/cm^2)의 증가분

C_c : 압축지수

식 (7.15c)를 적용할 경우는 식 (7.15c)를 식 (7.16)과 같은 형태로 고쳐 쓴다.

$$S_c = \frac{1}{1+e_0} C_c H \log\left(1 + \frac{\Delta p}{p_v}\right) \tag{7.16}$$
$$= \frac{1}{1+e_0} \Delta e\ H$$

식 (7.16)의 Δe는 식 (7.17)과 같이 되므로 Δe를 $\Delta p/p_0$에 대하여 C_c를 변수로 그림을 작성하여 사용할 수 도 있다.[1]

$$\Delta e = C_c \log\left(1 + \frac{\Delta p}{p_v}\right) \tag{7.17}$$

압밀침하량은 다음 순서로 계산한다.

(1) 토층 분류

지반은 깊이 방향으로 여러 가지 특성을 가진 흙으로 퇴적되어 있기 때문에 우선 지반을 동일한 침하 특성으로 분류할 필요가 있다. 토층을 분류할 때는 압밀시험 결과로 분류하는 것이 좋으나 통상적으로 압밀시험을 많이 실시하지 않는 관계로 지반의 자연함수비로 분류할 수도 있다. 이와 같이 분류한 후 각 층을 가장 잘 나타내고 있다고 생각되는 침하 특성($e - \log p$ 곡선, 압밀계수 C_v, 체적압축계수 m_v)을 결정한다.

(2) 토피압의 계산

n개의 토층으로 세분된 지반의 경우, k층에서의 재하 전 원지반의 자중, 즉 토피압은 다음

과 같이 각 토층의 중앙점에서의 평균값으로 구한다.

$$p_{vk} = \sum_{i=1}^{k-1} \gamma_{ti}{}' H_i + \gamma_{tk}{}' \frac{H_k}{2} \tag{7.18}$$

여기서, $\gamma_t{}'(=\gamma_{sat}-1)$: 유효단위체적중량

(3) 지중연직응력 증가량 계산

하중이 지표면이나 기초저면에 가하여지면 지반 내에 연직응력 Δp가 추가적으로 증가하게 된다. 각 층의 중간 심도에서의 연직응력 Δp는 식 (7.19)와 같이 구한다.

$$\Delta p = I \cdot q \tag{7.19}$$

여기서, q : 등분포하중

I : 영향계수

이 식은 이미 제7.2절에서 $\sigma_s = p_0 I_z$의 형태로 취급된 바 있다. 따라서 이들 결과를 활용하여 Δp를 구한다.

(4) 압밀침하량 산정

식 (7.15)를 적용하여 1차압밀침하량 S_c를 산정한다. 식 (7.15)의 세 식 중 식 (7.15a)는 $e-\log p$ 곡선을 그대로 사용할 수 있으며 계산과정도 간단하여 일반적으로 많이 적용되는 식이다.

(5) 압밀도 산정

점성토층에 하중이 재하되면 시간이 경과함에 따라 압밀침하가 진행된다. 이러한 압밀의 진행상황은 압밀도(U)로 정량화된다. 즉, 압밀도는 압밀 전에는 $U=0\%$이고 압밀 진행 중에는 $0\% < U < 100\%$이며 압밀 종료 후에는 $U=100\%$이다.

이 압밀도곡선은 Terzaghi 압밀이론에 의하여 표현된다. 즉, Terzaghi는 일차원압밀의 경우 점성토층 전체의 평균압밀도 U와 시간계수 T(시간에 비례하는 무차원량)와의 관계를 경계조건 및 초기조건에 맞춰 구하였다. 일반적으로 다음 식으로 표현되고 있다.

$$U = f(T) \tag{7.20}$$

Terzaghi 압밀이론에 의한 평균압밀도 U와 시간계수 T는 제2.5.2절에서 자세히 설명되어 있으므로 그곳을 참조하기로 한다.

7.4.2 경험적 압밀침하량 예측

연약지반의 압밀침하량과 침하속도는 주로 앞 절에서 설명한 Terzaghi 압밀이론으로 산정하고 있으며 원지반에서 채취한 불교란시료에 대한 압밀시험 결과와 지반조사에 의하여 추정된 원지반의 토층상황 및 성토 등의 재하상황이 고려되고 있다.

그러나 시험방법의 한계, 이론에서의 가정, 시험오차, 추정토층의 부정확성 등의 원인으로 인하여 산정치와 실측치가 맞지 않는 경우가 많다. 따라서 보다 현장에 근접한 침하량을 추정하는 방법이 개발 활용되고 있다.

구조물을 완성하여 사용한 후 발생될 침하량을 보다 정확히 파악하고 유지보수계획을 세우기 위해서도 연약지반에 발생하는 침하량과 그 경과 거동을 살펴볼 필요가 있다. 이러한 방법으로는 현재까지의 침하 실측치로부터 측정일 이후의 침하거동 및 최종침하량을 예측하는 방법이 개발되었다.[23] 이들 방법에는 현장에서 측정된 침하량-시간 관계도가 사용된다.

(1) 쌍곡선법

현장에서 측정된 하중-시간 침하량 관계도는 그림 7.12(a)와 같다. 하중재하가 일정한 상태에 도달한 시점, 즉 성토가 완료된 이후 침하의 평균속도가 쌍곡선모양으로 감소한다는 가정 하에 쌍곡선법이 개발되었다. 즉, 그림 7.12(a)에서 일정 하중 상태에 도달한 이후의 임의점을 시작점($t = t_1$)으로 하여 이후의 압밀침하현상을 식 (7.21)로 근사시킬 수 있다.

$$S - S_1 = \frac{t - t_1}{\alpha + \beta(t - t_1)} \tag{7.21}$$

여기서, t : 재하를 시작한 시기로부터 경과한 시각

t_1 : 임의의 시작점, 또는 관측을 시작한 시각

S : t 시각의 침하량

S_1 : t_1 시각의 침하량

α, β : t_1의 선정방법에 따라 결정되는 계수

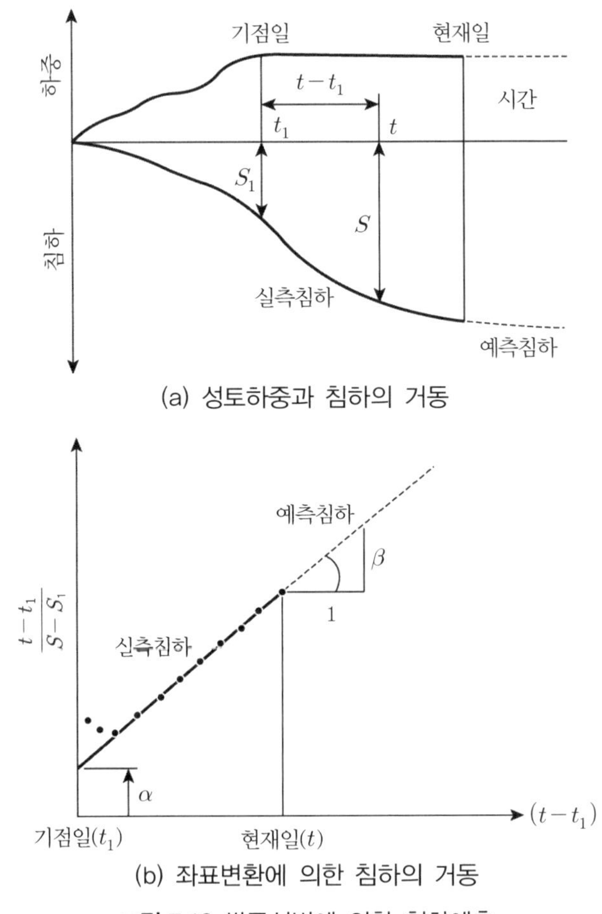

그림 7.12 쌍곡선법에 의한 침하예측

식 (7.21)을 다시 정리하면 식 (7.22)가 된다.

$$\frac{t-t_1}{S-S_1}=\alpha+\beta(t-t_1) \tag{7.22}$$

식 (7.22)는 $(t-t_1)/(S-S_1)$과 $(t-t_1)$이 직선식의 관계를 이루고 있으므로 그림 7.12(b)와 같이 침하량관계를 도시할 수 있다. 이 그림으로부터 식 (7.22)의 계수 α, β를 각각 직선의 절편 및 기울기로 구할 수 있다. α, β가 결정되면 식 (7.21)로 임의 시각에서의 침하량을 예상할 수 있게 된다. 최종침하량 S_f는 식 (7.21)에 $t \rightarrow \infty$ 의 조건을 대입하여 식 (7.23)과 같이 구해진다.

$$S_f - S_1 = \frac{1}{\beta} \tag{7.23}$$

(2) Hoshino법

이 방법은 전단에 의한 측방유동과 같은 사항도 침하량에 포함시켜 '전침하시간의 평방근에 비례한다'는 기본 원리에 의거한 방법이다. 임의의 시각 t에서 발생되는 침하량 S는 재하직후의 초기침하량 S_i와 그 후의 침하량 S_t로 구성되어 있다고 생각하여 식 (7.24)로 나타낼 수 있다.

$$S = S_i + S_t \tag{7.24}$$

침하량 S_t는 시간의 평방근에 비례한다고 가정하여 식 (7.24)는 식 (7.25)와 같이 쓸 수 있다.

$$S = S_i + \frac{AK\sqrt{t-t_i}}{\sqrt{1+K^2(t-t_i)}} \tag{7.25}$$

여기서, A : 최종침하량 S_f에 관련된 계수

K : 침하속도에 관련된 계수

식 (7.25)를 다시 쓰면 식 (7.26)과 같이 된다.

$$\frac{t-t_i}{(S-S_i)^2}=\frac{1}{(AK)^2}+\frac{1}{A^2}(t-t_i)=\alpha+\beta(t-t_i) \tag{7.26}$$

식 (7.26)은 $(t-t_i)/(S-S_1)^2$과 $(t-t_i)$가 직선식의 관계를 이루고 있으므로 그림 7.13과 같이 도시할 수 있다.

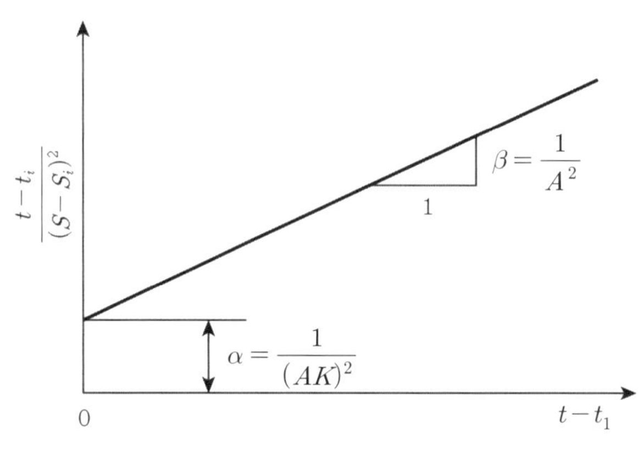

그림 7.13 $(t-t_i)\sim(t-t_i)/(S-S_1)^2$ **관계도**

S_i를 시행착오법으로 가정하여 실측치의 관계가 직선식의 형태가 되도록 한다. 이와 같이 구한 직선의 절편과 기울기로 식 (7.27)을 구하며 이들 식에서 A와 K를 구할 수 있다.

$$\alpha=\frac{1}{(AK)^2} \tag{7.27a}$$

$$\beta=\frac{1}{A^2} \tag{7.27b}$$

최종침하량 S_f는 $t\rightarrow\infty$의 조건으로부터 식 (7.28)이 구해진다.

$$S_f=S_i+A \tag{7.28}$$

이와 같이 시행착오법으로 구한 식 (7.26)이 침하곡선의 일부라고 가정하면 곡선상의 임의의 S_i에 대한 t_i가 결정된다. S_i를 적당히 선정함에 따라 직선성이 향상된다. 또한 단계재하의 경우는 성토기간의 중간점 시간을 가상원점으로 잡고 순간재하의 조건을 맞춘다.

(3) Asaoka법

열전도형의 압밀기본방정식은 재하중이 일정한 경우 해는 다음 식과 같이 표현된다. 시각 t_i에서 침하량 S_i는 무한계의 선형상미분방정식의 해로 식 (7.29)와 같다.

$$S_i = \beta_0 + \sum_{j=1}^{n} \beta_j S_{i-j} \tag{7.29}$$

여기서, S_i : 시각 $t_i(=\Delta t \cdot i)$에서의 침하량

β_0, β_j : 정수

식 (7.29) 중 제1근삿값만 취하면 식 (7.30)과 같이 된다.

$$S_i = \beta_0 + \beta_1 S_{i-1} \tag{7.30}$$

이 식을 차분 형태로 표시하면 식 (7.31)과 같이 된다.

$$S_i = \beta_0 + \beta_1 \frac{S_i - S_{i-1}}{\Delta t} \tag{7.31}$$

여기서, S_i와 Δt시간 전의 침하량 S_{i-1}과의 사이에 직선관계에 있다고 가정하고 최종침하량 S_f는 다음과 같이 구한다.

① 시간-침하량의 실측침하량 곡선으로부터 동일한 시간 간격 Δt에 대응하는 침하량 S_1, S_2, $\cdots$, S_{i-1}, S_i를 구한다(그림 7.14(a) 참조).

② S_{i-1}과 S_i를 좌표로 하는 도면에 (S_1, S_2), (S_2, S_3), $\cdots$ (S_{i-1}, S_i)점들을 그림 7.14(b)와 같이 표시한다.

③ 이들 점을 통과하는 직선과 45° 선이 교차하는 점이 식 (7.32)로 산정되는 최종침하량

S_f가 된다(그림 7.14(a) 참조).

$$S_f = \frac{\beta_0}{1-\beta_1} \tag{7.32}$$

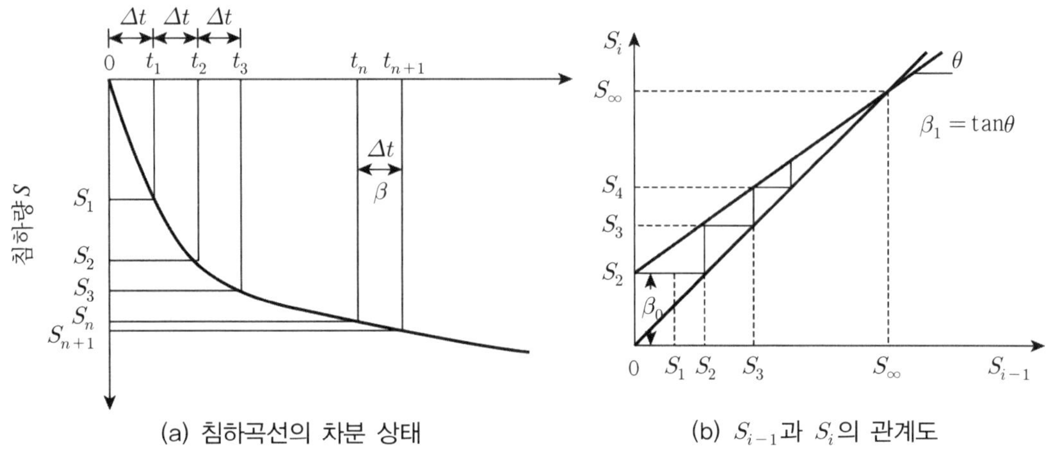

(a) 침하곡선의 차분 상태

(b) S_{i-1}과 S_i의 관계도

그림 7.14 Asaoka법

(4) Monden법

샌드드레인에 의한 2차원 방사형 압밀의 해로 Barron이 제안한 압밀도 근사식은 식 (7.33)과 같다.

$$U = 1 - \exp\left[-\frac{8}{F(n)}T_h\right] \tag{7.33}$$

여기서, $F(n) = \dfrac{n^2}{n^2-1}\log_e n - \dfrac{3n^2-1}{4n^2}$

$n = de/dw$

$T_h = C_h t/d^2$

de : 배수유효경(cm)

dw : 샌드드레인경(cm)

C_h : 횡방향 압밀계수(cm^2/day)

식 (7.33)을 식 (7.34)와 같이 변형시키면 $\log_{10}(1-U)$와 T_h 또는 t는 직선관계식이 된다.

$$\log_{10}(1-U) = -0.4343\frac{8T_h}{F(n)} \tag{7.34}$$

즉, 그림 7.15(a)에 도시된 침하곡선의 임의점을 선정하여 그 점의 압밀도 U를 가정한다. 이 가정치에 따라 $\log_{10}(1-U) \sim t$의 관계는 그림 7.15(b)에 도시된 바와 같은 경향을 보인다. 최적의 압밀도를 정하여 압밀계수, 최종침하량을 예측하는 방법이다.

우선 어느 시각의 압밀도를 가정하고 가정한 압밀도를 기본으로 10%, 20%, 30%, …의 시간을 구하여 $\log_{10}(1-U) \sim t$ 좌표에 정리한다. 가정된 압밀도가 올바르면 원점을 지나는 직선이 얻어진다. 만약 압밀도가 과다하게 가정되면 그림 7.15(b)와 같이 아래로 휘어지고 반대로 압밀도가 과소하게 가정되면 위로 휘어진다. 이 특성을 이용하여 직선이 얻어질 때까지 압밀도의 가정을 수정한다.

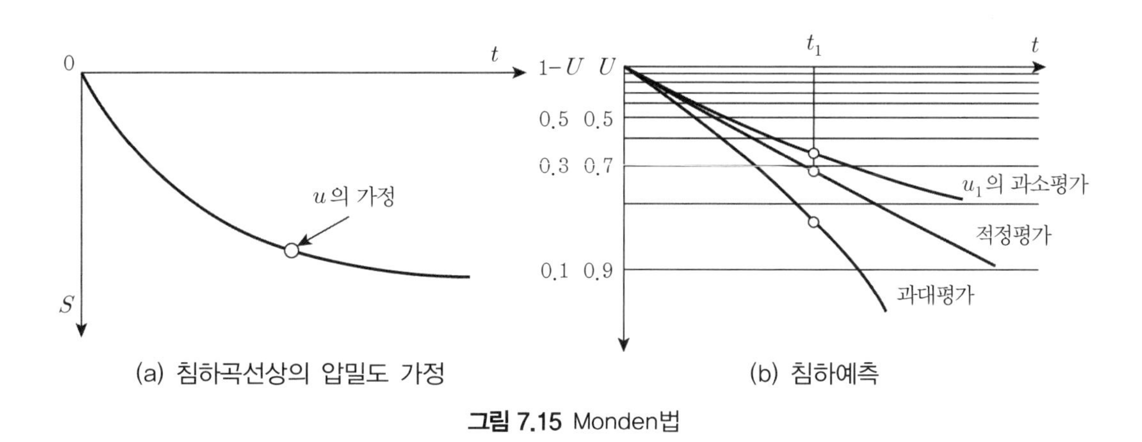

그림 7.15 Monden법

임의 시각 t에서의 올바른 압밀도 U가 얻어지면 압밀계수 C_v와 최종침하량 S_f를 구할 수 있다.

$$S_t = S_f U(t) \tag{7.35a}$$

$$T = \frac{C_v}{d^2} t \qquad (7.35b)$$

일반적으로 회귀직선은 원점을 지나지 않는 듯하다. Barron이 제시한 엄밀해를 $\log_{10}(1-U) \sim t$ 좌표에 도시하면 원점을 지나는 것보다는 그 직선성에 주목하는 것이 좋다.

7.5 2차압밀침하

7.5.1 2차압밀침하의 정의

1924년 Terzaghi의 압밀이론이 발표되면서 이 이론은 현재까지 모든 압밀지반의 침하현상의 이론적 기초로 취급되고 있다. 이러한 Terzaghi의 압밀이론을 기본으로 하는 압밀침하해석법이 연약지반의 침하문제에 유익한 해결책을 마련해 주고 있음을 이미 잘 알려진 사실이다. 그러나 실제 현장에서의 지반침하는 매우 복잡하여 Terzaghi의 압밀이론만으로는 추정이 불가능한 몇몇 문제가 제기되어오고 있다. 그중에서도 이론에 의한 침하 예측치가 실제의 침하와 일치하지 않는 최대의 원인 중에 하나로 2차압밀현상이 거론되고 있다.

2차압밀은 침하곡선상에서 침하가 시간의 대수에 대하여 직선적으로 진행하는 부분으로 나타내고 있다. 이러한 현상은 표준압밀시험에서 현저하게 나타난다. 그러나 실제지반에서는 압밀층의 누께가 두꺼우므로 2차압밀이 장기에 걸쳐 1차압밀에 포함되어 발생되므로 별도로 분리되어 나타내기가 어려운 것으로 여겨져 왔다.

그러나 연약지반상의 성토공사현장의 장기관측 결과에 의하면 실제지반에서도 2차압밀로 생각되는 침하가 계속되는 경우가 상당히 많다. 이와 같이 2차압밀적 침하에 의한 영향이 극히 크기 때문에 2차압밀을 보다 정확히 파악할 필요성이 높아지고 있다. 이와 같은 2차압밀은 장기적으로 지반의 압밀침하 예측에서 중요한 문제가 된다.

점토의 2차압밀에 대한 엄밀한 정의는 별로 없으나 일반적으로 다음과 같이 인식되고 있다. Terzaghi의 압밀이론에 의하면 점토속의 과잉간극수압이 소멸되면 침하가 일정치에 수렴해야 한다. 그러나 실제 현장에서는 그 후에도 침하가 계속되어 침하량과 시간의 대수가 직선적 관계를 보이고 있다. 일반적으로 이를 2차압밀이라 부른다.

즉, 2차압밀침하는 과잉간극수압의 소멸에 의한 1차압밀침하가 종료된 후 계속 발생되는 침하라 할 수 있다. 이러한 2차압밀침하의 원인으로는 간극수압의 배제에 의한 시간지연변형 이외에 유효응력에 의한 입자와 입자 사이의 접촉부분에서의 이동이 발생되므로 입자배열이 변화하고 체적변화가 발생하는 것을 들 수 있다.

7.5.2 2차압밀침하량 산정

2차압밀에 대한 오랜 연구에도 불구하고 2차압밀침하량 및 침하속도를 정확하게 산정할 수 있는 방법은 확립되어 있지 못한 실정이다. 따라서 2차압밀을 꼭 산정해야 할 경우는 주로 경험적 방법에 의존하고 있다.

2차압밀침하에 관한 조사는 다음 세 가지 방법으로 의존하고 있다.

① 실내시험
② 현장 및 실내 측정 결과에 의거한 경험적 연구
③ Rheology 모델에 의거한 이론해석

(1) 실내시험

2차압밀거동에 관한 여러 가지 사항을 조사하기 위해 각종 실내시험이 실시되어오고 있다. 주요 결과를 요약하면 다음과 같다.

① 유기질토는 2차압밀효과를 현저히 보인다.
② 침하량은 시간의 대수와 상당기간 선형관계를 보이는 경우가 많다.
③ 등방압밀의 경우는 2차압밀효과가 적다.
④ 동일 점토에서도 2차압밀은 다음 경우 현저하게 발생된다.
- 선행압밀하중 이하의 응력 수준
- 적은 응력증분비
- 온도가 증가할수록
- 배수로 길이가 짧을수록
- 재하중에 대한 지지력 안전율이 적을수록

⑤ 불안전한 상태가 발생될 수도 있다. 즉, 장시간 뒤 침하율이 일시적으로 증가할 수도 있다.

(2) 경험적 연구

일반적으로 이 분야 연구는 2차압밀이 직선(침하량과 대수시간 사이)으로 근사시킬 수 있다고 가정하여 실시한다. 즉, 2차압밀침하량은 식 (7.36)으로 산정한다.

$$S_s = C_a H \log\frac{t+t_1}{t_1} \tag{7.36}$$

여기서, S_s : 2차압밀침하량

C_a : 2차압밀계수($e-\log t$ 곡선의 구배)

H : 압밀층 두께

t_1 : 1차압밀침하가 거의 종료되기까지의 시간

t : 1차압밀침하가 거의 종료된 시점부터의 경과시간

2차압밀계수 C_a는 실내시험 및 현장 장기계측기록으로 구할 수 있다. 즉, 그림 7.16과 같은 장기침하량계측 결과 중 후반 직선부는 다음 식으로 나타낼 수 있다.

$$S_t = a + b\log\frac{t_1}{t_0} \tag{7.37}$$

즉, 2차압밀침하량이 시간의 대수에 비례하는 부분을 식으로 나타낸 식 (7.37)의 기울기 $b(=\Delta S/\Delta \log t)$를 현장 2차압밀계수로 한다.

한편 실내시험 결과 2차압밀계수는 다음과 같이 경험적으로 제시되었다.

$$C_a = 0.0018 w_c \tag{7.38}$$

여기서 w_c는 자연함수비(%)이다. 따라서 2차압밀침하량은 함수비가 클수록 크게 발생함을 알 수 있다.

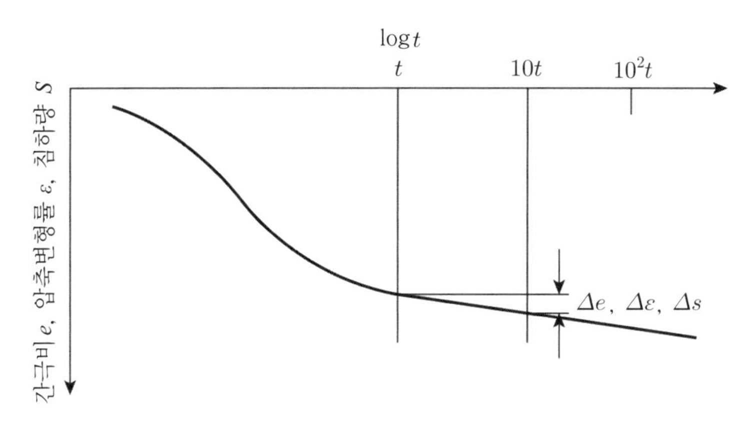

그림 7.16 2차압밀침하곡선

(3) Rheology 모델

2차압밀현상을 해석적으로 표현하려는 연구는 Taylor & Merchant에 의해 시작되었으며 그 후 조금씩 수정·개량되었다. 대부분의 연구는 Rheology 모델을 적용하여 실시되었다. 즉, 점토의 골조구조는 탄성적이므로 스프링으로 표시하고 간극수의 투수저항에 의한 변형률을 dashpot로 표시하였다. 이들 스프링과 dashpot를 조립하여 2차압밀을 구하는 이론해석을 실시하였다. 한편 Barden은 Rheology 모델을 적용하여 비선형 거동해석을 실시하였다. 홍원표(1999)는 Taylor & Merchant 이론 및 Barden 이론의 해석 과정을 자세히 정리 설명하였다.[1]

참고문헌

1. 홍원표(1999), 기초공학특론(I) 얕은기초, 중앙대학교 출판부.
2. Boussinesq, J.(1885), "Application des Potentisel a L'Etude a L'Equi;ibre et due Mouvement des Solides Elastiques", Gauthier-Villars, Paris.
3. Bowles, J.E.(1987), "Elastic foundation settlements on sand deposits", J. GED, ASCE, Vol.113, No.8, pp.846~860.
4. Burland, J.B., Broms, B.B. and De Mello, V.F.B.(1977), "Behavior of foundation and structure", State of the Art Report, Session II, Proc., 9th ICSMFE, Tokyo, Vol.2, p.517.
5. Burland, J.B. and Burbidge, M.C.(1985), "Settlement of foundations on sand gravel", Proc., the Institution of Civil Engineersm, Vol.78, Part 1, pp.1325~1381.
6. Davis, E.H. and Poulos, H.G.(1968), "The use of elastic theory for settlement prediction under three dimensional conditions", Geotechnique, Vol.18, pp.67~91.
7. Faber, O.(1933), "Pressure distribution under bases and stability of foundations", Structural Engineering, Vol.11.
8. Fadum, R.E.(1948), "Influence values for estimating stresses in elastic foundation", Proc., 2nd ICSMFE, Vol.3, pp.77~84.
9. Foott, R. and Ladd, C.C.(1981), "Undrained settlement of plastic and organic clays", JGED, ASCE, Vol.107, No.GT8, pp.1079~1094.
10. Hardin, B.O.(1987), "1-D strain in normally consolidated cohesionless soils", J.GED, ASCE, Vol.113, No.12, pp.1449~1467.
11. Milovic, D.(1992) Stresses and Displacements for Shallow Foundations, Elsevier.
12. Newmark, N.M.(1942), "Influence charts for computation of stresses in elastic foundations", Univ., Ill, Eng. Expt. Stn., Bull. No.338.
13. Oweis, I.S.(1979), "Equivalent linear model for predicting settlement of sand bases", J. GED, ASCE, Vol.106, No.GT12, pp.1525~1544.
14. Peck, R. B., Hanson, W.E. and Thornburn, T.H. (1974)., Foundation Engineering, 2nd ed., John Wiley and Sons, New York.
15. Perloff, W.H. and Baron, W.(1976), Soil Mechanics, Principles and application, Ronald Press, New York.
16. Poulos, H.G. and Davis, E.H.(1974), Elastic Solutions for Soil and Rock Mechanics, John Wiley &

Sons, Inc.

17. Schmertmann, J.H.(1970), "Static cone to compute static settlement over sand", J., SMFD, ASCE, Vol.96, No.SM3, pp.1011~1043.
18. Simons, N.E.(1987), Settlement Ground Engineer's Reference Books, F.G. Bell, Butter worths.
19. Sowers, G.B. and Sowers, G.F.(1970), Introductory Soil Mechanics and Foundations, 3rd, ed., Macmillan Company, New York.
20. Terzaghi, K. and Peck, R. B.(1967). Soil Mechanics in Engineering practice, 2nd Ed., John Wiley and Sons, New York.
21. Timoshenko, GS. and Goodier, J.N.(1951), Theory of Elasticity, 2nd, ed., MaGraw-Hill, New York.
22. Winterkorn, H.F. and Fang H.Y.(1991), Foundation Engineering Handbook, 2nd ed, Van Nostrand Reinhold, New York, pp.528~536.
23. 吉國洋 外 3人(1981), 現場計測法による壓密沈下豫測法の特性について", 土と基礎, Vol.29, No.8, pp.7~13.

C•H•A•P•T•E•R

08

우리나라 지반의 침하 특성

C·H·A·P·T·E·R

08 우리나라 지반의 침하 특성

8.1 연약지반의 장래침하량 예측 사례

위에서 지반의 침하성분에 대한 설명과 각 성분의 침하량을 예측 또는 산정하는 방법 및 이론을 설명하였다. 최근 우리나라에서는 해안을 매립·개량하여 필요한 토지를 공급하는 일이 많아 졌다. 이 경우 각종 지반개량공법을 적용하고 선행재하공법을 통한 압밀촉진공법이 가장 많이 이용되고 있다. 이렇게 지반을 개량한 후 기초를 설치하게 된다. 이 경우 가장 중요한 사항은 매립지반의 침하량을 얼마로 예측하는가이다. 이들 공법이 적용된 연약지반에서는 보통 압밀이론으로 침하량과 소요시간을 예측하는 데 실제로는 많은 부분이 실측치와 잘 일치하지 않는 경우가 많다. 그래서 어느 정도 압밀침하가 발생하는가와 압밀침하를 종료하는 데 소요되는 시간 그리고 장래침하량을 예측하여 선행재하 성토고 및 압밀 완료 시점을 설계 시의 측정치와 비교하는 것이 매우 중요하다.

일반적으로 연약지반의 장래침하량을 예측하는 방법으로 크게 두 가지가 사용되고 있다. 하나는 Terzaghi의 1차원 압밀이론을 근거로 예측하는 방법이고 다른 하나는 현장침하계측치로부터 장래침하량을 예측하는 방법이 있다. 실무에서 많이 사용되고 있는 Terzaghi의 1차원 압밀이론에 의한 설계침하량 추정방법은 간편성과 오랜 기간 시공 실적이 많다는 장점이 있다. 그러나 이 압밀이론은 여러 가지 가정, 경계조건의 단순화, 흙의 변형 특성의 복잡성, 지반의 불균질성, 압밀이론의 제한사항, 지반정수 산정의 불확실성, 현장시공조건 등의 많은 문제점을 가지고 있다.

그래서 어느 기간 동안의 현장계측자료를 활용하여 장래침하량을 예측하면 좀 더 합리적인 시공계획을 설립하여 경제적·안정적 시공을 할 수 있게 되었다. 이에 본 절에서는 우리나라의 남해안을 대표하는 부산 지역의 연약지반에서 실시한 선행재하공법을 적용한 사례를 대상으로 현장계측자료와 장래침하량을 예측한 결과를 비교분석한다. 즉, 연약지반처리공사 시 지표침하판 계측으로 얻은 실측 침하자료를 활용하여 대표적 침하량예측기법인 쌍곡선법과 Asaoka법[3]을 적용하여 구한 장래침하량 예측치를 고찰한다.

허남태(2010)는 우리나라 남해안 연약지반을 대표하는 부산지역 연약지반의 침하 특성에 대하여 자세히 정리하였다.[2] 이들 침하 특성을 요약·정리하면 다음과 같다.

8.1.1 대상 현장

개량공사가 수행되는 연약지반 사례 현장으로는 '부산신항배후도로(가락IC~식만) 확장 및 포장공사' 현장을 선택하였다. 이 현장은 부산신항에서 발생되는 산업물동량을 배후도로를 이용하여 전국에 원활하게 유통시키기 위해 계획된 현장이며 과업노선 전체가 대부분 연약지반으로 이루어진 서낙동강에 인접하여 있으므로 도로성토로 인한 장기압밀침하 발생을 고려해야만 한다.

본 노선은 부산광역시 강서구 가락동에서 경상남도 김해시 대동면으로 이어지면서 주변지역의 산업물동량을 고속도로망에 연결하여 수도권 및 경북지역에 원활히 수송토록 지원하는 배후수송망의 도로기능을 수행하는 노선으로 국가지원지방도 66호선 중 기존 지방도(109호선)를 4~8차로로 확포장 및 신설도로를 건설하여 원활한 수송을 위한 도로를 개설하는 데 목적이 있다.

전체 과업구간의 연상은 그림 8.1에 도시된 바와 같이 봉림동 가락IC에서 식만동 식만교까지 7.34km에 해당하며 인접하여 밀양강 및 낙동강유역의 충적평야지대가 주를 이루고 있어 대부분 심도가 깊은 연약지반으로 형성되어 있다.

8.1.2 지반 특성

전체 과업노선인 7,340m 연장 중에서 연약지반 구간인 530m 연장을 대상으로 검토를 실시하였다. 이 연약지반구역은 그림 8.1에 도시된 제7,8,9의 세 구간에 해당한다.

먼저 제7구간은 연약지반 연장이 105m이고 도로제방의 계획고는 약 6.9~8.3m 정도이다. 또한 압밀이 발생할 것으로 판단되는 연약지반 점토층의 심도는 16.5~19.3m로 조사되었다. 다음으로 제8구간의 경우는 연약지반 연장이 175m이고 도로제방의 계획고는 약 8.8~9.3m

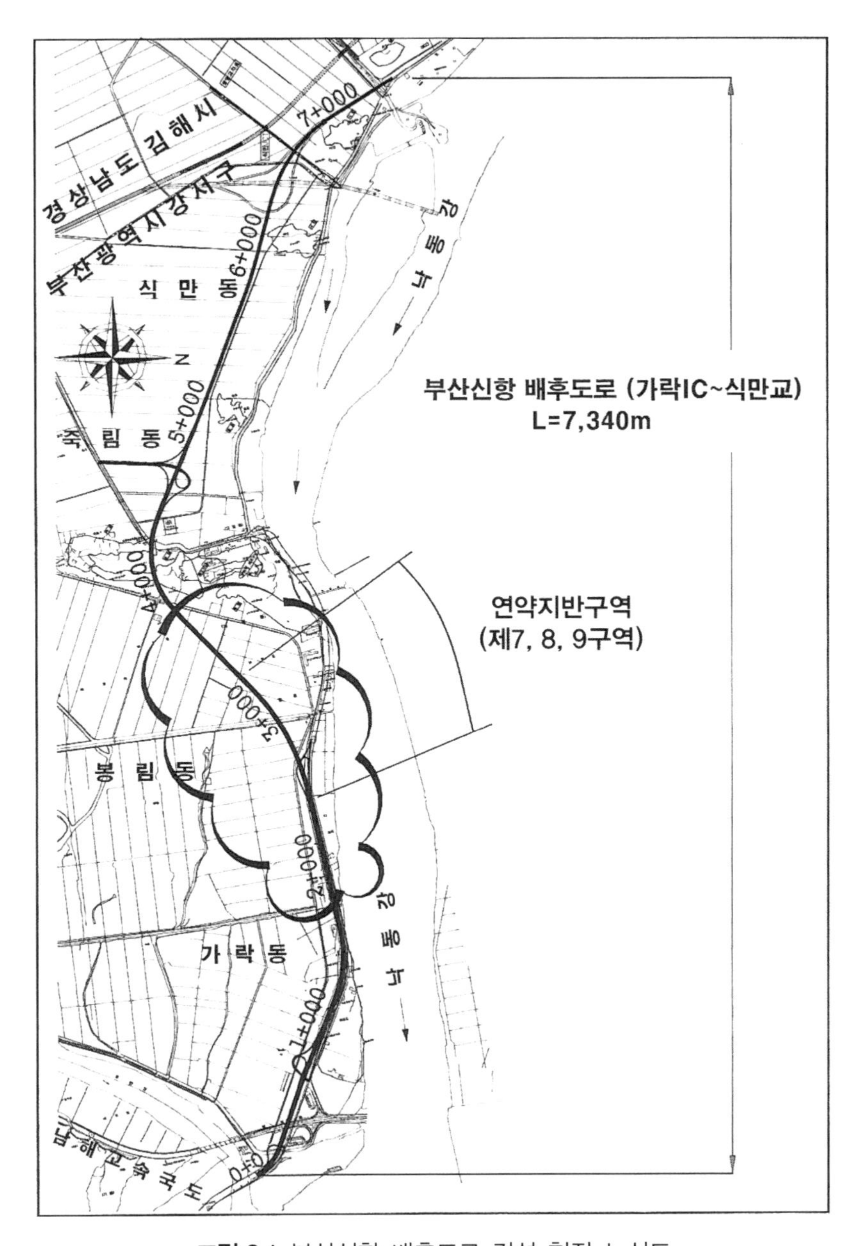

그림 8.1 부산신항 배후도로 건설 현장 노선도

이며 연약지반 점토층의 심도는 17.3~28.2m로 조사되었다. 한편 제9구간의 경우는 연약지반 연장이 250m이고 도로제방의 계획고는 약 6.3~8.1m 정도이며 연약지반 점토층의 심도는 18.3~29.0m로 조사되었다.

검토 구간 지층 단면도는 그림 8.2와 같다. 상부 6.0m 깊이 정도까지는 느슨하고 습한 상태의 실트질 모래층(퇴적사질토층)이 분포하고 있으며 그 하부로 장기적인 압밀침하가 발생되는 매우 연약한 상태의 점토, 실트질 점토가 약 18.0~30.0m 두께로 분포되어 있다.

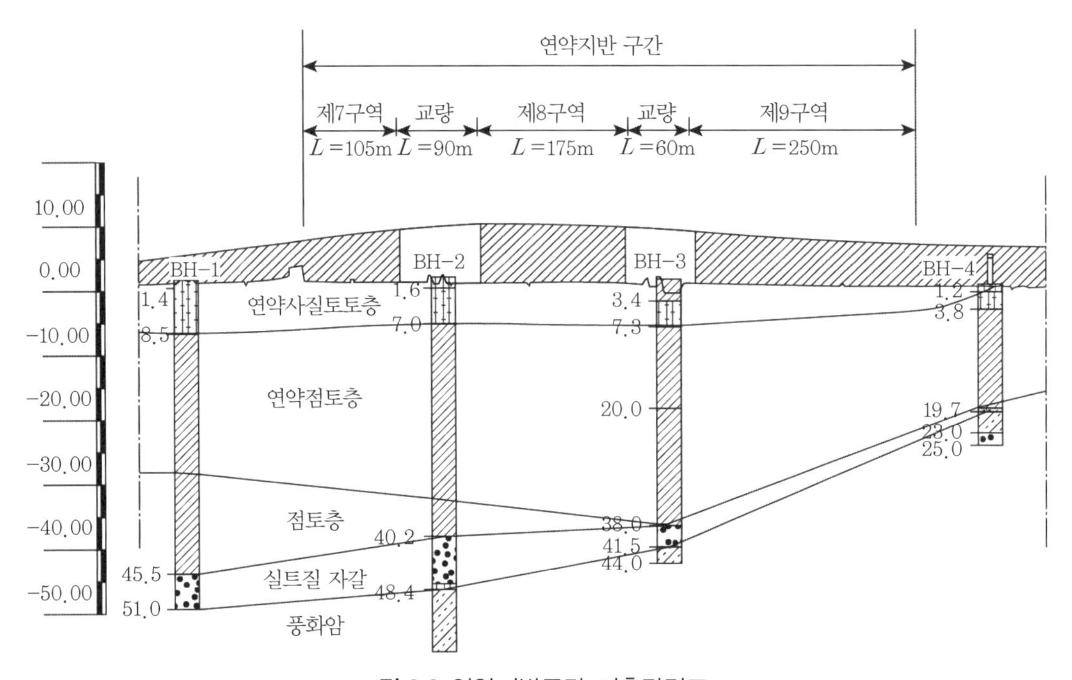

그림 8.2 연약지반구간 지층단면도

연약 점토층의 경우 sand seam(실트질 모래 협재층)을 협재하고 있다. 이 부분이 압밀침하 발생에 대한 해석 및 실측치에 영향을 미칠 것으로 예상된다.

점토층 내에서도 굳은 지층(N값이 6 이상)의 경우는 압밀대상층에서 제외하는 것으로 하였으며, 각 주상도별 N값 분포는 그림 8.3과 같다.

전체적인 지층분포는 상부로부터 매립층(표토층), 퇴적층, 실트질 자갈, 잔류토층, 풍화암, 연암 순으로 나타나고 있으며 지층별 개략적인 현황은 다음과 같다.

(1) 매립층(표토층)

본 지층은 인위적으로 매립된 상태로 지표부에 형성되어 있으며 최상부가 콘크리트포장으로 형성된 구간도 있다. 하부토질은 실트 섞인 모래, 실트 섞인 점토, 실트질 자갈 등 다양하게 분포하고 있으며 지층두께는 대략 0.2~3.8m를 보이고 있으며 표준관입시험에 의한 N값은 3/30~50/2로서 습한 상태를 보이고 있다.

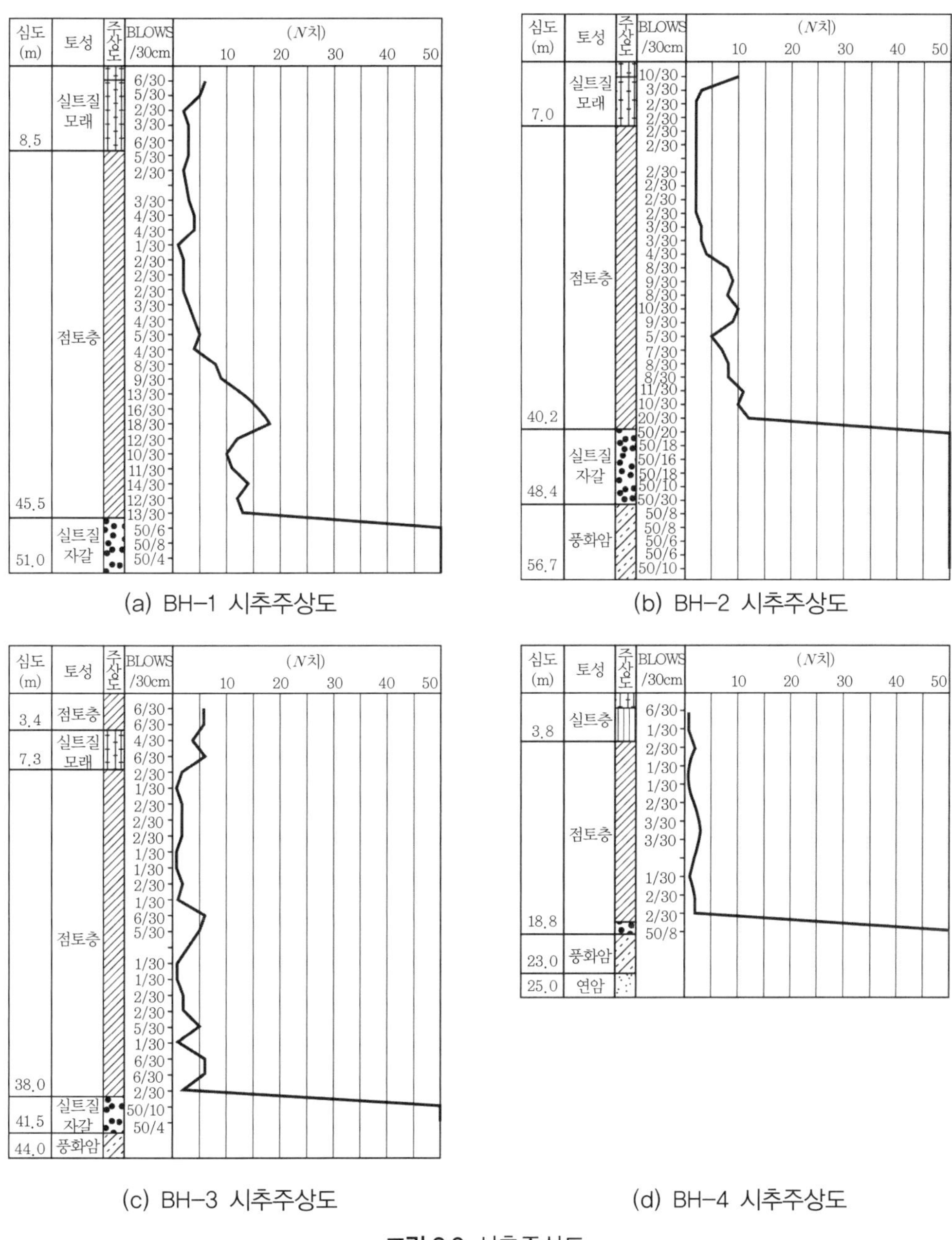

(a) BH-1 시추주상도

(b) BH-2 시추주상도

(c) BH-3 시추주상도

(d) BH-4 시추주상도

그림 8.3 시추주상도

(2) 퇴적층

본 지층은 과거 인근 지역으로부터 유수 등에 의해 토사가 운반, 퇴적되어 생성된 지층으로 전 구간에 걸쳐 매우 두텁게 형성되어 있으며 지층구성 상태와 N값은 다양하게 분포하고 있다.

토질은 실트 섞인 모래, 모래 섞인 자갈, 모래 섞인 실트 등 다양하며 실트 섞인 점토에는 중간에 모래층이 협재되어 있고 조개껍질을 함유하는 경우가 자주 있다. 퇴적층의 두께는 6.5~57.7m 정도를 보이며 N값은 0/30~50/2 정도이다.

(3) 잔류토층

모암이 완전 풍화되어 모암의 조직은 남아 있으나 화학적 조성 및 역학적 성질을 상실하여 원지반에 잔류되어 있는 지층이며 부분적으로 0.9~9.2m의 두께로 지역에 따라 불규칙한 상태로 분포하고 있다. 토질은 실트 섞인 모래로 분포하고 있으며 N값은 48/30~50/14 정도이다.

잔류토와 풍화암의 표준관입시험에 의한 분류는 50/15를 기준으로 하여 50/15보다 느슨한 값에 대해서는 잔류토로 구분하였다.

(4) 풍화암

기반암이 풍화되어 형성된 것으로 역학적 성질은 거의 상실한 상태로 조암광물 중 장석과 운모는 거의 점토광물화되어 있다.

8.1.3 침하판 실측치거동

침하판 설치 위치는 제7구간에서 2개소, 제8구간에서 5개소, 제9구간에서 6개소에 해당하며 성토 중앙부와 사면부에 각각 설치하였다. 그러나 여기서는 각 구간에서 대표단면에 해당하는 계측 결과에 대하여서만 검토하기로 한다.

제7구간에서 제9구간까지의 대표위치에서의 침하판으로 측정한 침하량 거동을 도시하면 그림 8.4~그림 8.6과 같다. 현재 침하량은 제7구간에서는 210.7cm로 측정되었으며 제8구간과 제9구간에서는 각각 231.8cm와 233.4cm로 측정되었다.

8.1.4 최종침하량 예측

예측방법으로는 쌍곡선법과 Asaoka법을 적용하기로 한다. 이들 예측법에 대하여는 이미 제7.4.2절에서 설명하였으므로 그곳을 참조하기로 한다.

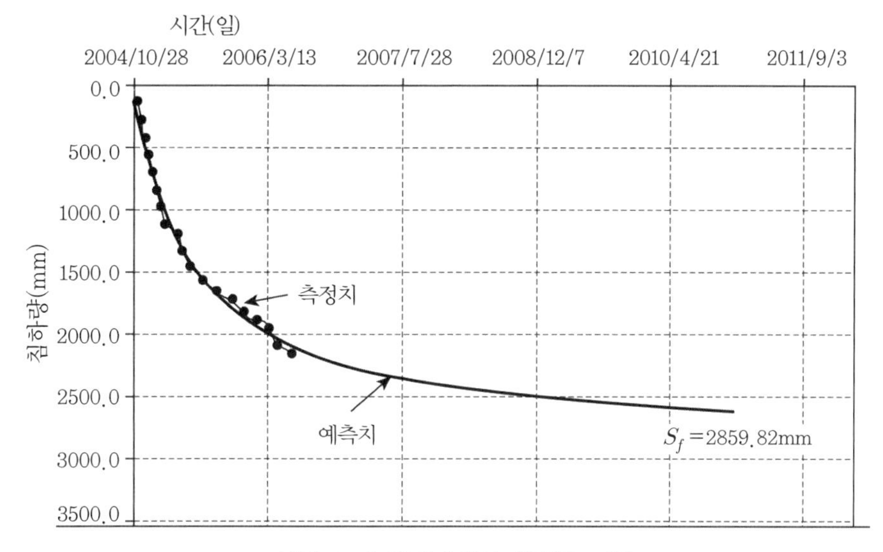

그림 8.4 제7구간에서의 침하량 거동

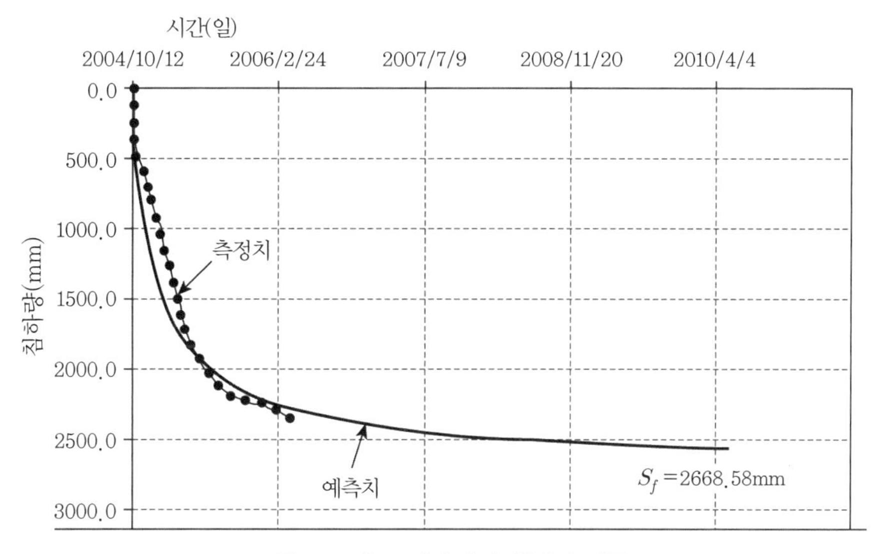

그림 8.5 제8구간에서의 침하량 거동

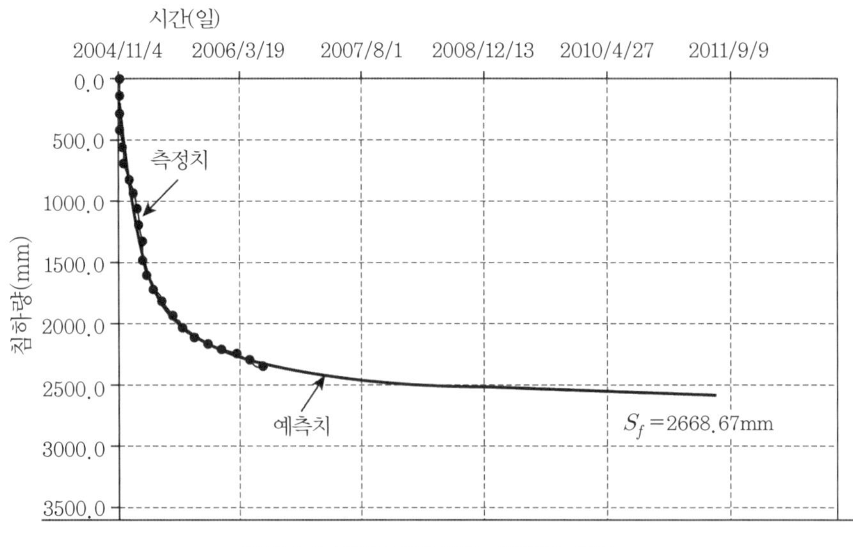

그림 8.6 제9구간에서의 침하량 거동

(1) 쌍곡선법에 의한 최종침하량 예측

쌍곡선법은 제7.4.2절에서 정리한 바와 같이 실측침하량을 기초로 하여 계산한 $(t-t_o)$와 $(t-t_o)/(S_t-S_0)$의 관계를 도시한 그림으로부터 α와 β값을 결정한다. 최종침하량 S_f는 $t=\infty$일 경우 $S_f=S_0+1/\beta$ 식으로 구할 수 있다.

그림 8.7은 제7구간에서 제9구간의 침하량 실측치를 활용하여 쌍곡선법에 의한 최종침하량도이다. 그림 8.4에 도시된 실측침하량을 기초로 하여 작성한 그림 8.7(a)의 $(t-t_o)$와 $(t-t_o)/(S_t-S_0)$의 관계도로부터 제7구간의 α와 β값을 결정한 결과 각각 $\alpha=8.25E-02$, $\beta=3.63E-04$로 나타났으며 $t=\infty$일 경우 $S_f=S_0+1/\beta$ 식으로 최종침하량을 산정한 결과 S_f=285.9cm로 나타났다.

그림 8.7(b)와 그림 8.7(c)는 각각 그림 8.5와 그림 8.6에 도시된 제8구간과 제9구간에서의 침하량 실측치를 적용하여 구한 $(t-t_o)$와 $(t-t_o)/(S_t-S_0)$의 관계도를 도시한 그림이다. 제7구간에서와 동일하게 정리 및 산정한 결과 제8구간에서는 $\alpha=4.67E-02$, $\beta=4.30E-04$로 나타났으며 최종침하량 S_f는 266.8cm로 나타났고 제9구간에서는 $\alpha=3.30E-02$, $\beta=3.75E-04$로 나타났으며 최종침하량 S_f는 266.6cm로 나타났다. 이들 쌍곡선법에 의해 예측된 금후의 침하량 거동을 그림 8.4에서 그림 8.6에 예측 도시하였다.

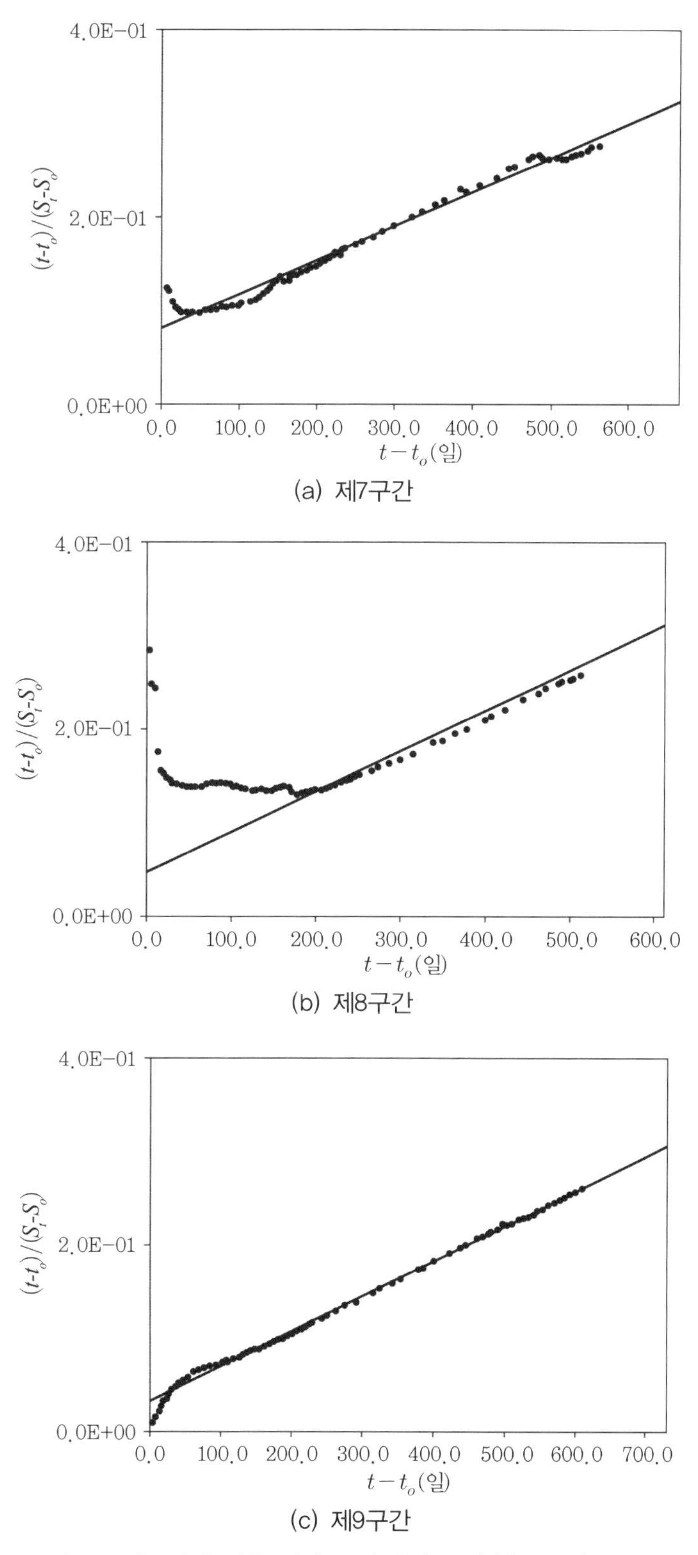

그림 8.7 쌍곡선법 적용 시 $(t-t_o)$와 $(t-t_o)/(S_t-S_0)$ 관계도

(2) Asaoka법에 의한 최종침하량 예측[3]

Asaoka법은 제7.4.2절에서 정리한 바와 같이 실측침하량을 기초로 하여 계산한 S_{i-1}과 S_i를 좌표로 도시한 (S_1, S_2), (S_2, S_3), ⋯, (S_{i-1}, S_i)점들을 통과하는 직선과 45°선이 교차하는 점으로부터 β_0와 β_1을 결정한다. 최종침하량 S_f는 이들 직선의 교차점 및 $S_f = \beta_0/(1-\beta_1)$으로 구할 수 있다.

그림 8.8은 제7구간에서 제9구간의 침하량 실측치를 활용하여 Asaoka법에 의한 최종침하량도이다. 그림 8.4에 도시된 제7구간에서의 실측침하량을 기초로 하여 동일한 시간 간격 Δt(20일)에 대응하는 침하량 S_{i-1}, S_i를 구하고 S_{i-1}과 S_i을 축으로 하는 좌표상에 그림 8.8(a)와 같이 (S_{i-1}, S_i)점들을 도시하여 β_0와 β_1값을 구한 결과 각각 β_0=218.7, β_1=0.897로 나타났다. 구해진 β_0와 β_1값을 식 $S_f = \beta_0/(1-\beta_1)$에 대입하여 최종침하량을 산정한 결과 S_f=212.9cm로 나타났다.

다음으로 그림 8.5에 도시된 제8구간에서의 실측침하량을 기초로 하여 동일한 시간 간격 Δt(20일)에 대응하는 침하량 S_{i-1}, S_i를 구하고 S_{i-1}과 S_i을 축으로 하는 좌표상에 그림 8.8(b)와 같이 (S_{i-1}, S_i)점들을 도시하여 β_0와 β_1값을 구한 결과 각각 β_0=219.2, β_1=0.916로 나타났다. 구해진 β_0와 β_1값으로 최종침하량을 산정한 결과 S_f=260.3cm로 나타났다.

끝으로 그림 8.5에 도시된 제9구간에서의 실측침하량을 기초로 하여 동일한 시간 간격 Δt(20일)에 대응하는 침하량 S_{i-1}, S_i를 구하고 S_{i-1}과 S_i을 축으로 하는 좌표상에 그림 8.8(c)와 같이 (S_{i-1}, S_i)점들을 도시하여 β_0와 β_1값을 구한 결과 각각 β_0=341.8, β_1=0.861로 나타났다. 구해진 β_0와 β_1값으로 최종침하량을 산정한 결과 S_f=245.9cm로 나타났다.

(3) 최종침하량 예측 결과

표 8.1은 제 7구간에서 제9구간의 현장계측침하량과 장래 예측침하량(최종침하량 예측 결과)을 비교한 표이다. 이 표에서 보는 바와 같이 이 현장에서의 최종침하량은 쌍곡선법에 의한 예측값이 Asaoka법에 의한 값보다 다소 크게 나타났다.

쌍곡선법에 의한 예측 최종침하량을 기준으로 현재까지의 계측침하량의 압밀도를 판단한 결과 현재 이 지역에서는 73.70~87.55% 정도의 압밀이 진행된 것으로 나타났다.

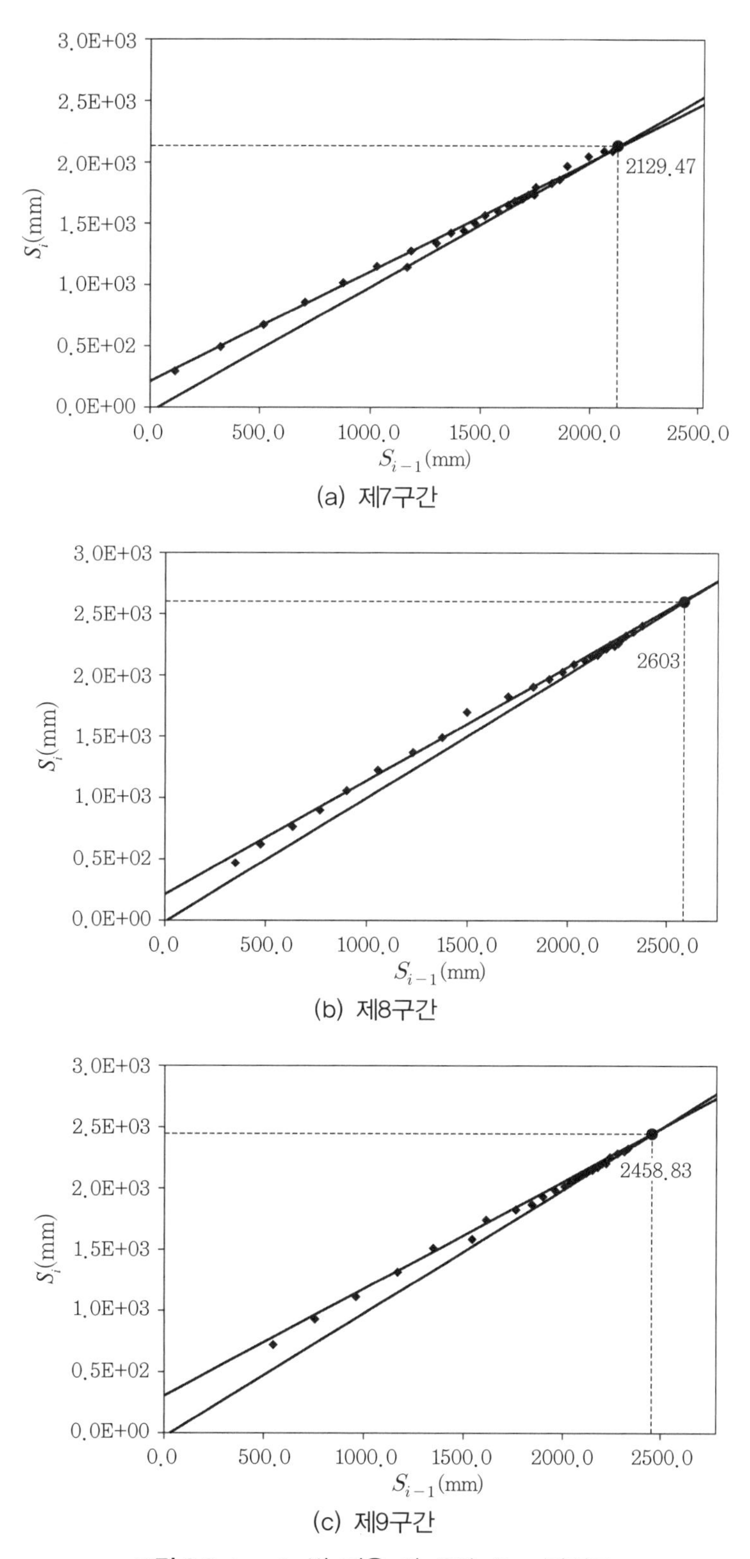

그림 8.8 Asaoka법 적용 시 S_i와 S_{i-1} 관계도

표 8.1 계측 결과와 예측최종침하량

구간	현장계측 결과		예측최종침하량(cm)	
	현재침하량(cm)	압밀도(%)	쌍곡선법	Asaoka법
제7구간	210.7	73.70	285.9	212.9
제8구간	231.9	86.92	266.8	260.3
제9구간	233.4	87.55	266.6	245.9

8.2 점토질 모래지반의 침하량 산정 방법

현재 우리나라에서 얕은기초 설계에서 점토질 모래(SC)지반의 취급방법이 명확하지 못한 점이 있다.[1] 즉, 점토성분을 배제하고 모래로 취급하면 압밀침하보다 즉시침하만을 고려하게 되어 완공 후 지반침하로 예기치 못한 피해를 입게 되는 경우가 많이 발생하였다. 즉, 침하량을 산정할 때 점토질 모래를 모래로 취급하느냐 아니면 점성토로 취급하느냐에 따라 압밀침하로 인한 차이로 인해 허용침하량을 상회하는 경우가 발생되어 기초 완공 후 균열 등이 생겨 보수에 막대한 비용이 소요되고 있는 실정이다.

결국 이는 점토질 모래를 모래로 취급하여 즉시침하만 고려하여 설계 시공한 경우 압밀침하에 의한 장기침하가 발생한다는 사실로부터 점토질 모래에 대한 올바른 인식과 취급이 필요함을 알 수 있다.

8.2.1 연약지반으로의 분류

표 8.2에 의하면 N값이 보통 4 이하이면 점성토 및 사질토 구분 없이 연약지반으로 분류한다. 따라서 이 기준에 따라 N값이 4 이하인 점토질 모래(SC)는 연약지반으로 판정할 수 있다. 그러나 점토질 모래는 점성토의 특성을 지니고 있음에도 불구하고 통일분류법에 의하면 모래로 구분되는 경우가 많다. 현행 설계법에서 모래의 경우는 침하량을 순간침하량으로 산정되는 데 비해 점성토의 경우는 압밀침하량으로 산정된다. 따라서 이 두 경우 침하량의 크기와 발생시간에는 큰 차이가 있게 된다.

점토질 모래 연약지반상에 성토를 시공하면 지반에는 상당량의 침하가 장기간에 걸쳐 계속될 것이 예상된다. 연약지반의 침하는 압밀현상에 의한 침하가 대부분이다. 그러나 이 밖에도 재하 당초에 순간적으로 생기는 즉시침하도 아울러 생각할 필요가 있다. 일반적으로 압밀침하량은 1차원적으로 생각하여 Terzaghi 압밀이론에 의해 포화점토층의 간극수가 재하하중에 의해 서서히 배수되는 양만큼 체적이 감소되는 것으로 산출한다.

연약지반은 일반적으로 강도가 약하고 압축되기 쉬운 흙으로 구성된 지반이며 지반의 연약성은 연약지반에 축조되는 구조물의 종류, 규모, 하중강도 등에 대한 상대적인 의미로 해석 및 평가하여야 한다.

표 8.2 연약지반의 평가기준

구분	점성토 및 유기질토 지반		사질토 지반
층두께	10m 미만	10m 이상	
N값	4 이하	6 이하	10 이하
q_c(kPa)	800 이하	1,200 이하	–
q_u(kPa)	60 이하	100 이하	–

주) q_c : 콘관입저항 q_u : 일축압축강도

8.2.2 모래로 취급하는 경우의 침하량 산정

즉시침하량은 재하 초기의 전단변형에 의거한 사항이며 점토층에 존재하는 모래층 또는 사질토지반에 생기는 침하는 즉시침하라고 생각할 수 있다.

현 설계에서 점토질 모래는 모래로 취급하여 침하량을 산정하며 표 8.3에 정리되어 있는 즉시침하량 산정식을 이용하여 산정한다.

표 8.3에서, S_i : 즉시침하량

C_s : $e-\log P$ 곡선의 기울기

e_0 : 연약층의 초기간극비

p_0 : 유효상재응력(kg/cm^2)

H_s : 연약층 각 층의 두께(cm)

q_c : 콘관입저항

N : 평균 N값

C_1 : $1-0.5[q/(q'-q)]$

C_2 : $1+0.2\log(t/0.1)$ (t : 연 수)

q : 토피하중

q' : 접지압

I_z : 변형률 영향계수

E_s : 지반의 탄성계수

$\mu_1 \mu_2$: 침하영향계수(H/B, D_f/B의 함수)

B : 기초폭

D_f : 기초근입깊이

A : 지반의 즉시침하정수(cm^2/g)

γ_{tE} : 성토재료의 단위체적중량($\mathrm{g/cm}^3$)

H_E : 제체높이(cm)

표 8.3 즉시침하량 산정식(고속도로설계실무자료집, 한국도로공사, 2009)[4]

토질	적용식	이론제안자
사질토	$S_i = \frac{C_s}{1+e_0} H_s \log \frac{p_0 + \Delta p}{p_0}$	Hough
	$S_i = 1.53 \frac{p_0}{q_c} H_s \log \frac{p_0 + \Delta p}{p_0}$	De Beer(q_c 이용)
	$S_i = 0.4 \frac{p_0}{N} H_s \log \frac{p_0 + \Delta p}{p_0}$	De Beer(N값 이용)
	$S_i = C_1 C_2 (q' - q) \Sigma \frac{I_z}{E_s} \Delta z$	Schmertmann
점성토	$S_i = \mu_1 \mu_2 \frac{qB}{E}$	Janbu, Bjerrum, Kjaernsli
	$S_i = \frac{1}{100} A \gamma_{tE} H_E$	도로설계요령(일본)

8.2.3 점성토로 취급하는 경우의 침하량 산정

압밀침하량은 1차원적으로 생각하여 Terzaghi의 압밀이론에 의해 포화 점토층의 간극수가 재하하중에 의해 서서히 배수되는 양만큼 체적이 감소되는 것으로 산출되며 점토층의 압축시험 결과에 의한다. 점성토(CL, ML)는 다음 표 8.4에 정리되어 있는 압밀침하량 산정식을 이용하여 산정한다.

표 8.4 압밀침하량 산정식(고속도로설계실무자료집, 한국도로공사, 2009)[4]

구분		조건	적용식
1차압밀	과소압밀	$p_0 > p_c$	$S_c = \frac{C_c}{1+e_0} H \log \frac{p_0 + \Delta p}{p_0}$
	정규압밀점토	$p_0 = p_c$	$S_c = \frac{C_c}{1+e_0} H \log \frac{p_0 + \Delta p}{p_0}$
	과압밀점토 ($P_0 < P_c$)	$p_0 + \Delta p \le p_c$	$S_c = \frac{C_r}{1+e_0} H \log \frac{p_0 + \Delta p}{p_0}$
		$p_0 + \Delta p > p_c$	$S_c = \frac{C_r}{1+e_0} H \log \frac{p_c}{p_0} + \frac{C_c}{1+e_0} H \log \frac{p_0 + \Delta p}{p_c}$
2차압밀			$S_s = \frac{C_a}{1+e} H \log \frac{t_p + t}{t_p}$

표 8.4에서, S_c : 1차압밀침하량(m)

S_s : 2차압밀침하량(m)

C_c : 압축지수(무차원)

C_r : 팽창지수(무차원)

C_a : 2차 압축지수(무차원)

e_0 : 연약층의 초기간극비

e : 1차압밀 후 간극비

t_0 : 1차압밀 소요시간

t : 1차압밀 후 시간

p_0 : 원위치 유효응력(kg/cm^2)

p_c : 선행압밀응력(kg/cm^2)

Δp : 유효응력의 증가량(kg/cm^2)

8.2.4 허용침하량 기준

① 잔류침하량은 구조물의 사용 목적, 중요도, 공사 기간, 지반의 특성, 포장 종류, 경제성

등을 고려하여 결정해야 한다.

② 현재 국내 도로공사에 적용되는 개략적인 기준은 표 8.5와 같다.

③ 연약지반을 통과하는 도로는 포장의 종류, 잔류침하량의 크기 등에 따라서 다소의 차이는 있다.

- 연성포장의 경우에는 침하가 발생되며 아스팔트 등의 덧씌우기 공법 등으로 보수가 가능하다.
- 강성포장의 경우에는 침하량이 커지면 치명적인 손상을 주므로 주의가 요망된다.

④ 연약지반구간에서는 일반적으로 설계 시와 시공 시의 오차가 발생되고 있으므로 연성포장을 원칙으로 하되

⑤ 허용잔류참하량 문제는 침하량으로 결정할 것이냐 압밀로 결정할 것이냐 등은 다소 논란이 되고 있으나 외국의 사례를 보면 대부분 침하량으로 결정되고 있으며 허용침하량은 100~200mm로 한다.

표 8.5 허용잔류침하량(고속도로설계실무자료집, 한국도로공사, 2009)[4]

조건	허용잔류침하량(mm)	비고
포장공사 완료 후의 노면 요철	100	연약지반의 지리 특성상 장기침하 발생 기능
박스 컬버터 시공에서의 여성토	300	-
배수시설	150~300	-

참고문헌

1. 부상필(2012), 우리나라에 분포하는 점토질 모래(SC)의 침하량산정에 관한 연구, 중앙대학교 건설대학원, 공학석사학위논문.
2. 허남태(2010), 연약 점성토 지반의 압밀침하 해석과 장래압밀침하량 예측에 관한 사례연구, 중앙대학교 건설대학원, 공학석사학위논문.
3. Asaoka, A.(1978), "Observational procedure of settlement prediction", Soils and Foundations, JSSMFE, Vol.18, No.4.
4. 한국도로공사(2010), "2009년 고속도로 설계실무자료집".

찾아보기

ㅇ

ㅊ

ㅋ

얕은기초

초판인쇄 2019년 11월 20일
초판발행 2019년 11월 27일

저　　자 홍원표
펴 낸 이 김성배
펴 낸 곳 도서출판 씨아이알

책임편집 박영지
디 자 인 윤지환, 박영지
제작책임 김문갑

등록번호 제2-3285호
등 록 일 2001년 3월 19일
주　　소 (04626) 서울특별시 중구 필동로8길 43(예장동 1-151)
전화번호 02-2275-8603(대표)
팩스번호 02-2265-9394
홈페이지 www.circom.co.kr

I S B N 979-11-5610-793-4 (94530)
979-11-5610-792-7 (세트)
정　　가 22,000원

ⓒ 이 책의 내용을 저작권자의 허가 없이 무단 전재하거나 복제할 경우 저작권법에 의해 처벌받을 수 있습니다.